猪

高效饲养与疫病防治问答

许贵宝 夏 伟 李宪博 主编

中国农业科学技术出版社

图书在版编目（CIP）数据

猪高效饲养与疫病防治问答 / 许贵宝，夏伟，李宪
博主编 . -- 北京：中国农业科学技术出版社，2024.4
　　ISBN 978-7-5116-6703-8

　　Ⅰ . ①猪… 　Ⅱ . ①许… ②夏… ③李… 　Ⅲ . ①养猪学
—问题解答 ②猪病—防治—问题解答 　Ⅳ . ① S828-44
② S858.28-44

　　中国国家版本馆 CIP 数据核字（2024）第 028610 号

责任编辑　张国锋
责任校对　李向荣
责任印制　姜义伟　　王思文

出 版 者　中国农业科学技术出版社
　　　　　　北京市中关村南大街 12 号　　邮编：100081
电　　话　（010）82109705（编辑室）（010）82106624（发行部）
　　　　　　（010）82109709（读者服务部）
网　　址　https://castp.caas.cn
经 销 者　各地新华书店
印 刷 者　北京富泰印刷有限责任公司
开　　本　170 mm × 240 mm　1/16
印　　张　14.75
字　　数　300 千字
版　　次　2024 年 4 月第 1 版　2024 年 4 月第 1 次印刷
定　　价　58.00 元

《猪高效饲养与疫病防治问答》

编写人员名单

主　编　　许贵宝　夏　伟　李宪博

副主编　　吴星星　任　勇　向乾裕　余志刚
　　　　　鲁俊廷　孙晓宗

编　委　　梁国全　朱晓明　张艳飞　舒　洁
　　　　　李志亮　杨树皎　陈秀梅　王金菊
　　　　　赵峰丽　张　楠

前言

我国是生猪生产和消费大国，每年消费近7亿头猪，生猪的出栏量约占全球一半，猪肉在居民肉类消费结构中的占比高达60%。在《"十四五"全国畜牧兽医行业发展规划》中指出，要求落实生猪稳产保供，确保猪肉自给率保持在95%左右，猪肉产能稳定在5 500万吨左右。稳定生猪生产供应，对我国民众的生活、稳定物价、保持经济稳定运行都具有重要的意义。

然而，自2018年8月非洲猪瘟首次在我国发生以来，已给我国养猪产业造成了巨大经济损失，使生猪产业遭受沉重打击，加剧了猪周期的波动，猪肉产品供需平衡失调，猪肉价格涨跌幅度大，给人民生活造成严重影响。

同时，我国饲料用蛋白资源不足这一问题日益凸显，而且对国外大豆和豆粕类产品的依存度也在逐年增加。由于进口大豆价格的波动受到国际贸易的影响，这对猪饲料原料供给产生了不良影响。

在豆粕等蛋白原料供给短缺和非洲猪瘟不断威胁的双重背景下，积极推行猪低蛋白日粮饲养，确保均衡营养，全方位做好各项生物安全工作，是当前实现猪高效饲养和疫病有效防治的重中之重。

正是基于这种目的，我们组织了本书编者，在总结各地高效养猪实践经验的基础上，结合自己的亲身体会，编写了《猪高效饲养与疫病防治问答》。本书以问答的形式，对当前高效养猪多个层面上遇到的问题进行了深入浅出的讲解，理论联系实际，内容丰富、材料翔实、数据准确，具有较强的实用性。

本书既适用中小养猪场（户）、专业合作社的老板、场长、饲养管理人员等参考使用，也可作为新农村建设双带头人员的教材使用，还可供大中专院校畜牧兽医专业类学生参考使用。

感谢北京中惠农科文化发展有限公司为本书做的宣传推广工作！

由于编者水平有限、资料掌握不全，书中不足之处在所难免，恳请广大读者和同仁批评指正，并提出宝贵意见。

编　者

2023年12月

目录

第一章　高效养猪的品种选择与繁育技术

第二章 高效养猪的日粮配制与使用

第三章　猪场生物安全体系的建立

第四章　猪高效饲养关键技术

第五章　猪常见疫病的防治

高效养猪的品种选择与繁育技术

第一节 猪的常见品种

1. 国产生猪优良品种主要有哪些?

我国饲养的生猪品种很多,根据分布区域不同,这些品种大体上可以分为华北型、华南型、华中型、江海型、西南型、高原型。

(1)华北型 华北型主要分布于淮河、秦岭以北地区。华北型猪骨骼发达,体型高大,背腰平直且窄,后腿欠丰满。头平直,嘴筒较长,耳大下垂。额部有纵向皱褶。被毛多为黑色,皮肤厚。繁殖力强,有乳头8对。该类型猪的优点是繁殖力高,抗逆力强;缺陷是生长速度慢,后腿欠丰满。

代表品种主要有:东北民猪、八眉猪等。

(2)华南型 主要分布于我国的南部和西南部边缘地区。华南型猪的骨骼大小不一,背腰宽,但多凹,腹大下垂,腿臀丰满。头较小,面部微凹,耳小且直。额部多有横向皱褶。被毛多为黑色或黑白花。皮肤比较薄,毛稀。繁殖力较差,有乳头5~6对。该类型猪的优点是早期生长快,易肥,骨细,屠宰率高;缺陷是抗逆性差,脂肪多。

代表品种有:滇南小耳猪、两广小花猪、淮猪和海南猪等。

(3)华中型 主要分布于长江和珠江流域的广大地区。华中型猪的体型较华南型的为大,背腰宽且凹,腹大下垂。头不大,额部有横行皱褶。耳中等大小,下垂。被毛稀疏,毛色以黑白花为主,头尾多为黑色,体躯多为白色。乳头6~8对。该类型猪的优点是骨骼较细,早熟易肥,肉质优良;缺陷是体质疏松,体质较弱。

代表品种有:金华猪、宁乡猪、广东大花白猪和中华两头乌猪等。

(4)江海型 主要分布于汉水和长江中下游沿岸以及东南沿海地区。江海型猪的形成是由华北型猪和华中型猪杂交而成的，所以其体型大小不一。该类型猪的背腰稍宽、平直或微凹。腹大，骨骼粗壮，皮厚、松软且多皱褶。额部有菱形或寿字形皱纹。耳大下垂。毛色从北向南由全为黑色向黑白花过渡。乳头 8 对以上。该类型猪的最大优点是繁殖力极强；缺陷是皮厚，体质不强。

代表品种有：太湖猪、阳新猪、虹桥猪和桃园猪等。

（5）西南型　主要分布于四川盆地和云贵高原以及湘鄂的西部。西南型猪的体型一般比较大，头大、颈粗短，额部多有横行皱纹且有旋毛。背腰宽而凹，腹部略下垂，毛色以黑色为多，兼有黑白花或红毛猪。乳头 6～7 对。该类型猪的屠宰率和繁殖率略低。

代表品种有：内江猪、荣昌猪、乌金猪、关岭猪和湖川猪等。

（6）高原型　主要分布于青藏高原。该类型猪的个体很小，形似野猪。头长，呈锥形，嘴尖，耳小直立。背腰窄，略有拱形。腹小紧凑，四肢细小有力，蹄小且结实。善于奔跑。体躯上生有浓密的绒毛。毛色多为黑色或黑灰色。乳头 5 对左右。该类型抗逆力极好，放牧能力也极强，但是，该类型的猪生长速度慢、繁殖力低。

代表品种主要是藏猪。

2. 我国引入的猪品种主要有哪些？各有什么特点？

中华人民共和国成立以后，我国有计划地陆续从国外引入大约克夏猪、巴克夏猪、苏联白猪、科米洛夫猪、长白猪、杜洛克猪、汉普夏猪、皮特兰猪和迪卡猪等。这些猪品种引进后，在我国的条件下进行了风土驯化，逐渐适应了我国的饲养条件和管理条件，已经成为我国猪饲养业中不可分割的一部分。表现在胴体品质和日增重上优势比较大的引入品种有：杜洛克猪、汉普夏猪、皮特兰猪、比利时长白猪、挪威长白猪及德国长白猪等；表现在繁殖力、适应性和哺乳能力上优势比较大的引入品种有：大约克夏猪、丹麦系长白猪、英系长白猪、美系长白猪、法系长白猪、瑞士长白猪、威尔斯特猪及切斯特白猪等。

我国引入的国外品种猪主要是作为杂交用父本，其共同特点：一是生长速度快，在一般的饲养管理条件下，20～90 千克阶段的日增重可达到550～700 克；二是胴体瘦肉率高，在合理的饲养条件下，90 千克时屠宰，其胴体瘦肉率可达到 55%～62%；三是屠宰率高，体重达到 90 千克时屠宰，其屠宰率可达到 70%～75%。

但在引入品种上也有一些明显的不足，具体表现为：繁殖性能低于我国地方品种，母猪的发情不明显，肌纤维较粗，出现 PSE 肉和 DFD 肉的比例高。

我国引进的主要外国猪种及其特点如下。

（1）波中猪　波中猪为猪的著名品种，原产于美国。由中国猪、俄国猪、英国猪等杂交而成。波中猪起源于巴克夏猪和汉普夏猪在内的大量不同猪种，很难分清波中猪到底起源于哪种或哪些猪。在美国俄亥俄州迈阿密谷的定居者来自不同的地方，也带来了大量不同的猪种。典型的波中猪为黑色，偶尔会有白斑。波中猪在美国每头母猪每年产肉量中排名第一。原属脂肪型，已培育为肉用型。全身黑色，有六白的特征。鼻面直，耳半下垂。体型大，成年公猪体重 390～450 千克，母猪 300～400 千克。早熟易肥，屠体品质优良；但繁殖力较弱，每胎产仔 8 头左右。

波中猪以肉质好、瘦肉率高而久闻盛名。猪肉自然丰满和肉质健壮是肉制品中最重要的性状。波中猪因其几乎可以适应任何环境，从放养到圈养，广为生猪养殖者所喜爱。由于其黑毛隐性基因被其他品种的显性基因所控制，许多养殖者在终端交配中选择波中猪作为父本。这样养殖者就可以给批发商所想要的颜色和肉质。最大限度的杂交活力、肉质丰满和高瘦肉率这些综合因素，使得现代波中猪成为现在养猪者的实用选择。

（2）长白猪　长白猪原产于丹麦，原名兰德瑞斯，是目前世界上分布最广的著名瘦肉型品种。因其体躯较长，全身被毛白色，故在我国称其为长白猪。

长白猪全身被毛全白，体躯呈流线型，头小而清秀，嘴尖，耳大下垂，背腰长而平直，四肢纤细，后躯丰满，被毛稀疏，乳头 7 对。我国饲养的长白猪来自 6 个国家，体型外貌不尽一致。20 世纪 60 年代引进的长白猪，经过多年的驯化，体型也有些变化，由清秀趋向于疏松，体质由纤弱趋向于粗壮。初引进时，往往因蹄底磨损或滑跌而发生四肢外伤或不能站立。目前其蹄质较坚实，四肢病显著减少。

母猪初情期 170～200 日龄，适宜配种的日龄 230～250 天，体重 120 千克以上。母猪总产仔数，初产 9 头以上，经产 10 头以上；21 日龄窝重，初产 40 千克以上，经产 45 千克以上。达 100 千克体重日龄 180 天以下，饲料转化率 1∶2.8 以下，100 千克体重时，活体背膘厚 15 毫米以下，眼肌面积 30 平方厘米以上。在国外三元杂交中长白猪常作为第一父本或母本。

长白猪具有生长快、饲料利用率高，瘦肉率高等特点，而且母猪产仔较多，奶水较足，断奶窝重较高。于 20 世纪 60 年代引入我国后，经过 30 年的驯化饲养，适应性有所提高，分布范围遍及全国。但体质较弱，抗逆性差，易发生繁殖障碍及裂蹄。在饲养条件较好的地区以长白猪作为杂交改良第一父本，与地方猪种和培育猪种杂交，效果较好。

长白猪与本地品种杂交，效果明显。但长白猪体质较弱，抗逆性较差，对饲料要求高。

（3）大约克夏猪 大约克夏猪于18世纪育成于英国，因其体格大、增重快，是世界上著名的肉用型品种之一。引入我国后，经过多年培育驯化，已有了较好的适应性，具有生长快、饲料利用率高、瘦肉率高、产仔较多等特点。大约克夏猪全身白毛，故又称大白猪。体格大，体型匀称，耳直立，鼻直，背腰微弓，四肢较长，头颈较长，脸微凹，体躯长。

成年公猪体重250～300千克，成年母猪体重230～250千克。增重速度快，省饲料，出生6月龄体重可以达100千克左右。营养良好，自由采食的条件下，日增重可达700克以上，每千克增重消耗配合饲料3千克以下。体重90千克时屠宰率71%～73%，胴体瘦肉率60%～65%。经产母猪产仔数11头，乳头7对以上，8.5～10月龄开始配种。在国外三元杂交中大约克夏猪常作为第一父本或母本。用大约克夏猪作父本与本地母猪杂交，杂种猪日增重、饲料利用率等方面杂种优势明显，在繁殖性能上也呈现一定优势。

大约克夏猪是世界上著名的肉用型品种之一。在我国分布较广，有较好的适应性，具有生长快、饲料利用率高、瘦肉率高，产仔较多等特点，但存在蹄质不坚实、多蹄腿病等缺点。

（4）杜洛克猪 杜洛克猪原产于美国，由产于新泽西州的泽西红猪和纽约州的杜洛克猪杂交选育而成。原属脂肪型，20世纪50年代后被改造成为瘦肉型。其特征为颜面微凹，耳下垂或稍前倾，腿臀丰满，被毛淡金黄至暗棕红色。广泛分布于世界各国，并已成为中国杂交组合中的主要父本品种之一，用以生产商品瘦肉猪。

杜洛克种猪毛色棕红，体躯高大，结构匀称紧凑、四肢粗壮、胸宽而深，背腰略呈拱形，腹线平直，全身肌肉丰满平滑，后躯肌肉特别发达。头大小适中、较清秀，颜面稍凹陷、嘴短直，耳中等大小，向前倾，耳尖稍弯曲，蹄部呈黑色。成年公猪平均体重340～450千克，母猪300～390千克。每胎约产仔10头，母性强，性情温驯，生长快，肉质好，作为杂交父本或母本能显著提高后裔的生产性能。

杜洛克猪是生长发育最快的猪种，肥育猪25～90千克阶段日增重为700～800克，料肉比为（2.5～3.0）∶1；在170天以内就可以达到90千克体重。90千克屠宰时，屠宰率为72%以上，胴体瘦肉率达61%～64%。杜洛克猪具有体质结实，生长速度快，饲料转化率高，耐粗性能强等优点，是一个极富生命力的品种。

（5）皮特兰猪　原产于比利时的布拉班特省，是由法国的贝叶杂交猪与英国的巴克夏猪进行回交，然后再与英国的大白猪杂交育成的，是欧洲比较流行的瘦肉型猪。主要特点是瘦肉率高，后躯和双肩肌肉丰满。

皮特兰猪毛色呈灰白色并带有不规则的深黑色斑点，偶尔出现少量棕色毛。头部清秀，颜面平直，嘴大且直，双耳略微向前，体躯呈圆柱形，腹部平行于背部，肩部肌肉丰满，背直而宽大，体长 1.5～1.6 米。在较好的饲养条件下，皮特兰猪生长迅速，6 月龄体重可达 90～100 千克。日增重 750 克左右，每千克增重消耗配合饲料 2.5～2.6 千克。屠宰率 76%，瘦肉率可高达 70%。

繁殖能力中等，产仔均衡，为 9～11 头，护仔能力强，母性好，泌乳早期乳质好，泌乳量高，中后期泌乳差，20 日龄窝重（48.5±2.3）千克，35 日龄窝重（87.7±4.8）千克。

公猪一旦达到性成熟就有较强的性欲，采精调教一般一次就会成功，射精量 250～300 毫升，精子数每毫升达 3 亿个。母猪母性不亚于我国地方品种。母猪的初情期一般在 190 日龄，发情周期 18～21 天，每胎产仔数 10 头左右，产活仔数 9 头左右，仔猪育成率在 92%～98%。

（6）汉普夏猪　汉普夏猪原产于美国肯塔基州的布奥尼地区，是由薄皮猪和白肩猪杂交选育而成的，为世界著名鲜肉型品种。该品种主要优点是胴体瘦肉率高，后腿丰满。其缺点是繁殖力不佳，适应性差，但仍不失为世界著名的瘦肉型父本品种。

汉普夏猪颜面长而挺直，耳直立，体侧平滑，腹部紧凑，后躯丰满，呈现良好的瘦肉型体况。被毛黑色，以颈肩部（包括前肢）有一白色环带为特征。成年公猪体重 315～410 千克，母猪 250～340 千克。性情活泼，稍有神经质，但并不构成严重缺点。产仔数较少，平均约 9 头，但仔猪壮硕而均匀。母性良好。据多品种杂交试验比较结果，用汉普夏猪为父本杂交的后代具有胴体长、背膘薄和眼肌面积大的优点。

汉普夏猪体型大，毛色特征突出，被毛黑色，在肩部和颈部结合处有一条白带围绕，在白色与黑色边缘，由黑皮白毛形成一灰色带，故有"银带猪"之称。头中等大小，而中等大小而直立，嘴较长而直，体躯较长，背腰呈弓形，后躯臀部肌肉发达。

汉普夏猪繁殖力不高，产仔数在 9～10 头，母性好，体质强健。生长形状一般，据 20 世纪 90 年代丹麦国家种猪测定站报道，汉普夏公猪 30～100 千克，育肥期平均日增重 845 克，饲料转化率 2.53。成年公猪体重 315～410 千克，母猪 250～340 千克。

在良好的饲养条件下，6月龄体重可达90千克，日增重600～650克，饲料利用率3.0左右，90千克体重屠宰率为71%～75%，胴体瘦肉率为60%～62%。母猪6～7月龄开始发情，经产母猪每胎产仔8～9头。

汉普夏猪的杂交利用虽不十分广泛，但在一些地方也取得了良好的效果。汉普夏猪作为终端父本，其二元和三元杂交肥育猪瘦肉率显著提高，优于杜洛克和大约克，但杂种猪生长速度较慢。

汉普夏猪原产美国，是美国饲养与登记最多的一个瘦肉型品种。该品种在很多国家如日本、丹麦、加拿大等引进后杂交效果良好。

早在1936年已引入中国，并与江北猪（淮猪）进行杂交试验。汉普夏猪产仔数达9.78头，母性好，体质强健，生长快，较早熟，是较好的母本材料，在迪卡配套繁育体种，就较好地利用了这一特性。

除外贸基地利用较多外，这一猪种在全国各地其他猪场利用较少。主要原因是汉普夏为终端父本的二元、三元杂种日增重比以长白、大白和杜洛克为终端父本的二元、三元杂种猪的日增重显著变慢，同时猪体质也比其他猪差。并且在中国民间认为，此猪肩部白色环带，形似披麻戴孝，是不吉利的征兆，故农民也不愿意养殖于家中。

第二节　猪的选种与选配技术

1. 选种时，主要看猪的哪些性状？

优良种猪是长期选择与培育的结果，种猪的性能只有通过不断选择才能巩固和提高。选种首先是从现有群体中筛选出最佳个体，然后通过这些个体的再繁殖，获得一批超过原有群体水平的个体，如此逐代连续进行。其实质则是改变猪群固有的遗传平衡和选择最佳基因型。可见，选种是个群体概念，它不仅要考虑种猪本身性能的高低，同时还要看该种猪所在猪群的性能优劣，只有那些本身性能好而所在猪群性能也高的个体，才可能被认为是好的种猪。

猪的重要经济性状大都属于数量性状。研究猪的数量性状，是育种工作的基本环节。选种时，主要看猪的以下性状。

（1）繁殖性状　繁殖性状指的是与繁殖有关的一些性状。这些性状几乎都是低遗传力的性状，通过表型选择得到的遗传进展不会很大，需要进行家系选择或家系内选择才能有明显的选择效果。主要包括泌乳力、仔猪初生重和初生窝重、产仔数、仔猪断奶重和断奶窝重、断奶仔猪数等。

①产仔数。产仔数一般是指母猪一窝的产仔总数（包括活的、死的、木乃伊等），而最为有意义的是产活仔数，即母猪一窝产的活仔猪数量。产仔数是一个低遗传力的指标，一般在 0.1 左右。其性状主要受环境因素的影响而变化。通过家系选择或家系内选择才能有明显的遗传进展。品种、类型、年龄、胎次、营养状况，配种时机、配种方法和公猪的精液品质等诸因素都能够影响猪的产仔数。

②仔猪初生重。包括初生个体重和初生窝重两个方面。前者是指仔猪初生后 12 小时之内、未吃初乳前的质量，后者是指一窝仔猪各个体重的和。仔猪的初生重是一个低遗传力的指标，为 0.1～0.15，其性状也是主要受环境因素的影响而变化，通过家系选择或家系内选择才能有明显的遗传进展。品种、类型、杂交与否、营养状况、妊娠母猪后期的饲养管理水平和产仔数等诸因素都能够影响猪的仔猪初生重。但初生窝重的遗传力较高，为 0.24～0.42，而且它与仔猪 56 日龄窝重呈强的正相关，因此，初生窝重作为选择指标，其价值比初生个体重更大，收效也快。从选种的意义上讲，仔猪初生窝重的价值高于仔猪的初生重价值。

③泌乳力。泌乳力是反映母猪泌乳能力的一个指标，常用仔猪 20 日龄窝重表示。母猪的泌乳力也是一个低遗传力指标，其性状受环境因素的影响而变化，通过家系选择，才能有明显的遗传进展。品种、类型、杂交、营养、饲养管理水平和产仔数等诸因素，都能够影响母猪的泌乳力。

④育成率。育成率是指仔猪断乳时存活个数占初生时活仔猪数量的百分数。

育成率（%）=（仔猪断乳时存活个数 ÷ 初生时活仔猪数量）×100

育成率是母猪有效繁殖力的表现形式，是饲养管理水平的现实表现。

（2）生长肥育性状　在生长肥育性状中，生长速度和饲料转化率又尤为重要。

①生长速度。生长速度常用平均日增重表示。平均日增重是指在一定的生长育肥期内，猪平均每日活重的增长量，一般用"克/天"表示。对肥育期的划分，常从 15 日龄开始到 90 千克体重时结束；或者从 20～25 千克体重开始到 90 千克体重时结束。在计算平均日增重时，必须掌握好这标准，否则会得出不准确乃至错误的结论。

②饲料转化率。饲料转化率是指生长肥育期单位增重所消耗的饲料量。需要强调的是，饲料量是指全部饲料，如喂有青绿饲料或粗饲料，应先按各种饲料分别计算，然后全部饲料统一折算为每千克增重所消耗的千克数。由于饲料

消耗占整个养猪业成本的 70% 或更多，所以饲料转化率应是猪遗传改良的主要性状之一。据测定，日增重的遗传力为 0.26 ～ 0.41，饲料转化率的遗传力 0.3 ～ 0.48，属于中等以上的遗传力，选择可获得明显进展。

（3）胴体性状　胴体是指活体猪经过宰杀放血，煺毛，去掉内脏（保留肾和板油）、头、蹄、尾余下的部分。胴体性状是指体现胴体价值的相关性状。这些性状属于中、高等遗传力范围，通过表型选择就可以获得遗传进展。一般包括屠宰率、瘦肉率、眼肌面积、背膘厚、肉的颜色及风味等多个性状组成。

①屠宰率。是指胴体占宰前活重的百分数。

屠宰率（％）＝（胴体重 ÷ 宰前活重）×100

屠宰率的遗传力为 0.32，属于中等遗传力。不同的品种、类型对屠宰率的影响很大。同一品种在不同体重下屠宰，其屠宰率不同。养猪上要求在 90 千克体重下屠宰，用来比较不同猪的屠宰率。

②瘦肉率。是指瘦肉重占胴体重的百分数。

瘦肉率（％）＝［瘦肉重 ÷（瘦肉重＋脂肪重＋骨重＋皮重）］×100

瘦肉率的遗传力属于中等偏上，为 0.46。不同的品种、类型对瘦肉率的影响很大。同一品种在不同体重下屠宰，其瘦肉率也有很大的不同。饲料中的能量、蛋白质含量、饲喂的方式也直接影响猪的瘦肉率。

③背膘厚度。背膘厚的遗传力为 0.5 ～ 0.7，属于高等遗传力。通过表型选择就能够获得大的遗传进展。向厚或薄选择，每代可以获得 1 毫米的进展量。背膘厚度与品种类型有关，和瘦肉率、饲料利用率呈负相关。实际测量时常用肩部最厚处、胸腰椎结合处和腰荐椎结合处三点的平均数表示。

④眼肌面积。胸腰椎结合处背最长肌的横断面积。可用多种方法求出，但最准确的还是用求积仪求得。

⑤肉的颜色。猪肉的颜色多呈红色或粉红色，一般要求为鲜红色。猪年龄大肉的颜色深，年龄小颜色浅。宰猪放血不全时，肉呈暗红色。当猪患有应急综合征时，易出现 PSE 肉（颜色苍白、质地松软、向外渗水，这种劣质猪肉的 pH 值小于 5.7）。

⑥肉的风味。风味是反映肉质好坏的综合指标，是嫩度、花纹等指标的综合体现。

⑦腿臀比例。在最后腰椎与荐椎结合处垂直切割下的后部分胴体为腿臀重，腿臀重占胴体重的百分率为腿臀比例，其遗传力为 0.4，表型选择有效。

2. 选种时应遵循什么原则？

种猪的选择首先是品种的选择，主要是经济性状的选择。应该指出，在品种选择时，还必须考虑父本和母本品种对经济性状的不同要求。父本品种选择着重于生长肥育性状和胴体性状，重点要求日增重快，瘦肉率高；而母本品种则着重要求繁殖力高、哺育性能好。当然，无论父本品种或母本品种都要求适合市场的需要，具有适应性强和容易饲养等优点。选种的原则有以下几个。

（1）根据市场要求选种　出口与内销任务的不同，出口的猪要求瘦肉率高，但瘦肉多的猪对饲料要求高，而内销的猪则要求肥瘦适中，容易饲养，生产成本低。在大城市，瘦肉率高的猪售价也越来越高。

（2）根据外在条件选种　华南地区要求猪种耐热、耐湿，而在东北地区则要求猪种耐寒性好。经济条件好的地区（如珠江三角洲）往往饲料条件较好，可以饲养生长快、瘦肉多、肉质好的猪种，而在饲料条件较差的地区，则要求猪种耐粗性能好。

（3）根据自身条件选种　猪场的饲料、猪舍、设备等具体条件，对品种选择有直接的影响。工厂化养猪是在高设备条件下，采用"全进全出"的流水式的生产工艺流程进行设计的，要取得较高的经济效益，就要求猪种生长快、产仔多、肉质好。在采用封闭式限位栏饲养的种猪，则对四肢强健有更高的要求，而且要求体型大小一致。

（4）突出重点兼顾全面　种猪应健康无病，要特别注意体质结实，符合品种（或品质）的要求，以及与生产性能有密切关系的特征和行为，适当注意毛色、头型等细节。但重点性状不能过多，一般为2～3项，以提高选择效果。如肥育性状重点选择日增重和膘厚，繁殖性状重点是活产仔数、断奶仔猪头数和断奶窝重，这些是既反映产品质量且容易测定的性状。

（5）突出核心群体标准　种猪的性能在平均值加一个标准差以上者，才能进入育种核心群，达平均值以上者才能进入繁殖群，其余的供一般生产之用。力争在同样的饲养管理条件下，对同龄（同胎次）或同季节的猪进行直接评比选择，以减少环境因素对选育性状的影响。

3. 选种的方法有哪些？

猪的主要选种方法可分为个体选择、同胞选择、系谱选择、后裔测定和合并选择等方法。不管哪种方法所取得的遗传进展，都决定于选择差（选择强度）的大小（即猪群某性状的平均数与该猪群内为育种目的而选择出来的优秀个体某性状平均数之差），性状的遗传力（即群体某一性状表型值的变异量中多少是由遗传原因造成的，遗传力高说明该性状由遗传所决定的比例较大，环境对该性状表现影响较小，反之亦然）及世代间隔（即双亲产生后代的平均年龄）三个主要因素。

（1）个体选择　根据种猪本身的一个或几个现在性状的表型值进行选择叫作个体选择，这是最普通的选择方法。应用这种方法对遗传力高的性状选择有良好效果，对遗传力低的性状选择效果较差。例如，通过个体表型选择来改进遗传力低的母猪繁殖力——产仔数，效果很差。我国的太湖猪、东北民猪和珠江三角洲的大花白猪有极高的繁殖力，我们应珍惜这些珍贵的遗产。

（2）同胞选择（同胞测验）　同胞选择就是根据全同胞或半同胞的某性状平均表型值进行选择。这种测验方法的特点就是能够在被选个体留作种用之前，即可根据其全同胞的肥育性状和胴体品质的测定材料作出判断，缩短了世代间隔，对于一些不能从公猪本身测得的性状，如产仔数、泌乳力等，可借助于全同胞或半同胞姐妹的成绩作为选种的依据。

（3）系谱选择　系谱选择是根据父本或母本或双亲以及有亲缘关系的祖先的表型值进行选择的。因此，这种选择方法必须持有祖先的系谱和性能记录。其准确度取决于以下几个因素：被选个体与祖先的亲缘关系越远，祖先对被选个体的影响就越小；选择的准确度随性状遗传力的增加而增加，性状遗传力越高，祖先的记录价值就越大；在不同时间、不同环境条件下所得的祖先的性能记录，对判断被选个体的育种值作用不大；在一般生产的情况下不易获得祖先系谱和祖先性能的详细记录，或缺乏同期群体平均值的比较资料，这就大大地降低了系谱选择的作用。今后应加强系谱的登记工件，并在系谱中记录祖先的性能成绩与同期群体平均生产成绩相比较的材料，这样的系谱对判断被选个体的育种值就有较大的价值。

（4）后裔测定　在条件一致的环境下，按被测后裔的平均成绩来评价亲本的优势，此法称为后裔测验。该法起源于丹麦，有些指标沿用至今，我国在1949年后也开展了猪的后裔测验工作。在评比公猪时一般是以每头所配的20头母猪的全部后裔（每窝2头去势公猪）的平均日增重及胴体品质作为评定的标准。

（5）合并选择　合并选择是根据个体本身的成绩并结合同胞测验的成绩进行选择，即对公猪进行个体测验的同时，对其他两头全同胞进行肥育测定。合并选择方法能有效地利用两种来源的信息，即来自个体表型值的信息与来自个体同胞的信息。应用这种方法，可以对公猪的种用价值尽早地作出评价，并可以达到与后裔测验相似的准确性。

4. 猪场安全引种要树立怎样的理念？

新建的猪场进行生产经营，首先要进行引种，引种是生产经营的前提。同样，一个规模化猪场，每年也都要淘汰一部分生产成绩不理想的种猪，引入部分种猪进行更新，通过品种改良来提高养猪效益。无论是从国外引种还是在国内引种，都要树立正确的引种理念。

（1）引种的目的要明确　引种主要有从国外引进纯种祖代种猪，或从国内种猪场引进外来瘦肉型种猪以及中国地方品种种猪。目前国内的外来瘦肉型猪主要有：纯种猪、二元杂种猪及配套系猪等。引种时主要考虑本场的生产目的即生产种猪还是商品猪，是新建场还是更新血缘，不同的目的引进的品种、数量各不相同。

如果猪场是以生产种猪为目的，不管从国外还是国内引进种猪，都需要引进纯种，如大白猪、长白猪、杜洛克猪，可生产销售纯种猪或生产二元杂种猪。

如果猪场以生产商品猪为目的，小型猪场可直接引进二元杂种母猪，配套杜洛克公猪或二元杂种公猪繁殖三元或四元商品猪；大规模养猪场可同时引入纯种猪及二元母猪。纯种猪用于杂交生产二元母猪，可补充二元母猪的更新需求，避免重复引种，二元杂种猪直接用于生产商品猪。也可直接引入纯种猪进行二元杂交，二元猪群扩繁后再生产商品猪。这种模式的优点一是投资成本低，二是保证所有二元品种纯正，三是猪群整齐度高。缺点是见效慢，大批量生产周期长。

（2）要制订合理的引种计划　猪场应该结合自身的实际情况，根据种群更新计划，确定所需要品种和数量，有选择性地购进能提高本场种猪某生产性能、满足自身要求，并购买与自己的猪群健康状况相同的优良个体，如果是加入核心群进行育种的，则应购买经过生产性能测定的种公猪或种母猪，新建猪场应从新建猪场的规模、产品市场和猪场未来发展方向等方面进行计划，确定所引进种猪的数量品种和级别，是外来品种还是地方品种，是原种、祖代还是父母代。根据引种计划，选择质量高、信誉好的大型种猪场引种。

（3）选择猪场引种时，还要注意以下问题

①选择正规猪场进行引种，并尽量从一个猪场引种。选择适度规模、信誉度高、有"种畜禽生产经营许可证"的正规猪场。选择场家应把种猪的健康状况放在第一位，必要时在购种前进行采血化验，合格后再进行引种。应该尽

量从一家猪场选购，否则会增加带病的可能性。选择场家应在间接了解或咨询后，再到场家与销售人员了解情况。值得注意的是有人认为应该从多个猪场进行引种，这样种源多、血缘宽，有利于本场猪群生产性能的改善，但是每个猪场的病原谱差异较大，而且现在疾病多数都呈隐性感染，一旦不同猪场的猪混群后，某些疾病暴发的可能性很大，引种的猪场越多，带来的疫病风险越大。为了安全可靠，一些养猪场引进种猪时要进行实验室检测，要求场家提供免疫记录、免疫保健程序等，因为这样的工作技术性很强，一定聘请有经验的专业人员把关，少走弯路而保证正确引种。从确保猪群健康的角度出发，引进的种猪必须进行一段时间的隔离饲养，一方面观察其健康状况，适时进行免疫接种，同时适应当地的饲养条件，容易获得成功。

②注意猪场的供种能力。规模猪场购买种猪，并不是一次全部购进，而是根据猪场规模和生产计划，进行多批次购进在标准上基本一致的种猪，这样有利于生产环节的安排。一般来说，如果大批量从一个种猪场购进种猪，要求猪场能够保证在 20 周内全部到场，所选猪均衡分布在 20 周龄段内，比如 200 头规模的猪场，算上后备母猪使用率 90%，实际需要 222 头，每周段内必须有 11～12 头猪。如果从 50～70 千克开始引种，即一般在小猪 13 周龄到 17 周龄引入。同时，在引种时出售种猪的猪场应该有更多的种猪以便进行挑选。

③种猪的系谱要清楚，并符合所要引进品种的外貌特征。引种的同时，对引进种猪进行编号，可以根据猪的耳号和产仔记录找出母亲和父亲，并进一步找出系谱亲缘关系。同时要保证耳号和种猪编号对应。

④种猪的生产性能要达标。通过猪场的真实生产记录反映其真实的生产性能，如可以查看猪场的配种报表、分娩报表、饲料报酬报表等，同时还要查看猪场整体的总产仔、健仔数、死胎、木乃伊胎、初生重、断奶重、断奶数、首配月龄、发情率、流产率等。此外，还有公猪的精液量、活率、密度、畸形率情况。

标准：平均总产仔 10 头以上，健仔数 8 头以上，死胎、木乃伊胎、弱仔、畸形少于 1.5 头，初生均重大于 1.2 千克，28 日龄断奶重大于 7 千克，初配月龄不大于 9 月龄，发情率大于 90%。

5. 引种前要做好哪些准备？

（1）车辆的准备　一般国内购买种猪都是汽车运输，引种前所用汽车要先检查车况，并事先装好猪栏，如果一次引种数量较多，最好使用有分格的猪栏，以免猪多互相挤压，造成不必要的损失。同时要带上苫布以备不时之需。

装车前首先要用消毒液对车辆进行彻底消毒，一般用过氧乙酸或者火碱喷洒，如果是经常用来运猪的车辆，应该在去种猪场前冲洗干净，并消毒备用。装车前，需要把一切手续办好，包括货款、检疫证明、车辆消毒证明、免疫卡、系谱、免疫程序、饲料配方、饲养手册等一切带齐，以备查验。如果路途较远，应该在装猪前，将途中猪只饮水系统配好，必要时安装上自动饮水器及大水桶，猪一两天不吃可以，如果不饮水的话，对猪只很不利。同时准备一些矿物质及多维素，加入饮水中，以防因长途运输给猪带来的负面影响。运输途中车最好走高速路，同时远离同样拉着牲畜的车辆，不要急刹车，起步要稳，过3～4小时下来看一看猪群情况，把每一头猪用棍赶起来。必要时在加油站给水，热天要冲水降温，冬天要透气。

（2）猪场内的准备工作　引种前准备好隔离饲养舍。种猪引进后先在隔离舍饲养一段时间。因此在引种前对隔离舍进行清扫、洗刷、消毒、然后晾干备用。引进的种猪要有活动场所，最好是土地面，因为猪天生喜欢拱地，有利于猪的运动，保证肢蹄的健壮。进猪前饮水器及主管道的存水应放干净，并且保证圈舍冬暖夏凉，夏天做好防暑降温工作，冬天要提前给猪舍升温，使舍内温度达到要求，猪舍内湿度控制在65%～75%。准备一些口服补液盐、电解多维、药物及饲料，预防由于环境及运输应激引起的呼吸系统及消化系统疾病。最好从引种猪场购买一些全价料或预混料，保证有一周的过渡期，有条件的可准备一些青绿多汁饲料，如胡萝卜、南瓜、白菜等。

（3）隔离饲养　种猪引进后，要单独饲养，不要与自己本场的猪放在一起，一般隔离30天左右。如果本场猪只健康状况不是很好，在隔离期间要对新引进的种猪打疫苗，或者将本场猪只的粪便放入新猪栏舍内一些，让其自然感染，以免进入生产群后给生产带来损失。隔离观察期间，要注意猪群的变化，如无异常再与原来猪只混群，转入后备猪舍。

6. 做好猪的选配工作有什么意义？

选配是指在选种的基础上，进一步有计划地为母猪选择适宜的交配公猪，其目的是使个体间获得更多更好的交配机会，促使有益基因结合起来，产生大量品质优良的后代，以巩固和加强选种的效果，不断提高猪群的品质。优秀公、母猪交配，所生的后代不一定都是优良的，即使同一头公猪，与不同的母猪交配所生的后代也不相同。后代的优劣不仅与种猪本身的品质和遗传能力有关，而且也受公、母猪个体间配对是否合适的影响。为了获得优良的后代，在选种的基础上，还需进行选配。所以，选配是选种的继续，选种是选配的基础，两者是互相联系、互相促进的。

7. 选配的方法有哪些？

按选配时考虑的对象和依据，可以分为个体选配和种群选配两类。最常用的是个体选配。个体选配是以个体为对象、以个体的品质和亲缘关系为依据的选配。因此，又可分为品质选配和亲缘选配两种。

（1）品质选配　品质选配是根据双方个体品质的选配。个体品质是指猪的体型外貌、生长发育、生产性能及产品的品质等特征、特性的表现，所以也叫表型选配。个体品质的选配有两种形式。

①同质选配。即选择性状相同、性能表现一致的优秀公、母猪交配，如选择体长、生长快的公、母猪交配。同质选配的目的，是使亲本共同的优良性状稳定地遗传给后代，使优良性状得到巩固和发展，即所谓的"好的配好的，产生好的"。所以，一般为了保持和巩固品种固有的优良性状，或杂交育种到一定的阶段出现了理想型，为巩固理想型时，主要采用同质选配。

运用同质选配应注意两个问题：一是交配双方品质同质，但应该是优秀的而不是中等以下的交配；二是交配双方除要求其主要性状同质外，还应无其他共同的品质缺陷，以免加深这种缺陷。

②异质选配。即选择性状不同或同一性状而性能表现不一致的公、母猪交配。选择具有不同优良性状的公、母猪交配，其目的是将两个个体的优良性状结合在一起，取得兼有双亲不同优点的后代，从而使猪群在这两个性状上都得到提高；选择同一性状而性能表现优劣程度不同的公、母猪交配，其目的是使后代品质得到改进和提高，这是改进畜群品质时常用的选配方法。异质选配的主要作用在于综合公、母猪双方的优良性状，丰富后代的遗传基础，创造新的类型，并提高后代的适应性和生活力。当猪群处于停滞状态或在品种选育初期，为了通过性状的重组以获得理想型个体时，采用异质选配。在使用异质选配时，应该严格选择制度，加强种猪选择，才能实现异质选配的目的。

同质选配和异质选配是个体选配中最常用的两种方法，有时两者并用，有时交替使用。在同一猪群中，一般在选育初期使用异质选配，其目的是通过异质选配将公、母猪不同的优点结合在一起，创造出新类型。当群内理想的新类型出现后，则转为同质选配，用以固定理想型，实现选育目标。

需要指出的是，同质选配和异质选配是相对的，有时不能截然分开；同质选配和异质选配的效果与选种的准确性有关，因为表型相同的个体，基因型未必相同；在采用品质选配时，不允许有相同的缺点或相反缺点的公、母猪交配。

（2）亲缘选配　根据配对双方亲缘关系的远近和程度的高低进行的选配。凡有较近亲缘关系的公、母猪交配就叫近亲交配，简称近交；反之叫非亲缘交配。近交有害，因此无论是繁殖场还是生产性猪场，一般都应避免近交。但是近交又有其特定的用途，在育种工作中，有时为了达到某种目的，又往往需要这种选配方式。

在猪的选育过程中，近交也是一种选配的基本方法。采用近交可以纯化猪群的遗传结构，提高其同质性，使猪群的遗传性状趋于稳定。在猪的品系建立过程中使用近交，可使品系特征迅速固定，以加速品系建立。实行近交还可以在纯化遗传结构的基础上，使品种的性能得以恢复，从而复壮品种。此外，近交使有害基因纯化而提高暴露的机会，因而可以有目的地安排近交，用以暴露猪群的有害基因，从而达到淘汰携带有害基因的个体，降低猪群内有害基因频率的目的。

近交也具有不利的一面，即近交衰退。所谓近交衰退，是指近交后代出现繁殖性能、生活力、适应性下降，生长发育受到抑制，生产性能降低，猪群内遗传缺陷的个体数增加等一系列不良表现。为了充分发挥近交的有利作用，防止近交衰退现象的发生，在运用近交时，必须有明确的近交目的，反对无目的的近交，同时要灵活运用各种近交形式，掌握好近交的程度，不要一开始就用高度的近交。尤其是对未经系统选育、遗传品质和纯度均不高的猪群，更应慎重使用近交。在近交过程中进行严格的选择与淘汰，一方面不让品质恶劣、生产性能不高的个体参加近交；另一方面对近交后代仔细观察，密切注意有害或不良性状的出现，全部淘汰这些个体，可以防止这些不良影响的积累，避免近交衰退的发生。近交产生的后代，其种用价值可能较高，遗传性能比较稳定，但生活力较差，对饲养管理条件要求较高。因此，改善后代的饲养管理条件，就能够减轻遗传和环境的双重不良影响，使近交后代充分发挥出它们的遗传潜力。此外，为了防止不良性状的积累，在进行几个世代的近交后，可以从外地（或外群）引入一些同品种、同类型，且性状一致，但无亲缘关系的种公猪或种母猪，进行血缘更新。

8. 什么叫杂交?

杂交一般是指不同品系、品种个体间的交配。所谓杂交育种，就是运用两个或两个以上的品种相杂交，创造出新的变异类型，然后通过育种手段将它们固定下来，以培育出新品种或改进品种的个别缺点。其原理是不同品种具有不同的遗传基础，通过杂交时的基因重组，能将各亲本的优良基因集中在一起；同时还由于基因互作，有可能产生超越亲本品种性状的优良个体，然后通过选种、选配等手段，使有益的基因得到相对纯合，从而使它们具有相当稳定的遗传能力。目前，杂交育种是改良现有品种和创造新品种的一条途径。

杂交在养猪生产中有着十分重要的作用，即杂交育种和杂种优势的利用，后者习惯上称为经济杂交。生产实践证明，猪经杂交利用后，其后代的生长速度、饲料效率和胴体品质可分别提高 5% ～ 10%、13% 和 2%；杂种母猪的产仔数、哺育率和断奶窝重，分别提高 8% ～ 10%、25% ～ 40% 和 45%。因此，杂交利用已成为发展现代养猪生产的重要途径。

9. 什么叫杂种优势？如何度量？

杂种一代（F_1）与纯和亲代均值间的差数，称为杂种优势值。生产中可以用杂种优势率来表示。即杂种优势值和纯种亲代均值的比值。

经过性能测定测得到的个体记录可能受到三种效应的作用。例如，母猪的窝产仔数受三个效应的影响。父本效应：公猪配种能力以及精液的受精力；母本效应：母猪的排卵数及子宫内环境；子代效应：仔猪的抵抗力和生活力。父本效应直接作用到受精，母本效应对于评价繁殖力的各个指标都具有重要的意义，个体效应对于生长发育个体的一些性状的作用更为重要，如胴体性状。

对于杂种优势效应，根据不同动物的基因型可以进行相应类型的划分。

（1）父本杂种优势 父本杂种优势取决于公猪系的基因型，是指杂种代替纯种作父本时公猪性能所表现出的优势，表现出杂种公猪比纯种公猪性成熟早、睾丸较重、射精量较大、精液品质较好、受胎率高、年轻公猪的性欲强等特点。

（2）母本杂种优势 母本杂种优势取决于母猪系的基因型，是指杂种代替纯种作母本时母猪所表现出的优势，表现出杂种母猪产仔多、泌乳力强、体质健壮、易饲养、性成熟早、使用寿命长等特点。

（3）个体杂种优势 个体杂种优势也称子代杂种优势或直接杂种优势，取决于商品肉猪的基因型，指杂种仔猪本身所表现出的优势，主要表现在杂种仔猪的生活力提高、死亡率低、断奶窝重大、断奶后生长速度快等方面。

10. 杂种优势显现的一般规律是什么？

①遗传力低的性状表现出强的杂种优势，如健壮性（抗应激能力、四肢强健程度等）和繁殖性能。

②遗传力中等的性状表现出中等杂种优势，如生长速度快和饲料利用率高等。

③遗传力高的性状表现出弱的或不表现杂种优势，如胴体性状、背膘厚、胴体长、眼肌面积、肉的品质等改变不大。

需要说明的是，胴体瘦肉率没有杂种优势，杂种猪低于或等于双亲均值，但比母本（地方品种或培育的肉脂型品种）高，这对于我国目前开展猪经济杂交，提高瘦肉率有重要意义。

11. *何为杂交亲本？如何选择？*

所谓杂交亲本，即猪进行杂交时选用的父本和母本（公猪和母猪）。

（1）杂交父本的选择　实践证明，要想使猪的经济杂交取得显著的饲养效果，一个重要的条件父本必须是高产瘦肉型良种公猪。如近几年我国从国外引进的长白猪、大约克夏猪、杜洛克猪、汉普夏猪、迪卡配套系猪等高产瘦肉型种公猪等是目前最受欢迎的父本。它们的共同特点是生长快、饲料利用率高，胴体品质好，同时性成熟早、精液品质好，适应当地环境条件等。凡是通过杂交选留的公猪，其遗传性能很不稳定，要坚决淘汰，绝对不能留作种用。三元杂交或多元杂交时，选择最后一个杂交父本（终端父本）尤其重要。

（2）杂交母本的选择　作为杂交母本，一般应该具备下列条件：数量多，分布广，适应性强；繁殖力强，母性好，泌乳力高；体格不宜过大，以减少能量维持需要。我国绝大多数地方品种和培育品种猪都具有作为杂交母本品种的条件，如太湖猪、内江猪、北京黑猪、里岔黑猪或者其他杂交母猪。由于地方母猪适应性强，母性好，产仔率高、泌乳力强、而粗饲、抗病力强等，所以，利用良种公猪和地方母猪杂交后产生的后代，一是生长快，饲料报酬高；二是繁殖力强，产仔多而均匀，初生仔体重大，成活率高；三是生活力强，耐粗饲，抗病力强，胴体品质好。由此可知，亲本间的遗传差异是产生杂种优势的根本原因。不同经济类型（兼用型与瘦肉型）的猪杂交比同一经济类型的猪杂交效果好。因此，在选择和确定杂交组合时，应重视对亲本的选择。

12. *怎样选择合理的经济杂交模式？*

猪的杂交目的不同，有的是培育新品种或新品系，称为育成杂交；有的是改进某一猪种或品系的少数性状，导入一定数量其他品种的血液，称为导入杂交。而在生产中，为最大限度地利用猪种的遗传潜力，提高经济效益的杂交称为经济杂交。经济杂交生产的商品猪，大都具有生命力强、长势快和饲料报酬高等显著特点。

根据亲本品种的多少和利用方法的不同，杂交模式有以下几种。

（1）二元杂交　它是一个品种（或品系）的公猪与另一个品种（或品系）的母猪进行的杂交，利用一代杂种的杂种优势生产商品猪，这是最简单的杂交方法。一般是以地方猪种或当地培育的品种为母本，引入的瘦肉型公猪作为父本进行杂交。

（2）两品种轮回杂交　从二元杂交所得的一代杂种母猪中选留优良个体，逐代分别与两个亲本品种的公猪进行杂交。这种杂交可不断保持后代的杂种优势，但杂种公猪一律不留种。

（3）三元杂交　从二元杂交所得的一代杂种母猪中选留优良个体，再与另一品种的公猪进行杂交。三元杂交可比二元杂交获得更高的杂种优势率，并可利用杂种母猪繁殖性能的杂种优势。但是，因为需增加两个群体，所以提高了成本。

（4）近交系杂交　近交系通过高度近交繁殖建立起来的，并在以后世代中保持一定程度近交系数的猪群。近交系间杂交所表现的杂种优势与品种之间杂交一样，在繁殖性能方面表现明显，在胴体品质方面不太明显。

（5）专门化品系杂交　通过建立专门化父本、母本品系，并进行杂交，这种杂交的后代增重一致性好，肉的品质好，能取得高而稳定的杂种优势。

13. 杂交利用有哪些措施？

（1）杂交亲本的选优和提纯　杂种优势的显现受到许多因素的限制，开展杂种优势利用是一项复杂而又细致的工作。首先应从亲本的选优和提纯入手，这是杂种优势利用的主要环节。选优就是通过选择，使亲本群原有的优良、高产基因的频率尽可能增大。提纯就是通过选择和近交，使亲本群在主要性状上纯合子的基因型频率尽可能增加，个体间的差异尽可能减小。提纯的重要性不亚于选优。亲本纯度越高，才能使亲本基因频率之差加大，配合力测定的误差也就越低，可得到更好的杂种优势效益，杂种群体才能整齐，接近规范。

重视亲本群选育，一定要在纯繁阶段把可以选择提高的性状尽量提高；否则，盲目进行杂交，不可能得到好的效果。

（2）配合力测定和最优杂交组合的筛选　配合力就是种群间的杂交效果。配合力测定的目的，是通过杂交试验，测定种群间的杂交效果，找出最优的杂交组合，以求最大限度提高肉猪的生产性能。

配合力分为一般配合力和特殊配合力、一般配合力是指一个种群与其他各种群杂交，所能获得的平均效果。例如，内江猪与地方品种猪杂交，都获得较好的效果，这就是内江猪的一般配合力好。特殊配合力则是两个特定种群之间的杂交所能获得的超过一般配合力的杂种优势。在杂种优势利用中，追求的是特殊配合力，它通过杂交组合的选择而获得。例如，用上海白猪与杜洛克、苏白猪、长白猪等品种进行配合力测定，四个组合的育肥性能都优于纯种上海白猪，其中，杜洛克和上海白猪的组合超过其他三个组合，表明上海白猪与杜洛克猪之间特殊配合力好，是一个值得推广应用的杂交组合。

（3）建立健全杂交繁育体系　所谓繁育体系，就是为了协调整个地区猪的经济杂交工作而建立的一整套合理的组织机构和各种类型的猪场。

①原种场。主要是杂交所用的父本和母本品种进行选育和提高，为繁殖场或商品场提供优良的杂交父本、母本、对母本的选育重点应放在繁殖性能上，对父本的选育重点应放在生长速度、饲料利用率和胴体品质上。

②繁殖场。主要任务是扩大繁殖杂交用的父本、母本种猪，提供给商品场，尤其是母本品种。母本种猪包括纯种和杂种母猪。选育重点还应放在繁殖性能上。

③商品场。从繁殖场得到的母本，从原种场或繁殖场得到的父本，进行经济杂交，生产商品肥育猪。工作重点应立足于商场肥育猪的科学饲养管理方面。

（4）改善杂种的培育条件　通过配合力测定所确定的最优秀的杂交组合，奠定了杂交优势产生的遗传基础，这是获得高杂种优势率和高生产率的前提。但是，猪生产性能的表现是遗传基础和环境共同作用的结果，遗传潜力的发挥必须有相应的环境条件作保证。所以，对杂种饲养管理条件的好坏，直接影响杂种优势表现的程度。

14. 如何优化猪群品种结构？

规模化养猪必须做好两个猪群的调控工作，即种猪群和商品群（仔猪出生至出栏）。科学合理调控猪群品种结构，通过不同途径对规模化商品猪场的生产运行和经济效益产生决定性作用。

两个猪群包括了生产全过程组群，是控制生产和控制疾病的实体对象，这两个群体各有不同的生产目标和特点。但是这又是以种猪群为生产龙头而影响商品群的，所以规模化养猪要抓好生产管理，首先必须抓好种猪群的生产调控。

种猪群结构管理调控可分以下几个方面来落实。

（1）种猪群遗传品种结构　选择优秀性能的种猪和杂交模式，为商品猪生产打下良好的遗传基础，将有可能生产出具有较高经济指数的上市肉猪。如果没有良好的遗传基础，使商品猪具有好的经济指数几乎不可能。因为："性状＝遗传＋环境"。不同的性状表现不同的遗传力，繁殖性状属低遗传力，受环境因素的影响较大（如管理、饲养、疾病等）如产仔数、成活率等；生产性状属中等遗传力，20%～30%受遗传控制，如出栏日龄，日增重，料肉比等，这些性状的70%～80%受饲养管理控制；结构性状属高遗传力，40%～60%受遗传控制、瘦肉率、背膘厚、乳头数等猪体结构。所以要获得上市猪较高的经济指数就必须选择优秀的品种和杂交模式，生产性状、结构性状属中高遗传力，容易通过品种进行改良。而繁殖性状则需通过良好的饲养管理来获得。目前较实用的杂交模式为"杜洛克×长白×大约克夏"，同一品种不同品系的性能也有差别，选择优秀的品种及杂交模式是获得较好经济效益的重要基础。

（2）种猪群结构　种猪群饲养管理目标是以较低的成本保证种猪健康稳定的可持续均衡生产和提供更多的优秀断奶仔猪。

抓好种猪群猪群结构是保持种猪群持续高指标稳产的基础；主要体现在年龄结构，公母猪结构、均衡生产、疾病结构方面，是保持全场猪群结构恒定稳产的基础，是保证各项管理指标正常落实执行的基础，是保证资金正常运行的基础。

种猪群必须有一个科学的年龄结构。应保持的一般年龄结构为：母猪，初产母猪15%～17%，6胎以上13%～15%，2～6胎65%～70%。初产母猪和老龄母猪不但产仔数和哺乳能力差以外，而且仔猪质量也低于平均值，上市肉猪经济指数也下降，如生长速度、料肉比等，所以要提高种猪群的繁殖性能和断奶仔猪质量，第一步就要使母猪群有一个科学的年龄结构。这就要求要按母猪更新计划认真落实母猪群的更新工作。一般生产母猪在200～300头以下的猪场不宜自繁后备母猪，300头以上的生产母猪群可由种猪场引入后备母猪，或自繁后备母猪，同时减少引入种猪也是减少疾病传入的重要方面。根据生产母猪群结构及更新计划组合纯种核心群，并制订严格的繁殖培育方案及计划，以保证更新计划的落实。公猪群的组群结构以公母比例为1：（20～25）为宜，老、中、青三结合，建议公猪使用年限不超过2.5年，个别性能和遗传特别好的个体可适当延长到3年。实践证明，中青年公、母猪的后代活力和经济性能高于群体平均值。

均衡性生产对猪场的管理、生产运行、资金运行具有重要意义。只有均衡生产才能保证诸如工资方案、猪群周转、疫病控制、栏舍使用、资金运行等计划和指标的有效落实。种猪群的均衡生产决定了全场的均衡生产，在生产实践中必需科学的制订生产计划，包括周、月、年生产计划，配准率、分娩率、产仔率等目标计划，达不到预定计划的要查找原因，及时解决，确保计划的完成率。

（3）疾病结构控制　每一个猪场的疾病结构都存在差异，在生产中必须切实掌握住本场的疾病结构，疾病的控制必须从种猪群着手去控制，根据不同类型疾病的特点及在本场的特点制订疾病控制计划。包括繁殖系统、呼吸道系统、胃肠道系统、寄生虫病等四大系统疾病；控制疾病必须采取"提高猪群群体素质，减少病原的传入和繁殖"的原则，制订落实控制计划。如营养、环境卫生、全进全出、消毒、疫苗注射、药物防治、疫病监视等措施根据不同疾病的特点使之有机结合，才能达到预期的效果，单一的指标往往达不到预期的效果。

有了合理的种猪群计划，其商品群也有了生产计划的基础，为保证出栏计划的实现，就必须对这一群体进行科学的管理，使与之有关的指标逐步完成。

第三节　母猪的发情与配种

1. 什么叫母猪的初情期？

小母猪一般在120～160日龄时出现不规则的外阴部潮红、红肿（地方猪会更早），其卵巢也有相当程度的发育，但不排卵。第一次排卵为初情期，标志小母猪性成熟，但第一次发情时排卵数目少，身体其他器官和组织的发育也未完全成熟，故一般应在第二次或第三次发情时配种，此时体重应达110～120千克，但没必要延迟到第四次发情才配种。这些是提高第一胎母猪产仔数的重要措施之一。

2. 什么是断奶后发情、发情周期？

泌乳能够抑制母猪的发情，因此一般母猪在哺乳期不能正常发情，有些母猪可能分娩后1周左右会有一次发情，但与正常发情相比，其发情征状不明显，不接受公猪的爬跨，因此不能认为是真正的发情。从内部变化看，母猪有卵泡发育，但一般不排卵。正常分娩哺乳的母猪，在断奶后3～14天能够正常发情。头胎母猪断奶后到发情的天数会超过12天，第二胎约间隔9天，第三胎为3～7天。超过80%的经产母猪在断奶后4～6天发情。

母猪自初情期开始，正常情况下，只要没有怀孕、哺乳，每隔一定的时间，卵巢中重复出现卵泡成熟和排卵过程，并出现发情行为，如不配种，这种现象将呈周期性重复出现，称为发情周期。母猪的正常发情周期一般为18～23天，平均为21天。母猪发情周期可根据母猪生殖系统的变化和母猪的行为变化分为发情前期、发情期、发情后期和间情期四个时期。发情周期是一个逐渐变化的生理过程，四个时期之间并无明确的界限。

3. 母猪出现哪些征状才能认为是发情？

一般情况下，出现下列征状的大部分甚至全部才能认为母猪已经发情：爬跨其他母猪；食欲减退，甚至完全停食；有渴望的表情，眼睛无神、呆滞；当查情员接近或有种公猪接近时，母猪表现为耳朵向上竖起，身体颤抖；按压其背部时，母猪站立不动，甚至有向后"坐"的姿势，尾巴上下起伏；阴户红肿，从肿胀到发亮，到开始起皱和渐渐消退；外阴流出黏液，从量多而清亮，到混浊而量少，黏性增强；阴道黏膜红肿、发亮，逐渐呈深红色；把手放在阴唇上有潮湿、温暖的感觉。

4. 母猪排卵有什么规律？何时是适宜的配种时间？

母猪发情持续时间为40～70小时，排卵在后1/3时间内，而初配母猪要晚4小时左右。其排卵的数量因品种、年龄、胎次、营养水平不同而异。一般初次发情母猪排卵数较少，以后逐渐增多。营养水平高可使排卵数增加。现代引进品种母猪在每个发情期内的排卵数为20枚左右，排卵持续时间为6小时左右；地方品种猪每次发情排卵为25枚左右，排卵持续时间为10～15小时。

可以从以下两方面确定母猪适宜的配种时间。①从发情征状判断。判断发情要一看、二摸、三压背。一看是看行为表现；二摸即摸阴户看分泌物状况；三压背即按压母猪腰荐部。当母猪阴户红肿刚开始消退，表现呆立、竖耳举尾，按压背部表现不动后8～12小时进行第一次配种（一般以早上或傍晚天气凉爽时进行），再过12～24小时进行第二次配种，此时配种最易受孕。②从发情时间上判断。母猪是在发情开始后24～36小时排卵，排卵持续时间为10～15小时，卵子在输卵管内保持受精能力的时间为8～12小时，而精子在母猪生殖道内成活的时间为10～20小时，因此精子应在卵子排出前2～3小时到达受精部位。以此推算，适宜的配种时间应是母猪发情开始后的20～30小时。过早或过迟均会影响受胎率和产仔数。

5. 母猪的配种方式有哪些?

按照母猪一个发情期内配种次数,把配种方式分为单次配种、重复配种和双重配种。

(1)单次配种　简称单配,指母猪在一个发情期内,只配种一次。优点是能减轻公猪的负担,可以少养公猪或提高公猪的利用率。但适宜的配种时间不好掌握,会影响母猪受胎率和产仔数,实际生产中应用较少。

(2)重复配种　简称复配,即母猪在一个发情期内,用同一头公猪先后配种2次,间隔8～12小时。这是生产中普遍采用的配种方式,具体时间多安排在早晨或傍晚前。这种配种方式可使母猪输卵管内经常有活力较强的精子及时与卵子受精,有助于提高受胎率和产仔数。这种配种方式多用于纯种繁殖场。

(3)双重配种　简称双重配,指母猪在一个发情期内,用不同品种或同一品种的两头公猪先后配种2次,间隔10～15分钟。采用双重配种时,可促使卵子成熟,缩短排卵时间,增加排卵数,并可避免某一头公猪精液品质暂时降低所产生的影响。故双重配种可有效提高母猪受胎率和产仔数。缺点是双重配种易造成血缘混乱,不利于进行选种选配,故多用于杂交繁殖,生产育肥用仔猪;另外,也存在与单配相似的缺点,即确定配种适期问题。

6. 母猪的配种方法有哪些?

配种方法有本交和人工授精。本交分为自由交配和人工辅助交配。

(1)本交

①自由交配。自由交配即公母猪直接交配,不进行人工辅助。这一方法存在很多缺点,生产实践中已很少采用。

②人工辅助交配。为了达到理想的配种效果,必须重视交配场地的环境。交配场地应选择离公猪圈较远、安静而平坦的地方。配种时,先把发情母猪赶到交配场所,用0.1%高锰酸钾溶液擦洗母猪外阴、肛门和臀部,然后赶入配种计划指定与配公猪,待公猪爬跨母猪时,同样用消毒液擦净公猪的包皮周围和阴茎,防止阴道、子宫感染。配种员将母猪的尾巴拉向一侧,使阴茎顺利插入阴户中。必要时可用手握住公猪包皮引导阴茎插入母猪阴道,对于青年公猪实施人工辅助尤为重要。与配公、母猪体格相差较大时,应设置配种架,若无此设备,如公猪比母猪个体小,配种时应选择斜坡处,公猪站在高处;如公猪比母猪个体大,公猪站在低处。给猪配种宜选择早、晚饲喂前1小时或饲喂2

小时后进行，即"配前不急喂，喂后不急配"。冷天、雨天、风雪天气应在室内交配；夏天宜在早晚凉爽时交配，配种后切忌立即下水洗澡或躺卧在阴暗潮湿的地方。

（2）人工授精　人工授精是在规模化集约化猪场提高经济效益的一项重要措施。

7. 猪的人工授精技术有什么优点？

人工授精是采集公猪的精液，再将精液经稀释处理后，输入特定的生殖生理时期的母猪生殖道，达到使母猪怀孕的技术。随着养殖业的专业化、规模化，母猪的人工授精技术越来越被广泛应用。

猪人工授精的优点主要表现在以下几个方面。

（1）加快种猪的遗传改良速度　在本交的情况下，1头公猪一次只能和1头母猪交配，一年所配种的母猪也只有25～35头，优良基因的传播仅局限在本场，数量也有限。但是采用人工授精，1头公猪一次射出的精液经过稀释后就可以配5～10头的母猪，精液可以输给几百里甚至几千里外的母猪。从而可以将优良基因迅速而广泛地传播，使群体中优良基因的覆盖率提高，遗传改良的速度加快。正因为如此，人工授精已成为多数育种规划中一个至关重要的部分。

（2）降低饲养成本　人工授精可使1头公猪顶10多头公猪使用，在商品肉猪生产中，就可以大大减少公猪的饲养量，减少公猪喂养的饲料消耗，若按1头公猪一年需要800～1 000千克的全价配合饲料计，一头人工授精公猪一年可节约7～9吨饲料消耗。

（3）避免过度使用公猪　当出现母猪集中发情，配种任务重时，人工授精可避免因公猪使用过度，而导致的母猪受胎率降低。

（4）解决公母猪体格大小悬殊、本交困难的矛盾

（5）避免疫病传染　采用人工授精，公母猪不直接接触，避免了疫病的传播，特别是有效地防止了生殖器官疾病的传播。

（6）提高受胎率　定期检测精液，可以检出精液品质不良的公猪，特别是能降低高温环境下的配种失败率。高温会造成精液不良，而人工授精前的精液品质检查，可以检出这些公猪，从而提高受胎率。

8. 采精室应具备哪些条件？

（1）采精室的温度控制　采精室的温度应控制在10～28℃。采精室最好

是一个安装有空调的房间，以使公猪的性欲表现和精液不受影响。周围环境要安静，没有什么大的噪声。再一个就是要干净卫生。

（2）物品传递应方便　采精室最好与处理精液的实验室只有一墙之隔，隔墙上安装一个两侧都能开启的壁橱，以便从实验室将采精用品传递到采精室和采集的精液能尽快传递到实验室进行处理。

（3）应有安全区　公猪是非常危险的动物，在采精时，工作人员不能掉以轻心，采精室设计应考虑到采精员的安全。在距采精区距门口 80～100 厘米处，设一道安全栏，用直径 12 厘米的钢管埋入地下，使高出地面 70～75 厘米，净间距 28 厘米，并安装一个栅栏门。这样就形成里边的采精区和外边的安全区，栅栏门打开时，使采精室与外门形成一个通道，让公猪直接进入采精区，而不会进入安全区。当公猪进入采精区后，将栅栏门关闭，可防止公猪逃跑。一旦公猪进攻采精员，采精员可以迅速进入安全区。另外，采精室最好有一个赶猪板，防止公猪进攻人时，采精员可用赶猪板将猪与人隔开，避免受到攻击。

（4）地面　采精室地面要略有坡度，以便进行冲刷，水泥地面不要提浆打光，以保持地面粗糙防公猪摔倒。最好在假母台的前面铺上一张厚约 2 厘米的皮垫子，防止公猪滑倒并且可以对公猪的后肢起到保护作用。

9. 如何对种公猪进行采精调教？

种公猪调教或采精，首先要制作一个假母台。假母台的大小应根据种公猪体躯的大小而定，一般采用杂木制作，要求木质坚实，不易腐烂，一般长 120 厘米，宽 30 厘米，高 50 厘米即可，现在市场上也有成型的假母台，但是有的需要提前在地面上打好螺丝，用的时候装好，最好在台体的两侧焊接一些钢管以固定假母台，这样会更结实。为了以后成年种公猪采精方便耐用，做成条凳或木架，可用破棉絮、麻袋片等物堆放在木板上，然后用麻袋片（或塑料编织袋）包好，反扣在木板的背面上，用压条钉紧即成为假猪背即可。

种公猪采精时间：夏季采精宜在早晚进行；冬季寒冷，室温最好保持在 15～18℃。调教时间一般由专人在早饭后 8:00—10:00 进行（夏季早一点，冬季晚一点）。将种公猪放出栏圈，赶进采精室。采精人员要有足够的耐性，不允许粗暴，要人性化善待公猪，并掌握一定的技巧。先用温肥皂水将种公猪包皮处洗净、擦干。如果是刚开始的种猪调教时，可以收集一些怀孕母猪的尿液泼洒在假母台的母猪皮上面，诱导种公猪爬架子，同时调教的专门人员一边用手轻轻敲打假母台，并且一边唤着种公猪，尽量模仿发情母猪的叫声，以提高公猪的性欲。

性欲好的公猪，在放出栏后表现为嘴不停地张合，前肢爬地，尾根紧张，阴茎部有急尿表现，并频频排出少量尿液。这种性欲旺盛的公猪，一进采精室就有强烈的性欲要求，但又不会上架，乱咬采精架（假母猪）或用嘴把它挑起，对这类公猪要特别小心以防伤人。这时将采精架的一端提起，让爬跨的一端降低，使它便于公猪的爬跨，同时注意采精架的保定。一旦爬跨成功，要连续三天在同一地点进行调教采精，使公猪形成条件反射，巩固下来。每次调教完后，要认真清理采精室，搞好卫生，消好毒。对性欲不强的公猪的调教，可先让其与母猪交配 1～2 次，然后再调教。

对以往采用本交公猪的调教方法是先停配，后调教。对性欲好的公猪，暂停配种 2～3 天，待其表现不安时开始调教；对性欲不好的公猪要暂停配种 1 周后再调教；对性欲不强又过肥不爱动的公猪，要加强驱赶运动，待表现性欲后再调教。

10. *如何采精？*

经过训练的公猪，爬跨上假母猪并做交配动作时，采精员在假母猪的左侧，首先按摩公猪阴茎龟头，排除包皮尿液、积液，用右手掌按压阴茎部数分钟，等感到阴茎在阴鞘内来回抽动时，用手隔着皮肤握着阴茎来回滑动数下，公猪的阴茎即可伸出包皮外。这时应握住种公猪的阴茎龟头。公猪的龟头呈螺旋状，在它收缩的时候很容易从手中抽回，龟头最好顶在小拇指和无名指的中间部位，并且顺着阴茎伸出的方向，不能随意地更改阴茎的伸展方向，那样容易损害阴茎或者使公猪感觉不舒服。握住阴茎的时候用中指、食指和大拇指均匀地用力挤压，以便刺激公猪的性欲，感觉要射精的时候就不要挤压了，保持环境安静。刚开始的射精，精液有很多的死精、细菌、杂质等物质，这些不能收集，过三四秒看到射出的精液呈白色就立刻收集。收集的杯子最好用保温杯，套上无菌袋子，在杯子口再套上一层纱布，以滤去精液中的胶状物。采精前，采精杯应置于 35～37℃ 的恒温箱中保温，避免精子受到温差的打击。每一头公猪的射精量和射精时间不一样。一般来说，公猪射完一次精后还会再射一次，或者挤压刺激一下后又射一次，有的还能射三四次，但后来的精液几乎没有精子了，可以不收集，但是最好让公猪把精液全部射尽。公猪阴茎变软，这时候放手，公猪回缩阴茎，可以赶回圈舍。采精完毕后在采精杯外面贴上记录公猪编号和采精时间的标签，然后拿去化验，用显微镜观察，了解这个公猪的精液的各方面的质量，进行稀释。

11. 从哪些方面进行精液的质量评估？

（1）精液的容量　通常一头公猪的射精量为 150 ～ 250 毫升，但范围可在 50 ～ 500 毫升。一般建议用电子秤称量精液的重量，由于猪的精液相对密度为 1.03，接近于 1，所以，1 克精液的体积约等于 1 毫升。用称量的方法，可减少精液在测量容器中转移，减少污染和受温度应激的机会。用电子秤称量精液除皮也方便。

（2）气味　正常、纯净的精液无味或只有一点腥膻味。如果精液气味异常，如臊味很大可能是受到包皮液污染；如果有臭味，则可能是混有脓液。注意气味异常的精液不能使用，必须废弃。

（3）色泽　猪的精液呈乳白或灰白色，精液浓度密时呈乳白色，浓度稀时呈灰白色。如呈红褐色，可能混有血液，如呈黄绿色且有异味，则可能混有尿液或炎症分泌物，这些精液均应废弃。

（4）pH　正常精子呈中性或弱碱性，pH 值为 7.0 ～ 7.8，一般来说，精液 pH 值越低，说明精子浓度越大。

（5）精子密度　指每毫升精液中所含的精子数。精子密度是确定稀释倍数的重要指标。目测误差较大，一般采用精子密度仪或精虫计数器来测定。

（6）精子活力　精子活力指精子的运动能力，用镜检视野中呈直线运动的精子数占精子总数的百分比来表示。检查方法是：取一滴精液在载玻片上，加盖盖玻片，然后放在显微镜下镜检，计算一个视野中呈直线运动的精子数目，来评定等级。一般分为十级，100% 的精子都是直线运动为 1.0 级，90% 为 0.9 级，80% 的为 0.8 级，依此类推，活力在 0.6 级以下的精液不宜使用。

（7）畸形精子率　正常精子形似蝌蚪，凡精子形态为卷尾、双尾、折尾、无尾、大头、小头、长头、双头、大颈、长颈等均为畸形精子。畸形精子的检查方法是：取原精液一滴，均匀涂在载玻片上，干燥 1 ～ 2 分钟，用 95% 的酒精固定 2 分钟，用蒸馏水冲洗，再干燥片刻后，用亚甲蓝或红蓝墨水染色 3 分钟，再用蒸馏水冲洗，干燥后即可镜检。镜检时，通常计算 500 个精子中的畸形精子数，求其百分率，一般猪的畸形精子率不能超过 18%。

公猪精液质量评定等级见表 1–1。

表 1-1　公猪精液质量等级评定标准

等级	采精量（毫升）	密度（亿个/毫升）	活力	畸形率（%）	颜色、气味
优	≥ 250	≥ 3.0	≥ 0.8	≤ 5	正常
良	≥ 150	≥ 2.0	≥ 0.7	≤ 10	正常
合格	≥ 100	≥ 0.8	≥ 0.6	≤ 18	正常
不合格	< 100	< 0.8	< 0.6	> 18	不正常

合格以上的等级评定：各项条件均符合才能评为该等级；不合格的评定：只要有一项条件符合则评为该等级。

12. 如何进行精液的稀释与保存?

新采集的动物精液精子浓度高，而且温度较高，精子的代谢强度大，很快就产生大量的代谢产物，并使其自身的生命耗尽。即使在很短的时间内，都可能因精子的代谢产物对精子产生毒害，使精子保存时间缩短。而用合理的稀释液稀释精液，则可给精子提供营养、中和代谢产物，并且允许精液降温，从而大大延长精子的存活时间，并能保持精子的受精能力。所以，对人工授精来说，猪精液尽快进行稀释十分重要，这也是为什么要将实验室建在采精室的隔壁的原因。另外，原精液的精子浓度大，而一次输精的总精子数仅几十亿个，只相当于几毫升到十几毫升的原精，而母猪受精时需要的总精液量又不能低于100毫升，这也是必须稀释的另一个原因。

常用的猪精液稀释液种类有很多，有用奶粉配制的，也有用葡萄糖和柠檬酸钠配制的，如奶粉稀释液：奶粉9克、蒸馏水100毫升。葡柠稀释液：葡萄糖5克、柠檬酸钠0.5克、蒸馏水100毫升。稀释之前需确定稀释的倍数。稀释倍数根据精液内精子的密度和稀释后每毫升精液应含的精子数来确定。精液经稀释后，要求每毫升含0.4亿个精子。如果密度没有测定，稀释倍数国内地方品种一般为1～2倍，引入品种为2～4倍。

精液稀释应在精液采出后尽快进行，而且精液与稀释液的温度必须调整到一致，一般是将精液与稀释液置于同一温度（30℃）中进行稀释。精液与稀释液充分混合后，再用100毫升带尖头塑料瓶或无毒塑料袋分装，不同的品种精液用不同的颜色的瓶盖加以区分，置于17℃恒温箱中保存，保存过程中要求10～12小时翻动一次。稀释的精液在贮存2～3天，有效精子数将会减少，因此在使用前需要检查精液的活力，以确保使用的精液活力大于70%。

在略低的温度下（15～20℃）可延长精子的存活期。这是因为降低温度可使精子的代谢水平降低，较低的代谢水平将会消耗较少的营养物质，产生较少的废物，从而延长精子的寿命；但低于15℃的温度将会损害精子。猪的精子比其他动物的精子对于低温更为敏感，而高于20℃的温度则不会降低精子的代谢水平，但由于代谢旺盛，保存时间缩短。因此，密切注意并控制精液贮存期间的温度变化对于维持精液的活力是很重要的。

13. 如何给母猪输精？

（1）选择输精管　输精管分为多次性和一次性输精管两种，各有其优缺点。多次性输精管不易清洗、消毒，易变形，易引起疾病的交叉感染，但成本低，输精管顶端无螺旋状或膨大部，输精时子宫不易锁定，易出现精液倒流现象，现在用得较少。一次性输精管干净、卫生，可以防止疾病的传播，顶端有海绵头或螺旋头，使用方便，但成本稍高。

（2）做好输精前的准备　所有用具，必须严格消毒，玻璃物品在每次使用后彻底洗涤冲洗，然后放入高温干燥箱内消毒，也可蒸煮消毒，橡胶输精管要用纱布包好用蒸气消毒或直接用酒精消毒。

（3）输精　输精前，首先将精液温度升高到35～38℃，如果精液温度过冷，会刺激母猪子宫、阴道强烈收缩，造成精液倒流，影响配种效果。输精前先用干净的毛巾将母猪阴唇、阴户周围擦拭干净，以精液或润滑液润滑输精管。插入输精管前温和地按摩母猪侧面以及对其背部或腰角施加压力来刺激母猪，引起母猪的快感。

当母猪呆立不动时，一手将母猪阴唇分开，将输精管轻轻插入母猪阴门，先倾斜45°向上推进约15厘米，然后平直的慢慢插入，边逆时针捻转边插入，输精管插入要求过子宫阴道结合部，子宫颈锁定输精管头部。插入深度为输精管的1/2～2/3，当感觉有阻力时，继续缓慢旋转，同时前后移动，直到感觉输精管前端有被锁紧的感觉，回拉时也会有一定的阻力，说明输精管已达到正确的部位，可以进行输精了。

将精液瓶打开，接到输精管的另一端，抬高精液瓶，使用精液瓶时，用针头在瓶底扎一个小孔，使子宫负压将精液吸纳，决不允许将精液挤入母猪的生殖道内。

输精时输精员同时要对母猪阴蒂或肋部进行按摩，肋部的按摩更能增加母猪的性欲。输精员倒骑在母猪的背上，并进行按摩，效果也很理想。输精过程中，如果精液停止流动，可来回轻轻移动输精管，同时保持被锁定在子宫颈。

整个输精过程5～10分钟完成，可以通过输精瓶的高低来调整精液流进母猪生殖道的速度，输精太快不利于精液的吸纳。为了防止精液的倒流，精液输完后，不要急于拔出输精管，应该将精液管尾部打折，插入去盖的精液瓶内等待约1分钟，直到子宫颈口松开，然后边顺时针捻转，边逐步向外抽拉输精管，直至完全抽出。

14. 猪的人工授精还要注意哪些问题？

猪人工授精过程中母猪接受性刺激有利于精液很好进入子宫，因此在人工授精的过程中恰当给予母猪性刺激非常关键。

（1）模拟爬跨　猪在长期自然选择下，自行完善了一整套繁育生理，公猪爬跨可谓是最好且最有效的刺激母猪"性敏感带"的措施。猪人工授精技术也应摒弃那种简单认为猪只是为了繁育而繁育的浅显认识。部分猪场采用了压背沙袋模拟公猪爬跨，能很好地使母猪持续站立不动，成功完成人工授精，效果很好。市场上出现的猪人工授精鞍在探索正确模拟公猪爬跨实施性刺激方面进行了有益尝试，将模拟爬跨与输精较好地结合在一起。一些经验丰富的配种员采用倒骑在母猪背上，抚摩母猪腹部，提拉腹股沟，实施按摩输精的方式，效果很理想。

（2）刺激母猪生殖道及相关部位　一般认为公猪阴茎及精液对母猪生殖道的直接刺激可能更加有效。猪人工授精时，应当尽量选取模拟公猪阴茎形态的输精管及类似的插入方式进行刺激并输精。有报道称在配种前的一个发情期采用冷冻后死亡的精子输精刺激可提高受胎率约20%，可见精液本身在生殖道综合刺激及调节方面有作用。另外，资料显示公猪射精能强烈刺激母猪子宫收缩，利于受孕。

（3）按摩刺激母猪乳房　发情期母猪乳房皮肤特别敏感，容易接受刺激。对发情母猪进行乳房按摩可以刺激利于受孕相关激素的分泌与活性，并降低对环境应激因子的敏感度。人工授精过程中，按摩乳房使母猪感受到特殊的性刺激，得到某种程度的性快感，从而使生殖内分泌功能更趋良性化。目前，工厂化猪场实施猪人工授精也都特别强调输精时要进行良好的乳房按摩。

（4）利用公猪进行嗅觉、听觉、视觉、触觉性刺激　发情母猪对公猪的气味、声音、身影等异常敏感，配种时对母猪进行嗅觉、听觉、视觉及触觉的刺激都能达到较好的效果。配种时，公猪的唾沫、精液或尿液等都对母猪嗅觉具有强烈刺激，公猪的叫声和身体接触都可迅速提高母猪性欲。引入性成熟的公猪或用公猪外激素喷洒母猪鼻腔，有利于母猪恢复发情及提高排卵率。存在于成熟公猪包皮鞘、腭下唾液腺及尿中的雄性固醇，分泌所散发出成熟公猪的特殊臭味，此异味也正好是刺激母猪性欲的雌激素。嗅觉、听觉、视觉、触觉的全方位刺激对母猪配种有利。所以工厂化猪场实施猪人工授精时，一般都将试情公猪关锁在走廊内，且输精母猪与试情公猪口鼻部能够保持接触。

15. 猪人工授精生产实践中要克服哪些错误认识?

（1）本交（自然交配）比人工授精受胎率高，窝产仔数也多　如果人工授精时间和输精量恰当、适宜，受胎率和窝产仔数不会比本交差，但要避免人工授精管理和操作细节上出现失误。

（2）人工授精容易导致母猪产弱仔和发生子宫炎　在人工授精和自然交配前均应对母猪阴户等部位进行消毒，先用干净的棉布蘸0.1%高锰酸钾溶液擦拭，再用消毒纸巾擦净。绝不要擦阴道内部，除非阴道内遭到污染。输精管也应清洗消毒。如果严格消毒，事实上人工授精的母猪子宫炎发生率比自然交配还要低，另外，精液的稀释液中加有抗生素，有利于预防子宫炎的发生。

（3）人工授精比本交麻烦　人工授精其实具有灵活、方便、适时、经济、有效的特点。

（4）温度混淆　从17℃精液保存箱中取出的精液，无须升温至37℃，摇匀后可直接输精；但检查精液活力时应该将玻片预热至37℃，这样检查才准确。另外，精液在恒温箱内保存过程中，为防止精子沉淀凝聚死亡，应每隔一段时间（8～12小时）进行1次倒置或轻轻地摇动。从恒温箱中取出精液后，应及时输送到母猪体内，最长不超过2小时。

（5）配种次数越多越好，人工输精量越大越好　殊不知，配种次数过多易增加母猪生殖道感染的机会，人工输精量大不仅浪费精液，而且增加成本。输精次数要适宜，间隔8～12小时后可以再输1次；每次输精量在60～80毫升，输精次数和输精量均视母猪品种而定。地方品种母猪，每情期输精1～2次，每次60毫升；50%外血母猪，每情期输精2～3次，每次80毫升；洋二元母猪，每情期一般输精3次，每次80毫升。

（6）强行输精　母猪不接受压背，则不能强行输精。不能用注射器抽取精液通过输精管直接向母猪子宫内推注精液，而应通过仿生输精让母猪子宫收缩产生的负压自然将精液吸入到子宫深处。输精前，可在消毒好的输精器前端涂抹菜油或豆油起润滑作用。输精器插入后，应在4厘米左右幅度内来回慢慢抽动输精器，全方位刺激母猪生殖器官，使子宫收缩，在子宫颈内口形成吸力。当发现精液瓶内冒气泡时，暂停抽动，让精液吸入。当精液开始吸入时，用手同时刺激母猪阴部。

（7）精液输完，立即拔出输精管　精液输完后应防母猪立即躺下，导致精液倒流，并通过按摩母猪乳房或按压母猪背部或抚摸母猪外阴部继续刺激母猪5分钟左右；精液输完后，输精管应滞留在生殖道内3～5分钟，让输精管慢慢滑落。输精后几小时内不要去打扰母猪休息，避免不利因素的出现产生应激。

（8）母猪喂料后马上进行输精操作　母猪吃料后，不愿走动，性欲降低，不易受孕。输精后，也不要马上给母猪喂料、饮水。

第二章

高效养猪的日粮配制与使用

第一节　饲料的营养物质与常用饲料

1. 猪必需的营养物质有哪些？

为了保证正常的生长和繁殖，必须通过饲料给猪提供营养物质。猪维持生命、生长和繁殖所需的营养物质，可概括为蛋白质、能量、维生素、矿物质和水五大类。除水之外，所有养分都只能通过饲料提供。

（1）蛋白质　饲料中含氮物质的总称是粗蛋白质。粗蛋白质包括纯（真）蛋白质和氨化物两部分。蛋白质的基本结构单位是氨基酸。蛋白质对猪是头等重要而又不可替代的营养物质。猪的肌肉、神经、结缔组织、皮肤、内脏、被毛、蹄壳及血液等，都以蛋白质为基本构成成分。此外，猪的体液和激素的分泌，精子、卵子的生成，都离不开蛋白质。

纯（真）蛋白质是由氨基酸组成的。氨基酸是一种含有氨基的有机酸，是蛋白质的基本组成成分。如果按氨基酸对猪的营养需要来讲，可把氨基酸分为必需氨基酸和非必需氨基酸。

体内不能合成或合成的数量不能满足猪的生理需要，必需由饲料提供的氨基酸称必需氨基酸。研究证明，生长猪需 10 种必需氨基酸（赖氨酸、蛋氨酸、色氨酸、组氨酸、异亮氨酸、亮氨酸、苯丙氨酸、缬氨酸、苏氨酸和精氨酸），生长猪能合成机体所需 60%～75% 的精氨酸，成年猪能合成足够需要的精氨酸，猪对蛋氨酸需要量 50% 可用胱氨酸代替，苯丙氨酸需要量的 30% 可用谷氨酸代替。所以，称胱氨酸和苯丙氨酸等为半必需氨基酸。但要注意胱氨酸和苯丙氨酸不能转化为蛋氨酸和谷氨酸。

非必需氨基酸并不是猪的必需营养物质，它在体内合成较多，不需要由饲料来提供，而是在猪体内可由其他的氨基酸或氮源合成体内所需的氨基酸。

由此可见，在饲料中提供足够的必需氨基酸和非蛋白氮合成非必需氨基酸的能力，决定了饲料蛋白质水平的合适程度，则实际猪对蛋白质的需要量就是猪对必需氨基酸和合成非必需氨基酸氮源的需要。

饲料蛋白的营养价值主要取决于饲料必需氨基酸的组成和含量。饲料中必需氨基酸含量和各氨基酸比例越接近猪对必需氨基酸的含量，其饲料蛋白的营养价值就高，不同饲料来源的饲料蛋白质品质不一。饲料蛋白中某一个或某些氨基酸的不足，就会限制其他氨基酸的利用称该氨基酸为限制性氨基酸。在某一饲料或某一日粮中，某一氨基酸的含量与猪只所需的氨基酸之比最小一个为第一限制氨基酸、稍大一点为第二限制氨基酸，以此类推。猪饲料中常见的限制性氨基酸有赖氨酸、蛋氨酸、色氨酸、苏氨酸和异亮氨酸。猪日粮中第一限制性氨基酸往往为赖氨酸。由于饲料蛋白质中各种必需氨基酸的含量是有很大差别的，因此，在日粮中多种饲料搭配使用，可发挥蛋白质互补作用，提高饲料蛋白质利用率或蛋白质的生物学价值，添加合成的氨基酸可提高饲料蛋白的生物学价值。例如，玉米中赖氨酸含量较少，豆饼、鱼粉中含量较多，把玉米和豆饼、鱼粉混合在一起，即可取长补短，互相弥补，达到互补平衡的要求。

以植物蛋白来源的日粮，一般易缺的氨基酸为赖氨酸，所以，猪日粮中要经常添加赖氨酸。

（2）能量　猪饲料的能量主要来源于碳水化合物。碳水化合物是玉米等植物性饲料的主要成分，分解后能供给猪体热能。碳水化合物进入猪体后，就像炉子里加了煤一样，被氧化后产生热能，用来作为呼吸、运动、循环、消化、吸收、分泌、细胞更新、神经传导以及维持体温等各种生命活动的能源。满足日常消耗的能量后，剩余的碳水化合物就转化成了脂肪。

饲料中的碳水化合物由无氮浸出物和粗纤维两部分组成。无氮浸出物的主要成分是淀粉，也有少量的简单糖类。无氮浸出物容易消化，是植物性饲料中产生热能的主要物质。粗纤维包括纤维素、半纤维素和木质素，总的来说难以消化，过多时还会影响饲料中其他养分的消化率，因此，猪饲料中粗纤维的含量不宜过高。当然，适量的粗纤维在猪的饲养中还是有必要的，因为它除了能提供一部分能量外，还能促进胃肠蠕动，有利于消化和排泄以及具有填充作用，使猪具有饱腹感。

脂肪同碳水化合物一样，在猪体内的主要功能是氧化供能。脂肪的能值很高，所提供的能量是同等重量碳水化合物的 2 倍以上。除了供能外，多余部分可蓄积在猪的体内。此外，脂肪还是脂溶性维生素和某些激素的溶剂，饲料中含一定量的脂肪时，有助于这些物质的吸收和利用。同时，植物性饲料的脂肪中还含有仔猪生长所必需、但又不能由猪体自行合成的 3 种不饱和脂肪酸，即亚油酸、亚麻油酸和花生四烯酸，仔猪缺乏这些脂肪酸时，会出现生长停滞、尾部坏死和皮炎等症状。

除了米糠、蚕蛹和部分油饼外，猪饲料通常含脂肪不多。

（3）维生素 维生素是饲料所含的一类微量营养物质，在猪体内既不参与组织和器官的构成，也不氧化供能，但它们却是机体代谢过程中不可或缺的物质。目前已发现的维生素有 30 多种，其化学性质各不相同，功能各异，日粮中缺乏某种维生素时，猪会表现出独特的缺乏症状，从而严重损害猪的健康、生长和繁殖，甚至引起死亡。

通常根据溶解性，将维生素分为脂溶性维生素和水溶性维生素。前者包括维生素 A、维生素 D、维生素 E、维生素 K，后者包括 B 族维生素和维生素 C。脂溶性维生素在猪体内可以有较多的储存，因此猪可以较长时间的耐受缺乏脂溶性维生素的力量而不出现缺乏症；相比之下，水溶性维生素则在体组织中储存量不大，因此需要每天通过日粮摄取水溶性维生素，以补其不足。

①维生素 A。维生素 A 的主要功能是保护黏膜上皮健康，维持生殖功能，促进生长发育和防止夜盲症。猪缺乏维生素 A 时，表现食欲不佳、视力减退或夜盲。

维生素 A 与黄体素（孕酮）的合成有关，当黄体素分泌不足，将导致妊娠终止。有研究表明，适当提高饲粮维生素 A 的添加量，可以提高母猪窝产仔数和断奶仔猪数。母猪缺乏维生素 A 时，受胎率下降，表现发情不正常、难产、流产、死胎、弱胎、畸形胎及胎衣不下。公猪饲料中添加维生素 A 能促进睾丸发育，提高精液质量。仔猪瞎眼和四肢麻痹容易患肺炎、下痢等。维生素 A 容易被氧化破坏，尤其是在高温高湿的环境下与微量元素及酸败脂肪接触时，维生素 A 会损失殆尽。

②维生素 D。维生素 D 又称抗佝偻病维生素，与猪体内钙、磷的吸收和代谢有关。缺乏时仔猪会患佝偻病（软骨病），成年猪产生骨质疏松症。

植物性饲料一般含有维生素 D 较少，但其所含的麦角固醇经阳光（紫外线）照射可以转变成维生素 D；此外，猪皮肤中的 7- 脱氢胆固醇经紫外线照射也可转变成维生素 D。因此，使猪多晒太阳和喂给晒干的草粉（如苜蓿、紫云英、豆叶粉等），都能改善猪的维生素 D 供给状况。

③维生素 E。维生素 E 又叫生育酚，与繁殖机能密切相关，能促进促甲状腺素（TH）和促肾上腺皮质激素（ACTH）以及促性腺激素的产生，增强卵巢机能，使卵泡增加黄体细胞。

日粮中缺乏维生素 E，公猪精液数量减少，精子活力降低，母猪则可能不孕。此外，还会发生白肌病、心肌萎缩，并有四肢麻痹等症状。青绿饲料和种子的胚芽中富含维生素 E。

在母猪日粮中补充维生素 E，不仅能提高受胎率，减少胎儿死亡，增加窝产仔数，还能增强仔猪的抗应激能力，减少断奶前仔猪死亡，缩短母猪断奶至发情间隔，提高公猪精液质量。

④维生素 K。维生素 K 与机体的凝血作用有关，缺乏时会导致凝血时间延长、全身性出血，严重时可出现死亡。猪的肝脏以及绿色植物中含维生素 K 较多，猪消化道内的微生物也有一定的合成维生素 K 的能力。

⑤维生素 B_1（硫胺素）。能促进胃肠蠕动和胃液分泌，有助于消化，提高采食量，促进生长发育，增强抗病力；维持神经组织及心肌的正常功能。缺乏时，早期表现为食欲减退、消化不良、呕吐、腹泻，严重时出现心肌坏死和心包积液现象。

米糠、麸皮和酵母富含维生素 B_1，青饲料、优质干草中含量也多，猪一般不易缺乏。

⑥维生素 B_2（核黄素）。维生素 B_2 是酶系统的组成部分，参与能量代谢，具有促进生物氧化的作用。生长猪缺乏会出现食欲不振、消化不良、呕吐、生长缓慢、神经过敏；皮肤干燥易皲裂，被毛粗乱甚至脱毛，背部皮肤变厚，发生皮炎，产生皮屑；口腔黏膜和舌面易发炎溃疡，免疫功能下降。母猪表现食欲减退、不发情、早产或者生出死胎、弱胎或无毛仔猪，有时还发生胚胎被母体吸收的现象。

核黄素能由植物、酵母、真菌和其他微生物合成，但动物本身不能合成。脱脂乳、乳清和酵母中含有丰富维生素 B_2。动物性饲料及青绿饲料，尤其是豆科植物中含有维生素 B_2 较多，玉米和其他谷物中含量较少。

⑦维生素 B_3（泛酸）。泛酸是辅酶 A 的组成成分，参与碳水化合物、脂肪和蛋白质的代谢。与皮肤和黏膜的正常生理功能、毛发的色泽有很重要关系。泛酸还可以促进抗体的合成，从而增强机体抵抗病原体的能力。

缺乏泛酸时，猪表现为丧失食欲，生长速度缓慢，饲料转化率下降，胃肠功能紊乱，腹泻、粪便带血；皮肤发红，炎症主要位于肩部和耳后部，皮肤肮脏并呈鳞片状，眼周有棕褐色分泌物；运动失调，在发病初期，后肢行走僵硬，站立时轻微颤抖。当病情日趋严重时，病猪在前进中后肢提举过高，往往触及腹部，腿内弯，出现"鹅行步伐"。严重病猪将导致后肢瘫痪，呈一侧歪倒，后肢明显向两侧伸展，似犬坐式。母猪缺乏泛酸将导致死胎、化胎、弱仔产出后因不会吸奶而死亡。母猪还出现脂肪肝、肾上腺肥大、肌内出血、心脏扩张、卵巢核质减少及子宫发育异常等症状。

大部分饲料中富含泛酸，谷实和其加工副产品也是泛酸的来源。大麦、豆饼中泛酸利用率高，玉米和高粱的利用率低。以谷类尤其是玉米、豆粕为主的饲料，一般都需要添加泛酸。以植物蛋白为主未添加泛酸的饲料较易引起缺乏症。

⑧维生素 B_5（烟酸、尼克酸、维生素 PP）。泛酸对保持组织的完整性，特别是皮肤、胃肠道和神经系统的完整性具有重要意义。

猪缺乏维生素 B_5，会出现呕吐、下痢症状，因结肠和盲肠损害所致的坏死性肠炎，使粪便恶臭。生长猪日粮中缺乏维生素 B_5 表现为食欲减退，生长缓慢，皮肤干燥，皮炎和鳞片样皮肤脱落，被毛粗糙、脱毛和正常红细胞贫血；有些猪局部瘫痪、后肢肌肉痉挛、唇部和舌部溃烂。

几乎所有植物性饲料都含有不同量的泛酸，但某些饲料中泛酸以结合型存在，这种类型泛酸对仔猪大部分不能利用。玉米、小麦和高粱中利用率差，豆饼中利用率较高，鱼粉和肉骨粉含量较高。

⑨维生素 B_6（吡哆醇）。维生素 B_6 是猪体内氨基酸代谢和蛋白质合成所必需的一种维生素。猪缺乏维生素 B_6 表现为食欲下降，生长发育受阻，免疫反应减弱；皮下水肿、皮肤发炎和脱毛；后肢麻痹，外周神经发生进行性病变，导致运动失调；小细胞低色素性贫血，脂肪肝。仔猪在出生后 2 周内即可出现厌食症，伴随生长减慢、呕吐、腹泻等。

玉米－豆饼型日粮中不必添加维生素 B_6，因为饲料中含量丰富，其生物利用率为 40% ～ 60%。

⑩叶酸。叶酸对维持母猪的繁殖性能和促进胎儿早期发育有重要的作用。在保证种母猪的稳定繁殖机能方面，可提高窝产仔数；维持良好的泌乳力，防止泌乳紊乱。

叶酸分布于动、植物饲料中，青绿饲料、谷物、豆类和动物产品中叶酸含量丰富，所以，一般情况下猪不易引起缺乏。

⑪维生素 B_{12}（钴胺素）。维生素 B_{12} 参与许多物质代谢过程，在血液形成中起重要作用。缺乏时，猪食欲减退、生长迟缓，并可发生皮炎。严重缺乏时，发生恶性贫血。

⑫维生素 C（抗坏血酸）。在活细胞内的各种氧化还原反应中起重要作用，参与肾上腺皮质内固醇的合成，有助于缓解应激，并消除高温对精液质量的不利影响。公猪增喂维生素 C 后，精子质量有所提高；母猪受胎率提高。维生素 C

具有较强的抗应激作用，可以通过缓解应激，改善母猪繁殖性能和抵抗力。母乳是1周龄前仔猪维生素C的唯一来源。在怀孕期和哺乳期，给母猪补充维生素C可降低断奶前仔猪死亡率。

猪缺乏维生素C表现为食欲不振，生长缓慢，患病率增高，营养不良，体质虚弱，呼吸困难，齿龈肿胀，出血、溃疡；猪日增重、抗病力、生产力下降。

（4）矿物质　猪日粮中至少需要13种无机元素：氯、钠、钙、磷、钾、铜、铁、锌、锰、碘、硒、镁、硫，可能还有铬。环境来源似乎能满足猪对这些元素（如果这些元素事实上是需要的话）的需要。实际猪日粮中添加的元素有盐（钠和氯）、钙、磷、铜、铁、锌、锰、碘和硒。

①钠和氯。日粮中加盐是为了提供钠和氯，生长肥育猪日粮中正常的添加量为0.25%～0.35%。种猪盐的添加量妊娠母猪为0.4%，哺乳母猪为0.5%。过量的盐有毒，尤其当供水不足时或溶解盐的浓度过高时，毒性更大。饲料中含盐量不应超过2.5%。当给猪饲喂在加工生产过程中添加盐的一些副产品（如乳清和鱼粉）时，要特别当心盐中毒。

②钙和磷。钙和磷是支持骨骼和组织生长的两种元素，需要量很大。它们还参与其他重要的生理过程如肌肉收缩和能量转移。配制日粮时应注意：一是钙磷的需要量；二是所用饲料中这两种元素的生物学利用率；三是钙磷的比例。钙磷的可接受比例范围为（1.0～2.0）∶1。

③铜。猪需要铜来合成血红蛋白和合成与激活正常代谢必要的一些氧化酶类。生物效价高的铜盐有硫酸铜、碳酸铜和氧化铜。缺铜影响铁的代谢，血细胞生成异常，角质化、胶原蛋白、弹性蛋白和骨髓合成变差。缺铜症状有贫血、腿弯曲、心血管异常等。饲料中铜超过250克/吨，饲喂几个月会引起中毒。降低日粮锌和铁水平或升高钙水平加重铜中毒。当饲喂100～200克/吨的铜，会促进猪的生长。

④铁。实际上，猪可以通过与环境的接触获得铁，特别是与土壤的接触；集约化养猪使铁的环境来源基本被切断。仔猪出生时，铁在体内的储备很低，随着体重增加，血量增加，合成血红蛋白需要铁，使体内的储备的铁的含量迅速降低，母乳的含铁量甚少，不能满足仔猪生长的需要。现已证明，母乳的低铁含量可有效地防止微生物繁殖和肠道病发生。哺乳仔猪补铁是必须的，首选的补铁法是给初生3天内的仔猪注射100～200毫克的葡聚糖苷铁（生血素）。仔猪出生几周后，通过采食含铁充足的仔猪料就能很容易满足铁的需要量。

⑤锌。植物性饲料中，锌的含量很低。给猪饲喂不加锌的日粮，猪易患皮

肤角质化不全症。过去 10 年中，对锌的生化作用机制进行许多研究。现已了解到锌在免疫机制中能起作用，并能防止细胞受到氧化损害。最新有关锌的一项实际应用是，在断奶猪日粮中添加高水平氧化锌（锌量达 3 000 克 / 吨）能预防仔猪下痢。这种高水平的锌是有毒的，建议该水平的饲喂期不能超过 2 周。人们还需注意锌与钙的拮抗关系，日粮中过量的钙会引起锌的缺乏。

⑥锰。作为许多种与糖、脂和蛋白质代谢有关的酶的组成成分发挥作用。锰对硫酸软骨素的合成必需，硫酸软骨素是骨有机质黏多糖的组成成分。饲料锰的需要量非常低，生长肥育猪为 4 克 / 吨，种猪为 40 克 / 吨。

⑦碘。猪体内大部分碘存在于甲状腺中。在甲状腺，碘以一、二、三和四碘甲状腺氨酸（甲状腺素）的形式存在，这些激素对调节代谢率非常重要。碘化钾和碘酸钙是饲料中有效的补充形态，饲料中补充 0.14 克 / 吨的碘即可满足猪的需要。严重缺碘使猪生长停止、昏睡、甲状腺肿大。母猪缺碘产无毛弱仔或死胎。大剂量碘极少造成中毒。

⑧硒。其作用与维生素 E 有关。缺硒的临床症状是外观看来正常的仔猪突然死亡。日粮中的含硒量主要取决于种植谷物饲料的土壤。用来自世界上缺硒地区的饲料配制的日粮应补充硒。无机形式的硒如亚硒酸钠和硒酸钠已使用许多年。近来有报道添加部分有机硒也有效。

硒的安全浓度和毒性浓度之间范围很窄，需要量在 0.35 克 / 吨范围以下，而超过 5.0 克 / 吨则有毒。日粮中加硒时应特别小心。

（5）水　水在动物体内的主要功能如下。

①水是动物体的构成成分。猪体内的各种器官、组织及产品都含有一定量的水分，如血液中水分含量达 80% 以上，肌肉中为 72% ～ 78%，骨骼中约含45%。

②水能使机体维持一定的形态。由于水具有调节渗透压和表面张力的作用，使细胞饱满而坚实，从而维持机体的正常形态。

③水是畜体的重要溶剂。饲料的消化及营养消化、吸收、运输和代谢，代谢物的排出，还有繁殖及泌乳等生理过程都必须有水参加。

④水对体温调节起着重要作用。动物不仅通过血液循环可以将代谢产生的热传送到机体各部位维持体温，而且可以通过饮水和排尿、排汗等来调节体温。

⑤水是一种润滑剂。如关节腔内润滑液能减少关节转动时的摩擦，唾液能使饲料易于吞咽。

⑥水参与动物体内各种生化反应。水不仅参与体内的水解反应，还参与氧

化—还原反应，有机物质的合成以及细胞的新陈代谢。

水是最基本的，但又是经常被忽视的营养成分。缺水或饮水不足对机体危害极大，可以降低猪的生产性能，对猪泌乳、生长速度和饲料消耗量均有不良影响。体内水分减水 5% 猪就会感到不适，食欲减退，减少 10% 时导致生理失调，减少 20% 时会导致死亡。

猪对水的需要量因其生长发育阶段、生理状况、采食量及环境温度等条件的不同而异。一般猪每采食 1 千克干饲料需 2 ～ 5 千克水。冬季的适宜给水量为饲料量的 2 ～ 3 倍，春秋季约为 4 倍，夏季 5 倍。哺乳母猪和育肥前期的猪给水量还要增加，每头每天需水量育肥猪 20 千克左右，哺乳母猪为 50 千克左右。除了水量外，对水质还有一定的要求。水的质量的监测有总可溶性固形物浓度、pH 值、亚硝酸根离子浓度、硫酸根离子浓度、氯化钠浓度、总碱度，还有水中的微生物含量。水中总可溶固形物（即盐分）的含量，一般每千克水中含盐分 1 500 毫克左右比较理想；高于 5 000 毫克仍可饮用，但不理想，可能出现腹泻等现象；高于 7 000 毫克则不宜饮用。因此，在养猪生产中，特别是在新建猪场时，必须重视水的来源，要保证有充足的洁净水源。

此外，猪对水的需要量受环境因素的影响，更受机体损失水的影响。

猪体经过四个主要途径损失水：肺脏呼吸、皮肤蒸发、肠道排粪、肾脏泌尿等。1 千克、45 千克、90 千克的猪，每天由肺脏和皮肤蒸发损失的水分别是 86 克、1.3 千克和 2.1 千克。喂给水和料的比例为 2.75：1，75 千克的猪损失的水每天为 1 千克。

由于猪没有汗腺，主要以呼吸损失水，而不是蒸发损失水。腹泻时，粪便中的水损失多，需水量增加。盐和蛋白质的采食量增加引起的过度泌尿会显著增加需水量。奶虽然含水 80%，但也是导致机体缺水的高蛋白质和高矿物质食物。

引起水需要增加的其他条件是外周温度较高、发烧和哺乳。在任意温度下猪个体间饮水量差异很大，但在 7 ～ 22℃下生长猪的饮水量几乎没有差异。到 30℃和 33℃时饮水量增加很多，而且引起猪的行为变化：猪在整个猪圈的地面都排粪排尿，并且将水槽里的水弄得到处都是以图体表凉爽。

水的最低需水量是指在生长或妊娠期间为平衡水损失、产奶、形成新组织所需的饮水量。水温也会影响饮水量，饮用低于体温的水时动物需要额外的能量来温暖水。

一般来说，饮水量与采食量、体重呈正相关。但每天采食量低于 30 千克 / 千克体重时，由于饥饿，生长猪会表现饮水过量的行为。

2. 作为养猪常用的能量饲料，使用玉米时应注意什么？

能量饲料指的是在绝干物质中，粗纤维含量低于18%，粗蛋白质含量低于20%，天然含水量小于45%的谷实类、糠麸类等。这类饲料富含淀粉、糖类和纤维素，是猪饲料的主要组成部分，用量通常占日粮的60%左右。

玉米号称饲料之王。它在谷实类饲料中含可利用能量最高，玉米的颜色有黄、白之分，黄玉米含有少量胡萝卜素，有助于蛋黄和皮肤的着色。

（1）玉米喂猪要注意的问题　玉米是最常用的能量饲料。喂猪时要注意以下"五要""两不要"。

①要糖化后饲喂。玉米粉经糖化后，能使部分淀粉转化成糖，可使猪喜食快长。做法是：将玉米粉放入缸中，再倒入2倍的快开的热水充分搅拌成糊状，在其表面撒上5厘米厚的干粉，经过3～4小时即被糖化。

②要添加饼类饲料。供给粗蛋白质含量低且质差，不能完全满足猪的生长需要，可在日粮中加入15%豆饼或菜籽饼等。如仔猪应加入5%鱼粉。

③要添加微量元素。玉米中矿物质元素含量低，故应在日粮中添加骨粉、磷酸氢钙和硒、铁、铜、锌、锰等微量元素。

④要添加维生素。玉米中维生素含量低，饲喂时必须加喂青绿饲料，可添加畜禽多种维生素。

⑤要喂前浸泡。玉米经浸泡能吸收水分而膨胀变软，猪易咀嚼，易消化吸收。浸泡方法，是在玉米粉中加1～1.5倍的水浸泡2小时。

不要单纯饲喂。纯用玉米喂猪每增重1千克需消耗6千克玉米。而用配合饲料喂猪只需2.5～3千克。

不要粉碎后长期贮存。玉米应粉碎后饲喂，粉碎后的玉米面时间久了易变质。粉碎量以15天用完为宜，夏天以10天用完为宜。

（2）发霉的玉米不能喂猪　发霉的玉米中含有黄曲霉毒素，猪吃后会引起黄曲霉毒素中毒症，俗称"黄膘猪"。

仔猪和怀孕母猪较为敏感，中毒仔猪常呈急性发作，出现中枢神经症状，头弯向一侧，角弓反张，数天内死亡。大猪持续病程较长，精神不振，食欲减退或废绝，口渴喜饮；可视黏膜黄染或苍白，皮肤充血发红或有出血斑；四肢无力，步行蹒跚；粪便先干后稀，重者混有血丝甚至血痢；尿黄或茶黄色混浊。后期病猪出现间歇期抽搐、角弓反张等精神症状，多因衰竭而死亡。慢性中毒病猪体温基本正常，食欲减少或废绝，或只吃青饲料不吃饲料，可视黏膜轻度黄染或苍白，皮肤基本正常。但内脏已受毒素损伤，一遇刺激常使病情加重，甚至引起不明原因死亡。

在养猪实践中，发霉玉米的危害不像猪瘟、猪繁殖与呼吸综合征（蓝耳病）等烈性传染病那样，猪群突然发病，出现大量死亡等。其危害是潜在的，或者说是一点一滴积累起来的，外表可能一切正常，但受到外界应激的影响后，可能马上发病。比如：母猪的流产、发情配种率差，后备母猪和育肥猪表现外阴肿大等。最为可怕的是，发霉玉米能造成猪的免疫力下降（即我们所说的免疫抑制），导致疫苗免疫效果差、猪对各种疾病的敏感性增加等。

（3）发霉玉米的识别方法

①正常玉米籽粒多为黄白色，颗粒饱满，无损害、无虫咬、虫蛀和发霉变质现象。发霉玉米可见胚部有黄色或绿色、黑色的菌丝，质地疏松，有霉味。

②发霉后的玉米皮特别容易分离。

③观察胚芽，玉米胚芽内部有较大的黑色或深灰色区域为发霉的玉米，在底部有一小点黑色为优质的玉米。

④在口感上，好玉米越吃越甜，霉玉米放在口中咀嚼味道很苦。

⑤在饱满度上，霉玉米相对密度低，籽粒不饱满，取一把放在水中有漂浮的颗粒。另外，还要警惕不法商贩用油抛光已经发霉的玉米并进行烘干处理，还有一些不法分子将已经发芽的玉米用除草剂喷洒，再进行烘干销售。

⑥玉米粒发黑的，是长时间高湿高温造成的；胚芽外皮有绿的，是脱粒早，来不及晒造成的；胚芽皮内发绿或发黑的，是闷时间过长的原因。

3. 玉米的替代原料主要有哪些？

为深入贯彻《关于促进畜牧业高质量发展的意见》（国办发〔2020〕31号）的文件精神，进一步推进饲料配方结构调整优化，促进玉米、豆粕减量替代，必须积极推行使用玉米替代原料。其中主要包括以下几种。

（1）小麦　小麦粗蛋白质含量高于玉米，但含有一定量的木聚糖，适当补充非淀粉多糖（NSP）酶后与玉米的有效能值相当。小麦替代玉米后容易缺乏亚油酸，可通过添加油脂等方式补充。小麦中可利用生物素含量极低，需额外补充。

（2）高粱　高粱粗蛋白质含量高于玉米，但苏氨酸含量低。其抗营养因子主要有单宁酸、植酸、高粱醇溶蛋白，使用时需要添加复合酶制剂，同时不能粉碎过细。高粱替代玉米的比例为40%～60%，同时需要添加油脂补足能量。

（3）大麦　大麦粗蛋白质和赖氨酸、苯丙氨酸、精氨酸含量高于玉米。其主要抗营养因子是β-葡聚糖，使用量较大时需添加相应的酶制剂。大麦替代玉米比例一般不超过80%，同时需要添加油脂补足能量。

（4）稻谷、糙米、碎米　稻谷中谷壳含量为20%，粗纤维含量在8.5%以上，有效能值比玉米低，粗蛋白质含量约为7%，在生长育肥猪中可添加比例为20%～30%。糙米有效能值比玉米稍低，粗蛋白质含量约8.8%，色氨酸含量高于玉米，其他必需氨基酸含量与玉米相近；碎米有效能值与玉米相近，其他营养素与糙米相仿或稍高。糙米、碎米淀粉含量高，纤维含量低，易于消化，在生长育肥猪、肉鸡和产蛋鸡日粮中可添加比例为20%～40%。

（5）米糠、米糠粕　全脂米糠有效能值与玉米相当，维生素含量丰富且利用率高；脱脂米糠和米糠粕有效能含量低于玉米，但粗蛋白质和大多数氨基酸含量高于玉米。米糠和米糠粕在生长育肥猪饲料中可添加比例为10%～20%。使用全脂米糠时，应注意防范其因脂肪含量高造成的酸败，需适当添加防腐剂和抗氧化剂，放置时间也不宜过长。

（6）木薯　将新鲜木薯的含水量减少到14%以下，加工制成木薯粉或木薯粒，其淀粉含量高达81%～88%，粗纤维含量约3.6%，粗蛋白质含量2%～4%，富含钾、铁和锌，但缺乏含硫氨基酸，其有效能值约为玉米的90%。木薯中含有抗营养因子氢氰酸，通过加工、晒干或青贮均可以有效脱毒。使用木薯替代玉米应添加一定比例的蛋氨酸、硫代硫酸钠、碘和维生素B_{12}。木薯粉或木薯粒在生长育肥猪饲料中添加比例一般不超过20%，在鸡饲料中一般不超过10%。

4. 豆粕（饼）在配制猪饲料时有什么作用？

蛋白质饲料指干物质中粗纤维含量低于18%、粗蛋白质含量高于20%的豆类、饼（粕）类及动物性饲料。蛋白质饲料可分为动物性蛋白饲料和植物性蛋白饲料。其中，豆粕（饼）是大豆油加工过程中的副产品，是一种非常优质的蛋白质来源。豆粕中含有大量的蛋白质，同时也含有一系列的必需氨基酸，如赖氨酸、蛋氨酸等。这些必需氨基酸对于猪的正常生长和发育非常重要，可以提高肉猪的生产性能和免疫功能。

豆粕（饼）以大豆为原料取油后的副产品。其过程为大豆压碎，在70～75℃下加热20～30秒，以辊筒压成薄片，而后在萃取机内用有机溶剂（一般为正己烷）萃取油脂，至大豆薄片含油脂量为1%为止，进入脱溶剂烘炉内110℃烘干，最后经滚筒干燥机冷却、破碎即得豆粕（饼）。通常将用浸提法或经预压后再浸提取油后的副产品称为大豆粕；将用压榨法或夯榨法取油后的副产品称为大豆饼。一般大豆的出粕率约为88%。由于原料、加工过程中温度、压力、水分及作用时间很难统一，因此，饼（粕）的质量也千差万别。如温度高、时间过长，赖氨酸会与碳水化合物发生美拉德（Maillard）反应，蛋白质发生变性，引起蛋白质的营养价值降低。反之，如果加温不足又难以消除大豆中的抗胰蛋白酶的活性，同样也影响大豆粕（饼）的蛋白质利用效率。

豆粕（饼）是很好的植物性蛋白饲料原料，在美国等发达国家，将其作为最重要的饲料蛋白来源。一般的豆粕（饼）粗蛋白含量，在 40%～45%，氨基酸的比例是常用饼（粕）原料中最好的，赖氨酸达 2.5%～2.8%，且赖氨酸与精氨酸比例好，约为 1∶1.3。其他如组氨酸、苏氨酸、苯丙氨酸、缬氨酸等含量也都在畜禽营养需要量以上，所以大豆粕（饼）多年来一直作为平衡配合饲料氨基酸需要量的蛋白质饲料被广泛采用。经济发达国家将其作为配合饲料中蛋白质饲料的当家品种。但要注意豆粕（饼）中蛋氨酸含量较低。

现代榨油工艺上为了提高出油率，常在大豆榨油前将豆皮分离，这样生产出的豆粕为去皮豆粕。豆皮约占大豆的 4%，所以去皮豆粕与普通豆粕相比，蛋白质及氨基酸含量有所提高。

5. 为什么要进行饲用豆粕的减量替代？

豆粕作为当前饲料工业的主流蛋白原料，在养殖业的使用量逐年增加，拉动大豆进口增加。在地缘政治风险、极端气候灾害等不利因素交织叠加下，大豆进口有很大的不确定性。要应对外部不确定性，就要从内部需求减量上下功夫。

近年来，农业农村部推动的饲用豆粕减量替代取得阶段性成果。2022 年，在畜牧业生产全面增长的情况下，饲用豆粕比上年减少 320 万吨，相当于减少大豆需求 410 万吨，饲用豆粕在饲料中的占比降至 14.5%。

为最大限度地压减饲料粮需求、减少饲用豆粕用量，农业农村部 2023 年 4 月 12 日发布的《饲用豆粕减量替代三年行动方案》（简称《行动方案》），明确了豆粕减量替代的目标和路径，聚焦"提质提效、开源增料"，促进饲料粮节约降耗，为保障粮食和重要农产品稳定安全供给作出贡献。

减少大豆进口依赖需从增产和减损两端同时发力。当前正值春耕备耕的关键时期，各地在千方百计扩种大豆之际，不能忽视饲用豆粕减量替代。农业农村部办公厅近日印发的《饲用豆粕减量替代三年行动方案》明确提出，在确保畜禽生产效率保持稳定的前提下，力争饲料中豆粕用量占比每年下降 0.5 个百分点以上，到 2025 年饲料中豆粕用量占比从 2022 年的 14.5% 降至 13% 以下。这将进一步降低我国对进口大豆的依赖，更好地保障粮食安全。

　　饲用豆粕是大豆压榨后的副产品，粗蛋白质含量高，是养殖业重要的蛋白质饲料，可以为畜禽提供成长所需的蛋白质和氨基酸。随着消费水平的提升和养殖业的快速发展，我国饲用豆粕需求量大幅提升，大豆进口量持续攀升，成为全球最大的大豆进口国，大豆进口量占全球大豆贸易量的 60% 以上。2020年大豆进口量突破 1 亿吨，2021 年、2022 年连续两年下降，但进口总量仍然保持在 9 000 万吨以上。我国国产大豆主要用于食用领域，进口大豆基本用于压榨生产食用豆油和饲用豆粕，每吨大豆可产豆粕约 780 千克，绝大部分豆粕进入了饲料领域。在当前复杂严峻的国际形势下，大豆高度依赖进口，粮食安全结构性矛盾突出，大豆进口面临的不确定性因素增多，有可能会影响到人们的"肉盘子"。

　　深入实施饲用豆粕减量替代行动，是我国应对当前外部供给不确定性的战略选择。从历史上看，实施饲用豆粕减量行动是可行的。我国畜禽养殖历史悠久，杂粮杂豆、剩饭剩菜、秸秆饲草一直是农户养殖的主要饲料，用玉米、豆粕当饲料只有短短几十年的时间。从营养角度看，动物生长需要蛋白质，豆粕所含的氨基酸种类比较多。现在人们片面地认为饲料中蛋白质含量越高越好，实际上蛋白质含量能够满足畜禽营养需求就好，蛋白质含量过高会造成浪费。

　　从目前来看，我国实施饲用豆粕减量替代行动已经取得阶段性成效。有关部门的数据显示，2022 年在畜牧业生产全面增长的情况下，畜产品和饲料原料进口下降，饲料粮用量特别是豆粕用量下降。2022 年，饲用豆粕在饲料中的占比降至 14.5%，比上年减少 0.8 个百分点；饲料蛋白转化效率比上年提高 2 个百分点，豆粕用量减少 320 万吨，折合减少大豆使用量 410 万吨左右。豆粕用量和大豆需求量减少，也是我国大豆进口量在 2020 年达到峰值后持续两年下降的重要原因之一。未来，随着国产大豆扩种增产和饲用豆粕减量替代行动深入实施，大豆对外依存度还会继续下降。

　　饲用豆粕减量替代潜力巨大，根据我国国情和资源特点调整饲料配方是关键之举。要通过实施饲用豆粕减量替代行动，基本构建适合我国国情和资源特点的饲料配方结构。要树立大食物观，从供需两端发力，统筹利用植物动物微生物等蛋白饲料资源，通过推广低蛋白日粮技术、充分挖掘利用国内蛋白饲料资源、优化草食家畜饲草料结构三大技术路径，加强饲料新产品、新技术、新工艺集成创新和推广应用，积极开辟新饲料来源，促进豆粕用量占比持续下降，蛋白饲料资源开发利用能力持续增强，优质饲草供给持续增加。

　　未来三年是实施饲用豆粕减量行动的关键时期，但全面推广和落实还存在一定难度。这是为传统饲料配方使用了几十年，已经形成行业惯性和路径依赖，要改变不是一朝一夕能办到的。此外，饲料资源开发基础性工作做得不够，豆粕减量替代技术瓶颈还没有突破，政策支持力度仍有待加强。要加大宣传力度，提高人们对豆粕减量替代重要性的认识，加强基础性工作研究，开展技术联合攻关，强化节粮降耗减排、新型蛋白饲料资源生产政策支持力度。要发挥行业协会桥梁纽带作用，引导各类生产经营主体积极主动参与，为行动实施营造良好氛围。

6. 什么是低蛋白日粮？

低蛋白日粮是根据蛋白质营养的实质和氨基酸营养平衡理论，在不影响动物生产性能和产品品质的条件下，以有效能（净能）体系为基础，通过添加适宜种类和数量的合成氨基酸，精准地满足养殖动物营养需要，减少日粮蛋白质原料用量、降低日粮粗蛋白质水平和氮排放的日粮。低蛋白日粮的配制不是把日粮粗蛋白质水平和蛋白质原料用量降下来，然后把能量原料用量提高上去的简单操作，它至少涉及日粮能量和不同来源的氨基酸在动物体内的吸收代谢转化、日粮氨基酸的可消化性或可利用性，日粮能量蛋白质平衡及氨基酸之间的相互平衡等诸多方面的知识和实践。可以说低蛋白日粮是目前精准营养的最好体现，是组成蛋白质的各种氨基酸营养生理功能深入研究和实践应用的集成技术，也是现代氨基酸工业发展的必然结果。

7. 使用低蛋白日粮的好处是什么？

（1）降低蛋白质饲料原料用量，提高氨基酸利用效率　通过补充合成氨基酸，低蛋白日粮可以在日粮蛋白质原料减量的条件下，满足养殖动物的氨基酸营养需要。另外，低蛋白日粮补充了合成氨基酸，氨基酸模式更加符合养殖动物的营养需要，日粮氨基酸利用效率大幅提高。

（2）节约饲料成本　日粮粗蛋白质水平每降低1个百分点，大约可减少3个百分点的蛋白质原料用量，同时增加3个百分点的能量原料用量。通常蛋白质原料价格高于能量原料，价格差决定低蛋白日粮节约饲料成本的效果。合成氨基酸用量及价格也是影响低蛋白饲料成本的重要因素。但是，随着合成氨基酸生产成本降低，低蛋白配合饲料成本会进一步降低。

（3）改善肠道健康　通过补充合成氨基酸，低蛋白日粮在精准满足养殖动物的氨基酸营养需要的同时，大幅降低了蛋白质饲料原料用量，其可缓解肠道前段消化日粮蛋白质压力，避免大量未被消化吸收的蛋白质进入后肠进行有害发酵，优化养殖动物的肠道菌群，降低幼龄畜禽腹泻率。

（4）减少含氮废物及有害气体排放　低蛋白日粮从源头减少了氮的摄入量，且氨基酸之间的比例更加平衡，因而氮利用效率大幅提升，氮排放浪费大幅降低。

8. 怎样推广低蛋白技术，实现精准营养？

提升蛋白质利用效率，能够有效降低养殖业对蛋白原料用量。动物对蛋白质的需求实际是对氨基酸的需求，通过推广低蛋白日粮技术，在饲料中添加工业合成氨基酸，补足原料中的短板营养元素，配合使用酶制剂等添加剂，能够提高饲料蛋白消化利用率。

2020 年以来，农业农村部组织制定发布了《仔猪、生长育肥猪配合饲料》等国家标准及行业标准，为全行业推行低蛋白日粮提供了遵循。据专家测算，推广低蛋白日粮技术，最低可减少饲料蛋白需求约 1 320 万吨，相当于 36% 的进口饲料蛋白。

推广低蛋白日粮技术、实现精准营养，需要建立健全饲料原料营养价值数据库。我国饲料资源品种繁多，同一原料的营养价值又因品种、产地、加工等因素不同而差异巨大，众多饲料原料基本营养价值数据缺乏，或是在配制加工过程中难以精准把握其变异情况，是实现精准营养配方的"卡脖子"难题。

农业农村部畜牧兽医局有关负责人介绍，自 2019 年起，农业农村部已组织评定了猪、肉鸡、肉牛、肉羊等 8 个畜种 70 种大宗饲料原料的营养价值参数，逐步完善主要畜禽品种大宗饲料原料的营养价值数据库和动态预测方程。下一步，将加快测定杂粮、杂粕、粮食加工副产物等资源的营养和加工参数，完善国家饲料原料营养价值数据库和应用平台系统，面向饲料养殖全行业提供免费查询和应用服务。

制定低蛋白、多元化日粮配方，离不开饲料配方软件。据中国饲料工业协会调查，当前国产配方软件受限于企业影响力、盈利模式等客观条件，在行业中的推广和使用范围有限。专家建议，要加快国产饲料配方软件研发应用。一是推动饲料配方数据系统国产化，打造国家级数字饲料创新平台，开发具有自主知识产权和中国特色的饲料配方数据系统。二是加大数字饲料领域的科技投入保障，持续完善我国自主的饲料原料营养价值数据库、动态营养需要量等。三是在全行业推广国产化的饲料数据配方系统。

9. 如何挖掘蛋白资源，减少豆粕依赖？

开发更多蛋白饲料资源，也是实现饲用豆粕减量替代的重要路径。食用动物副产品、微生物蛋白、昆虫蛋白等都是可利用的蛋白饲料资源，通过规范生产工艺，配合使用添加剂，可有效替代豆粕。

微生物蛋白是近年来受到广泛关注的新型蛋白资源。例如，通过一氧化碳合成蛋白质，生产出的乙醇梭菌产品，粗蛋白质含量是豆粕的近 2 倍，可在各类动物上广泛使用，具备全部替代鱼粉和豆粕的潜力。

餐桌剩余食物也是可利用的资源。有关数据显示，每年我国城市商业餐饮和单位食堂餐桌剩余食物近 2 000 万吨，这部分资源经适当加工后可作优质饲料原料。2022 年，农业农村部在北京、上海等 10 个城市组织开展餐桌剩余食物饲料化定向使用试点，全年共收集处理餐桌剩余食物 1.6 万吨，生产饲料产品 7 000 吨，定向用于蛋鸡养殖，应用效果良好。

据了解，通过挖掘利用动物源性原料和非常规蛋白资源，加上大豆油料扩种增产的植物蛋白原料，可增加饲料蛋白供应量约 1 200 万吨，替代 33% 的进口饲料蛋白。其中，如果将 60% 工业尾气的一碳气体用于发酵，可生产微生物菌体饲料蛋白 520 万吨；对尿素充分利用，可折合饲料蛋白 260 万吨；在 35 个大中城市收集餐桌剩余食物，预计可转化成饲料蛋白 70 万吨；开发因病死亡动物、毛皮动物屠体等动物蛋白，可提供饲料蛋白合计 165 万吨；扩种大豆油料作物可提供饲料蛋白 185 万吨。

10. 猪饲料中豆粕的替代原料有哪些？

（1）菜籽饼（粕） 菜籽饼（粕）粗蛋白质含量低于豆粕，蛋氨酸含量高，赖氨酸和精氨酸含量低，消化率较差；可与棉籽粕进行合理搭配，改善氨基酸组成。普通菜籽饼（粕）可替代 40% ~ 50% 的豆粕，双低菜粕替代比例可达 60% ~ 80%。菜籽粕有效能值偏低，替代豆粕时需要适量添加油脂。

（2）棉籽饼（粕） 普通棉籽饼（粕）蛋白含量低于豆粕，含有游离棉酚和环丙烯脂肪酸等抗营养因子；脱酚棉籽蛋白的粗蛋白质含量与豆粕相当或略高，精氨酸含量高于其他饼（粕）原料，但赖氨酸含量远低于豆粕。棉籽饼（粕）可与菜籽饼（粕）等其他饼（粕）组合使用，改善氨基酸组成。普通棉籽饼（粕）可替代 30% ~ 40% 的豆粕，脱酚棉籽蛋白替代比例可达 60% ~ 80%。

（3）花生饼（粕） 花生饼（粕）粗蛋白质含量与豆粕相当，精氨酸含量很高，但缺乏蛋氨酸、赖氨酸和色氨酸，氨基酸消化率低；所含矿物质中钙少磷多，且磷多属植酸磷；易受黄曲霉毒素污染，使用时需要注意防霉。花生饼（粕）在猪饲料中用量一般不超过 10%。

（4）葵花粕　葵花粕中蛋氨酸含量高，赖氨酸和苏氨酸含量低，氨基酸消化率大多比豆粕低，最好与豆粕同时使用以改善氨基酸平衡。未脱壳的葵花粕纤维含量高，在生长育肥猪饲料中用量一般不超过 5%；脱壳处理后的葵花粕可适当加大用量，在生长育肥猪饲料中可用到 20% 以上。

（5）芝麻粕　芝麻粕粗蛋白质含量和氨基酸消化率与豆粕相似，精氨酸含量高，在猪饲料中可添加比例在 15% 左右。

（6）玉米加工副产物　玉米加工副产物中的喷浆玉米皮、玉米蛋白粉、玉米胚芽粕可部分替代豆粕。喷浆玉米皮蛋白含量可达 20% 以上，但使用时要注意防止真菌毒素污染；玉米蛋白粉纤维含量低，粗蛋白质可达 60% 以上，但一半以上的蛋白质为醇溶蛋白，利用率较低，且氨基酸组成不平衡，蛋氨酸和谷氨酸含量高，赖氨酸和色氨酸缺乏，替代部分豆粕时需补充必需氨基酸；玉米胚芽粕粗蛋白质含量可达 30% 以上，但纤维含量高，缺乏赖氨酸、色氨酸和组氨酸，替代豆粕时要注意补充相应氨基酸。玉米加工副产物在猪饲料中用量一般不超过 15%，其中，玉米蛋白粉一般在颗粒饲料中使用（粉状饲料不超过 5%），玉米胚芽粕在母猪料中可用到 20%。

（7）干全酒精糟（DDGS）　DDGS 蛋白含量在 26% 以上，赖氨酸和色氨酸含量不足，叶黄素含量高。玉米 DDGS 脂肪含量在 10% 以上，且亚油酸比例高，可弥补因使用麦类原料导致的日粮亚油酸不足。DDGS 在仔猪饲料中用量一般不超过 10%，生长育肥猪一般不超过 20%。

（8）棕榈粕　棕榈粕粗蛋白质含量低于豆粕，缺乏赖氨酸、蛋氨酸和色氨酸，纤维含量较高，在平衡日粮氨基酸基础上可部分替代豆粕。棕榈粕在猪饲料中用量一般不超过 5%。

（9）亚麻饼（粕）、胡麻饼（粕）　亚麻饼（粕）和胡麻饼（粕）粗蛋白质及氨基酸含量与菜籽饼（粕）相似，蛋氨酸与胱氨酸含量少，粗纤维含量约 8%。亚麻饼（粕）与胡麻饼（粕）因含氢氰酸，用量不宜过高，猪日粮中可添加 5% ～ 6%。

（10）其他植物性蛋白原料　根据部分地区养殖传统和饲料资源特点，可选择区域特色的植物性蛋白原料少量替代豆粕，如苜蓿、饲料桑、杂交构树、辣木等，将植物茎叶进行干燥与粉碎制成草粉后适量添加，同时要配合使用纤维素酶等酶制剂，猪日粮中添加量一般不超过 5%。

11. 青绿多汁饲料有什么营养特点？

（1）水分含量高　一般青绿多汁饲料的水分含量在 60% ～ 90%，水生植物甚至可高达 90%～95%。因其水分含量高，干物质少，所以能值较低，对于杂食性单胃动物不能以青绿饲料作为主食。

（2）蛋白质含量高，品质优良 一般禾本科牧草和叶菜类青绿多汁饲料的粗蛋白质含量在 1.5%～3%，豆科牧草在 3.2%～4.4%，折合成干物质计算，两者的粗蛋白质含量分别在 13%～15%、18%～24%。例如苜蓿干草中粗蛋白质含量为 20% 左右，相当于玉米籽实中粗蛋白质含量的 2.5 倍，约为大豆饼的一半。不仅如此，由于青绿多汁饲料都是植物体的营养器官，其中所含的氨基酸组成也优于禾本科籽实，尤其是赖氨酸、色氨酸等含量更高。

（3）维生素含量丰富 青绿多汁饲料富含有多种维生素，包括 B 族维生素以及维生素 C、维生素 E、维生素 K 等，特别是胡萝卜素，每千克青饲料中含有 50～80 毫克胡萝卜素。青苜蓿中含硫胺素为 1.5 毫克/千克、核黄素 4.6 毫克/千克、烟酸 18 毫克/千克，是各种维生素廉价的来源。

（4）矿物质元素含量丰富 一般青绿多汁饲料中钙为 0.25%～0.5%，磷为 0.20%～0.35%，比例较为适宜，尤其以豆科牧草钙的含量较高。此外，青绿多汁饲料中含有丰富的铁、锰、锌、铜等微量矿物元素。

12. 养猪使用青绿多汁饲料要注意哪些问题？

（1）要合理搭配使用，防止过量 青绿多汁饲料蛋白质、维生素及矿物元素含量丰富，是一类良好的饲料，但由于其水分含量高，营养不全面，单位重量的能值低，不能长期单独饲喂，只能作搭配饲用。用青绿多汁饲料饲喂生长育肥猪，一般可替代精饲料的 10%～15%（以干物质计）；用青绿多汁饲料饲喂母猪效果较好，可替代精料 20%～25%。

（2）勿将青绿多汁饲料煮熟喂猪 我国农村为了将青绿多汁饲料的体积减小，尽量多利用青绿饲料，一般煮熟了再喂猪，实际这样做的结果不仅降低了原有营养的含量，还容易引起亚硝酸盐中毒。正确方法是将青绿多汁饲料洗净、切碎、打浆或发酵后与适量的全价料混匀直接喂猪，这样既可相对减少青绿多汁饲料的体积，又可保持其营养。怀孕母猪可将其切碎直接饲喂，但需注意不要过量饲喂。

（3）预防感染寄生虫病 水葫芦等水生饲料或在池塘边生长的草，由于与淡水螺等水生动物接触，很容易成为某些寄生虫的附着物，如果喂猪不注意方法，就易造成寄生虫病的传播与蔓延。在喂养过程中，须及早进行预防投药，防止寄生虫病的传染。

（4）防止中毒 主要考虑两方面，一是农药中毒。对于刚施用过农药的田地上青绿多汁饲料，不宜立即喂猪，一般要经 15 天后方可收割利用。二是氢氰酸中毒。青绿多汁饲料一般不含氢氰酸，但有的青绿多汁饲料，尤其是玉米苗、高粱苗含有氰苷配糖体，如果经过堆放好氧发酵或霜冻枯萎，或是在烧煮过程中缺氧或不煮熟透，在植物体内特殊酶的作用下，氰苷被水解后便形成氢氰酸而有毒。如喂猪，会发生氢氰酸中毒，这在农村中经常发生。将青绿多汁饲料制作成青贮料就可避免发生这类情况。

13. 养猪上常用的青绿多汁饲料有哪些?

（1）紫花苜蓿 紫花苜蓿属豆科多年生草本植物，特点是适应性强、产量高、品质好，一般亩（1 亩 ≈667 米^2）产 2 000 ～ 4 000 千克，被冠以"牧草之王"。苜蓿的营养成分较丰富，按干物质计算，每千克初花期的紫花苜蓿含粗蛋白质 20% ～ 22%，粗脂肪 3.1%、无氮浸出物 41.3%，且富含维生素 A 及 B 族维生素。

目前一般中小养猪场夏季将苜蓿草切成 5 ～ 10 厘米的小段直接饲喂，种猪每天饲喂 1 ～ 2 千克，妊娠前期适当多喂一些，因为适口性好，又由于纤维含量高，在怀孕母猪限喂阶段可适量多喂些，以增加母猪的饱感，利于胚胎着床。冬季将苜蓿脱水或晒干制成苜蓿粉或颗粒在配合饲料中使用。全价饲料中的添加比例一般为 5% ～ 15%。

（2）紫云英 又称红花草。特点是产量较高，鲜嫩多汁，适口性好，猪只特别喜欢采食。其营养价值在现蕾期最高，按干物质计算，粗蛋白质含量 31.76%、粗脂肪 4.14%、粗纤维 11.82%、无氮浸出物 44.46%、粗灰分 7.82%。

（3）象草 又称紫狼尾草。象草具有产量高、管理粗放、利用期长等特点，已成为南方青绿多汁饲料的重要来源。象草营养价值较高，茎叶干物质中含粗蛋白质 10.58%、粗脂肪 1.97%、粗纤维 33.14%、无氮浸出物 44.70%、粗灰分 9.61%。在广东、福建利用美洲狼尾草和非洲象草培育的杂交狼尾草用于养猪取得较好的效果。该杂交狼尾草在株高 120 厘米时测定，鲜草含干物质 15.2%，干草含粗蛋白质 9.95%、粗脂肪 3.47%。而且该品种杂交狼尾草产量高，一般每公顷可产鲜草 15 万千克以上，6 个月生长期每公顷的产量可达 22.5 万千克。将杂交狼尾草切碎、打浆与饲料按 1:1 拌匀，饲喂生长育肥猪可提高日增重，降低饲料成本。

（4）菜叶类 包括瓜果、豆类叶子及一般蔬菜副产品。其中的豆类叶子营养价值高，能量高，蛋白质含量也较丰富。作物的藤蔓和幼苗，一般粗纤维含量较高，可作猪饲料。白菜、甘蓝和菠菜也可用于饲料。

（5）南瓜　南瓜营养丰富，无氮浸出物含量高，且其中多为淀粉和糖类。南瓜脆嫩多汁，能刺激食欲，有机物质消化率高，对改善日粮的营养成分、提高消化率有重要作用。此外，南瓜耐贮藏，运输方便，是猪的好饲料，尤其适合用于育肥阶段的猪。

（6）水生植物类　包括水浮莲、水葫芦、水花生、绿萍、水芹菜和水竹叶等。这类青饲料具有生长快、产量高、适应性强、管理方便、不占耕地等特点。水生饲料茎叶柔软，细嫩多汁，水分含量可达90%～95%，干物质含量很低。此外，水生饲料最易带来寄生虫，如猪蛔虫、姜片虫、肝片吸虫等，最好将水生饲料青贮发酵或煮熟后饲喂。熟喂时宜现煮现喂，不宜过夜，以防产生亚硝酸盐。

（7）松叶　主要是指马尾松、黄山松、油松以及桧、云杉等树的针叶。据分析，马尾松针叶干物质为53.1%～53.4%、总能9.66～10.37兆焦/千克、粗蛋白质6.5%～9.6%、粗纤维14.6%～17.6%、钙0.45%～0.62%、磷0.02%～0.04%，且富含维生素、微量元素、氨基酸、激素和抗生素等，对猪具有抗病、促生长之效。饲喂时应坚持由少到多的原则。猪料中针叶用量以5%～8%为宜。

14. 猪常用的矿物质饲料有哪些？

（1）食盐　食盐的主要化学成分是氯化钠，含量高达99%，而钠和氯都是动物所需的重要无机物。因此食盐成为补充钠、氯的最简单、价廉的有效的物质。食盐的生理作用是刺激唾液分泌、促进其他消化酶的作用，同时可改善饲料的味道，促进食欲，保持体内细胞的正常渗透压，氯还是胃液的组成成分，对蛋白质的消化具有重要作用。

（2）钙　钙约占动物体内所含无机物的70%，是动物的齿、骨骼、蛋壳的重要组成元素。钙对动物的生长发育和生产水平至关重要。一般配合饲料中规定的钙磷比例，猪为（1.5～1）:1。石粉、贝壳粉、蛋壳粉则是饲料中常用到的补充钙源的矿物质饲料。其中，石粉称为天然的碳酸钙，含钙在35%以上。贝壳粉是所有贝类外壳粉碎后制得的产物总称，主要成分为碳酸钙。蛋壳粉是蛋加工厂的废弃物，包括蛋壳、蛋膜、蛋等混合物经干燥灭菌粉碎而得，优质蛋壳粉含钙可达34%以上。一般来说，碳酸钙颗粒越细，吸收率越好。目前还有相当一部分厂家用石粉作微量元素载体，其特点是松散性好，不吸水，成本低。

（3）磷　磷几乎存在于所有细胞中，为细胞生长和分化所必需。磷的生理功能在于参加骨的组成，且与能量代谢有关，调节血液酸碱度。磷还决定蛋壳的弹性和韧性。缺乏磷时，禽会出现运动障碍，骨变形，羽毛无光，异嗜，消化紊乱，蛋鸡产软壳蛋。

在饲料中常用到的含磷补充物有磷酸二氢钠、磷酸氢二钠。其中，磷酸二氢钠为白色粉末，含两个结晶水或无结晶水，含磷在 26% 以上。磷酸二氢钠水溶性好，生物利用率高，既含磷又含钠，适用于所有饲料，特别适用于液体饲料或鱼虾饲料。磷酸氢二钠为白色细粒状，无水磷酸氢二钠含磷为 21.82%。

另外，需要注意的是猪日粮中磷含量过高，会导致纤维性骨营养不良症。

15. 猪常用的营养性饲料添加剂有哪些?

（1）氨基酸添加剂　猪饲料主要是植物性饲料，最缺乏的必需氨基酸是赖氨酸和蛋氨酸。因此，猪用氨基酸添加剂主要有赖氨酸添加剂和蛋氨酸添加剂。这两种氨基酸添加剂都有 L 型和 D 型之分，猪只能利用 L 型赖氨酸，但 D 型和 L 型蛋氨酸却均能利用。在具体使用时应注意三个问题：第一，适量添加。添加合成氨基酸降低日粮中的粗蛋白质水平，应有一定的限度。一般生长前期（60 千克）粗蛋白质水平不低于 14%，后期不低于 12%。第二，应经济划算。如添加合成氨基酸后饲粮价格过高，经济不划算，也没有实际意义。第三，人工合成的氨基酸大都是以盐的形式出售，如 L 型赖氨酸盐酸盐，其纯度为 98.5%，而其中 L 型赖氨酸的量只占 78.8%。添加时应注意效价换算。

（2）维生素添加剂　随着集约化养猪的发展，长年不断而又大量地供给青绿饲料越来越受到了限制，因此，在饲粮中添加维生素添加剂，得到日益广泛的应用。现常用的维生素添加剂有维生素 A、维生素 D_3、维生素 E、维生素 K_3、B 族维生素（氯化胆碱、烟酸、泛酸、生物素）等。生产中多采用复合添加剂形式配制，把多种维生素配合加入日粮中，其添加量仔猪为 0.2% ～ 0.3%，肥育猪为 0.1% ～ 0.2%。配制复合维生素时应注意维生素间的相互作用。

（3）微量元素添加剂　微量元素添加剂为常用添加剂，从化工商店买饲料级即可（不一定非要分析纯或化学纯）。目前我国养猪生产中添加的微量元素主要有铁、铜、锰、锌、钴、硒、碘等。饲料中的微量元素，是用矿物质盐类，只是对某元素（例如铁）的需要量，而不是对矿物质盐（硫酸亚铁）的需要量。作为添加剂使用时，必须注意以下两点：第一，充分粉碎，均匀混合。加入全价料中须先经石灰石粉等先稀释，后混合；第二，实际含量。不同产品，化学学式不同，杂质含量各异，应注意该元素在产品中的实际含量。部分元素在不同化学结构中的含量是有差异的，要根据矿物质盐中所含元素量计算出所需用该盐类的数量。

16. 饲料配制过程中为什么要"禁抗""限抗"？

早在2019年7月，农业农村部就发布了第194号公告，"为了维护我国动物源性食品安全和公共卫生安全，决定停止生产、进口、经营、使用部分药物饲料添加剂，并对相关管理政策作出调整"。同时，"改变抗球虫和中药类药物饲料添加剂管理方式，不再核发'兽药添字'批准文号，改为'兽药字'批准文号，批准文号变更工作将在2020年7月1日前完成"。

公告要求，自2020年1月1日起，退出除中药外所有促生长类药物饲料添加剂品种，兽药生产企业停止生产、进口兽药代理商停止进口相应兽药产品，同时注销相应的兽药产品批准文号和进口兽药注册证书。此前已生产、进口的相应兽药产品可流通至2020年6月30日。

自20世纪50年代初开始，药物添加剂作为饲料添加剂已经开始应用于畜牧业生产。70多年来，畜产品从奢侈品成为价廉质优的日常食品，饲料药物添加剂的功劳不可否认。但随着时间的推移，抗生素的滥用也引发了种种问题，例如药物残留、细菌耐药性、环境污染等，所以在今天，饲料"禁抗"、药物"限抗"已经是大势所趋。

自1940年青霉素问世以来，抗生素成为人和动物健康的重要保障。因抗生素残渣或抗生素有促进动物生长的作用，故作为饲料添加剂，得到广泛应用。从1950年起就曾有数十种抗菌促生长剂在欧盟投入使用，如四环素、青霉素、螺旋霉素、弗吉尼亚霉素、杆菌肽锌、泰乐菌素、黄霉素和阿伏霉素，以及化学合成的喹乙醇和卡巴氧等。

从20世纪50年代至今，药物饲料添加剂的使用也在不断发生变化，药物饲料添加剂应用于畜牧业生产以来，大致经历了三个阶段：20世纪50年代为起始阶段，使用的抗生素多为人畜共用的抗生素；20世纪60年代出现了专门用于畜禽饲料的抗生素；20世纪80年代筛选研制出新的不易被肠道吸收、无残留、对人类更安全且更有效的抗生素。

我国药物饲料添加剂的使用，起步较晚，虽然20世纪50年代已经开始把抗生素残渣作为食用动物的饲料使用，但到20世纪70年代中期，有目的地用低剂量抗生素饲养动物开始日趋流行。

在养殖业的发展中，药物饲料添加剂起到过重要的作用。首先，正确合理使用抗生素，最大程度地提升了治疗和预防动物传染病及其他疫病的可能性，这使规模化养殖有了实现的基础。在规模化养殖中，疫病如果得不到控制，几乎就是灾难。相对于注射和口服给药，饲料给药对动物的应激小，且给药准确、便于实施，在预防、治疗动物疾病的同时还能提高动物生产性能，具有其他给药途径无法取代的优势。其次，规模化养殖的实现，极大地提升了畜产品的供应量。

促生长类药物饲料添加剂曾经发挥过重要作用，退出的原因主要有三个：第一是耐药性的问题，第二是人类健康的问题，第三是环境危害的问题。

饲料药物添加剂本质上是抗生素，后者也是兽药的一种，因此使用必须规范，若不规范使用，则会引发兽药残留超标、细菌产生耐药性和畜禽产品质量安全等问题，对食品质量安全、公共卫生安全和生态安全造成严重的风险隐患。

抗生素的不当使用，首先遇到的是耐药性的问题，长期低剂量饲用抗生素会增加细菌的耐药性，有可能加速"超级细菌"的产生。其次，有些会被动物吸收入体，在肉蛋奶中残留，被人摄入，直接损害人类健康。尽管实践表明，抗生素毒性小、在消化道内的吸收差，具有较高的安全性。但是，也有研究显示，残留在畜产品中的抗生素，经加热不能完全失去作用，且有的抗生素降解后还会产生更强的毒性作用。最后，饲料用药物以原形或排泄物的形式排放到环境中，会污染水源和土壤，造成生态问题。

合理使用抗生素可以使它的负面效果得到一定的控制，但这并不容易。我国养殖业中存在大量不规范、不合理使用抗生素的现象，包括超范围、超剂量、超长时间使用、盲目联合用药、使用违禁兽药，由此引发的药物残留、耐药性传播以及食品安全问题日益严重。

17. 禁止使用的促生长类药物饲料添加剂有哪些？

饲料添加剂原来包括药物和非药物饲料添加剂，其中，非药物添加剂又包括营养性和一般饲料添加剂。2020年以后将不再有药物饲料添加剂。

原农业部公告第168号收录了33种药物饲料添加剂，其中6种早已经禁用；14种抗球虫药和2种中兽药，均由"兽药添字"改为"兽药字"，可在商品饲料和养殖过程中继续使用；而11种促生长类抗生素未来将完全禁止使用。也就是说，真正停用的是11种具有预防动物疾病、促进动物生长作用的抗生素/合成抗菌药，分别为杆菌肽锌预混剂、黄霉素预混剂、弗吉尼亚霉素预混剂、那西肽预混剂、阿维拉霉素预混剂、吉他霉素预混剂、土霉素钙预混剂、金霉素预混剂、恩拉霉素预混剂、亚甲基水杨酸杆菌肽预混剂和喹烯酮预混剂。

促生长类药物饲料添加剂主要是抗生素，用于预防、治疗动物疾病，从而改善促进畜禽生长，增强畜禽抵抗力，提高饲料转化率。尤其是在集约化、高密度、大强度生产中，饲养动物会遇到多种应激反应，炎症会伴随整个生产过程，因此抗菌添加剂被普遍使用。

18. "禁抗"后替代方案是什么？

药物饲料添加剂的使用，在预防养殖动物生病、提高产量等方面都曾有过重要作用，"禁抗"之后，替代方案是比较成熟的，主要是通过提升管理水平，尽可能消除疫病产生和传播的环境。

动物传染病发生的基本要素有三个，传染源、传播途径和易感动物，控制住这些，就可以最大程度减少疫病的发生。在控制传染源方面，有多种方法可以减少病原，比如加强种苗健康、抗病育种的工作，加强种源的疫病净化，提升饲料熟化预制的工艺、提高饲喂水平等。

控制传染源之后，则需要尽可能地切断传播途径，这其中包括提升养殖场的生物安全措施，比如加强消毒、隔离、通风，科学处理粪污等。也就是改善农场环境，提升动物自身免疫能力，减少疾病传播的机会。

对于疫病易感动物，则通过加强营养、预防接种等方式加以保护，非抗菌物质作为与肠道微生物相互作用的替代物，包括酶制剂、益生元和益生菌或酸化饮食等，应得到更广泛的开发和应用。

大型养殖场往往更容易传播疫病，因此，提升管理水平尤为重要。实际上，药物饲料添加剂滥用，和管理水平低是有关系的，如果管理水平跟上，养殖场的环境、卫生等各种条件都比较好，本来就不应该也不需要总是用药。问题是，一些人不愿意花费更多的精力去提升管理水平，只好通过大量用药防止疫病的产生和传播。

19. 什么是调味剂、增香剂、诱食剂？

这种添加剂是为了增进动物食欲，或掩盖某些饲料组分的不良气味，或增加动物喜爱的某种气味，改善饲料适口性，增加饲料采食量。作为调味剂的基本要求是：第一，加入饲料后的味道或气味更适合猪的口味，从而刺激猪食欲，提高采食量；第二，调味剂的味道或气味必须具有稳定性，在正常的加工贮存条件下，味道或气味既不被挥发掉，又不致变成另一种不被动物喜爱的味道或气味。

调味剂有天然的和合成的两种，主要活性成分包括：香草醛、肉桂醛、茴香醛、丁香醛、果酯及其他物质。商品调味剂除含有提供特殊气味和滋味的活性物外，一般还含有如助溶剂、表面活性剂、稳定剂、载体或稀释剂、抗黏结剂等非活性的辅助剂。

饲料调味剂产品有固体和液体两种形式。液体形式的饲料调味剂为多种不同浓度的溶液，其溶剂的种类取决于活性物质的可溶性，一般有油、脂肪酸、水、丙二醇或它们的混合物。其添加方法通常是以喷雾法直接喷附在颗粒饲料表面或其饲料中，但这种添加方法对于饲料中香料的香气不能持久，故多用于浆状或液体饲料中。固体调味剂通常是以稻壳粉、玉米芯粉、麦麸粉以蛭石等作为载体的粉状混合物。有的香料调味剂制成胶囊，可提高稳定性，延长香气持续时间。干燥固体调味剂较液体调味剂具有稳定性好，使用方便，不需喷雾设备，且易装运、贮存等优点。但液体调味剂一般较便宜、经济，添加于颗粒饲料方便，效果好。实际应用需根据需要选用。

调味剂主要用于人工乳、代乳料、补乳料和仔猪开食料，使仔猪不知不觉地脱离母乳，促进采食，防止断奶期间生产性能下降。添加的香料主要为乳香型、水果香型，此外还有草香、谷实香等。常加的除牛人工乳中的香源外，还有柑橘油、香兰素以及类似烧土豆、谷物类的香味都是猪所喜爱的。一般断奶前先在母猪料中添加，使仔猪记住香味，再加入人工乳中。开始以乳香型为主，随着日龄的增加，逐渐增加柑橘等果香味香料，后期逐渐转为炒谷物、炒黄豆等，使其逐渐转为开食料。

第二节　猪饲料的加工调制与日粮配合

1. 猪饲料的加工调制方法有哪些？

（1）粉碎　猪饲料种类不同，可采用相应的加工处理技术。现代化养猪多以干粉料为主，所以，饲料粉碎就是最常用的加工方法。

在多种猪饲料原料的冷加工工艺中，锤片机粉碎处理也许是应用最广泛的。多数常规的原料，如大麦、玉米、小麦、高粱和燕麦在生产中几乎都是利用锤片式粉碎机进行加工。但如果将小麦粉碎得过细，饲料黏性就会增加，采食过程中极易引起糊嘴现象，从而导致适口性降低；如果粉碎得过粗，小麦的利用率就会变得很低，但用对辊式粉碎处理可有效解决上述问题。对于燕麦的粉碎，资料表明，较小的粉碎粒度对于提高其利用率是必要的。粉碎燕麦时，筛孔直径小于5.25毫米，不会对其利用效率造成明显的影响；但当筛孔直径等于或大于9毫米时，就会降低燕麦的利用效率。对燕麦进行对辊式粉碎处理，如加工得很均匀且很扁时，其利用效率与用筛孔直径小于5.25毫米的其他任何粉碎方式的利用效率相同。另外，不同粉碎工艺对玉米和高粱利用率的影响与燕麦相似。

（2）压片　压片是指谷物在对辊式粉碎处理之前所进行的加热或润湿的过程。压片玉米在进入蒸气仓前首先需进行破碎处理，之后将其浸泡1～2小时，使玉米水分含量达到约20%。然后将蒸煮后的玉米通过重型对辊式粉碎机进行加工，使最终的水分含量降至约14%。这种加工过程对玉米的调制主要包括：去除玉米胚芽，仅留下无胚芽的部分进行压片处理；在蒸汽仓内，使玉米水分增加，同时进行蒸煮加工。日粮中压片玉米的比例较低时，其适口性很好。但当压片玉米比例很高（如达到85%），特别是在湿料饲喂或玉米没有粉碎即饲喂的情况下，适口性变得非常差。

（3）膨化处理　膨化处理是一种干热形式的加工工艺，是将谷物在加热或加压的情况下突然减压而使其膨胀的加工方法。据报道，膨化处理可在一定程度上提高饲料的营养价值。

（4）微爆化处理　微爆化处理是用混合气体将陶瓷体加热到一定温度后，使谷物通过这些陶瓷体，将谷物进行对辊式粉碎和冷却处理。与膨化温度（280℃）相比，微爆化加工过程的温度通常控制在140～180℃。但微爆化处理在这个温度下的暴露时间为20～70秒，比膨化处理的时间（5～6秒）长。谷物在加工前应进行预浸泡处理，使水分含量达到21%。

（5）制粒　在制粒工艺中，饲料组分在压力作用下被挤出制粒机的环模。制粒过程本身就可对饲料进行摩擦加热。大多数的饲料企业在制粒之前已对饲料进行了蒸气加热处理，但也有一些企业并不采用蒸汽加热处理，即冷制粒，仅是依靠制粒机的压力使饲料挤出环模。因此，制粒工艺包括干制粒或湿制粒过程。

制粒过程对饲料物理和化学特性的改变，是提高猪生产性能的真正原因。制粒过程可降低饲料中的水分和粗纤维含量，增加干物质含量，提高能量消化率，并且改善氨基酸和磷的利用率。干制粒处理的饲料中有机物的消化率和饲料转化率最高。

2. 猪饲料玉米豆粕减量替代技术中，日粮配制要点有哪些？

（1）确定日粮类型　根据玉米、豆粕替代原料的供应情况和市场价格，综合性价比，选择适宜的饲料原料，确定日粮类型。

（2）合理设置日粮有效能水平　参考有关饲养标准或饲养手册，结合动物不同生理阶段特点，确定日粮适宜的净能（猪）或代谢能（肉鸡和蛋鸡）水平，根据动物品种或品系推荐的有效能需要量确定其他营养成分的相应比例。

（3）配制基于可利用氨基酸的低蛋白日粮　针对动物不同生理阶段，选用合适的氨基酸平衡模式。按照饲料原料中氨基酸实测值（湿化学或者近红外方法）或者数据库中可利用氨基酸（如标准回肠氨基酸消化率）数值，计算出以可利用氨基酸为基础的日粮配方。合理补充必需氨基酸，并考虑其与非必需氨基酸、小肽之间的平衡。

（4）适当考虑其他营养素平衡　包括能氮平衡、脂肪酸平衡（补充亚油酸或不饱和脂肪酸）、维生素平衡、微量元素平衡、电解质平衡等。此外，还要兼顾考虑营养素来源、能量饲料组合、蛋白饲料组合等。

（5）合理选择和使用酶制剂　针对玉米、豆粕以外原料的抗营养因子种类和含量，选择适宜的酶制剂及其组合，如植酸酶以及木聚糖酶、β-葡聚糖酶等非淀粉多糖（NSP）酶和纤维素酶等。

（6）合理使用其他添加剂　小麦中的呕吐毒素、花生粕中的黄曲霉毒素等会损害动物健康，可通过添加霉菌毒素脱毒剂或降解剂来消除或缓解。库存期较长的谷物由于发生氧化和结构变化，会降低养分消化率，影响有效能值和营养素效价，可添加抗氧化剂予以预防。肉鸡和蛋鸡饲料中黄玉米用量降低或者使用非玉米原料时，可根据需求补充批准使用的天然色素或者化学合成色素类饲料添加剂。

3. 配制猪玉米豆粕减量替代日粮还要注意哪些问题？

（1）原料预处理　采用生物发酵或体外酶解等方式，处理杂粕和糟渣类副产物等低值原料，能够降解抗营养因子，增加有益微生物，产生部分有机酸和酶类，实现养分预消化，可提高其在饲料中的添加比例。

（2）替代原料加工　可合理使用粉碎、膨化、制粒等方式处理原料，提高其营养价值。在加工过程中，需要关注粉碎粒度、混合均匀度、饲料硬度等，否则会影响动物采食量和生产性能。小麦、大麦、高粱等黏度高，粉碎时尽量粗破，在鸡饲料中使用时应避免过度粉碎造成糊嘴现象。

（3）日粮加工生产　采用专用粉碎机如变频粉碎机，尽量使颗粒均匀、含粉率低，可采用蒸汽处理消毒饲料。

（4）注意电解质平衡，合理使用钠源　豆粕含有的钾离子较多，选择其他原料时要关注钠、钾、氯的含量，保持电解质平衡。钠源的选择包括小苏打、硫酸钠等。

（5）替代物使用要设限量　玉米、豆粕为优质的饲料原料，其他原料虽然可发挥组合效应，但多含有抗营养因子或真菌毒素，需要设置使用上限。

（6）换料设置过渡期，及时观察并适时调整　饲喂新料后，要仔细观察动物的反应和生产性能变化。杂粮和粮食加工副产物由于气味、颜色或可能存在有毒有害物质，适口性改变，生产中应该根据具体原料加以调整。注意观察适口性和饲喂效果是否良好，并确定是否采取相应措施。

4. 能否对猪饲料玉米豆粕减量替代方案给个示例？

（1）东北地区　仔猪和生长育肥猪日粮中可用10%～20%的稻谷和5%～10%的米糠替代玉米，玉米用量可至少降低15%；用5%的玉米蛋白粉、5%～15%的DDGS和合成氨基酸替代豆粕，豆粕用量可至少降低10%。

（2）华北地区　仔猪和生长育肥猪日粮中可用10%～20%的小麦和5%～15%的小麦麸或次粉替代玉米，玉米用量可至少降低15%；用5%的玉米蛋白粉、5%～15%的DDGS、5%～8%的棉粕、5%～10%的花生仁粕和合成氨基酸替代豆粕，生长育肥猪饲料中豆粕用量可降低为0。

（3）华中地区　仔猪和生长育肥猪日粮中可用10%～20%的糙米或稻谷、5%～15%的小麦麸或次粉和5%～10%的米糠粕替代玉米，玉米用量可降低为0；用5%～15%的菜粕、5%～15%的DDGS、5%～8%的棉粕和合成氨基酸替代豆粕，生长育肥猪饲料中豆粕用量可降低为0。

（4）华南地区　仔猪和生长育肥猪日粮中可用10%～15%的高粱、10%～20%的木薯粉、5%～10%的米糠粕和10%～15%的大麦替代玉米，玉米用量可降低为0；用5%～15%的菜粕和合成氨基酸替代豆粕，豆粕用量可至少降低5%。

（5）西南地区　仔猪和生长育肥猪日粮中可用10%～20%的小麦、10%～20%的糙米或稻谷、5%～15%的小麦麸或次粉和5%～10%的米糠粕替代玉米，玉米用量可降低为0；用5%～8%的棉粕和合成氨基酸替代豆粕，豆粕用量可至少降低5%。

（6）西北地区　仔猪和生长育肥猪日粮中可用10%～15%的高粱、10%～15%的大麦和10%～20%的青稞替代玉米，玉米用量可降低为0；用5%～8%的棉粕和合成氨基酸替代豆粕，豆粕用量可至少降低5%。

5. 什么叫多元化日粮配制技术？使用多元化日粮的好处是什么？

多元化日粮指选择除了玉米和豆粕以外的更多种适宜的饲料原料，依据动物不同生理阶段的营养需求，确定日粮适宜的净能水平和以标准可消化氨基酸为基础的氨基酸平衡模式，同时考虑矿物质、维生素等其他营养素平衡，合理使用酶制剂和其他饲料添加剂，配制多元化饲料结构的日粮。

我国是全球最大的饲料生产和消费国，但我国饲料资源相对短缺。国外引入的"玉米－豆粕"型日粮不符合我国饲料生产的国情。同时，以"玉米－豆粕"高蛋白简单日粮为主，并以饲料蛋白质含量和豆粕含量判定饲料质量好坏的思维习惯，造成了大量的饲料资源浪费和氮排放污染。因此，使用多元化日粮配制技术能降低我国主要能量饲料和蛋白质饲料的对外依存度，节约蛋白质饲料资源，提高我国饲料资源的利用率，保障饲料粮安全。

6. 猪低蛋白低豆粕多元化日粮配方、饲料原料和饲料添加剂选用的原则是什么？

中国饲料工业协会 2022 年 5 月实施的团体标准《生猪低蛋白低豆粕多元化日粮生产技术规范》中，对生猪低蛋白低豆粕多元化日粮的配方、饲料原料和饲料添加剂选用提出了原则性要求如下。

（1）日粮配方原则　选择适宜的饲料原料，依据生猪不同生理阶段的营养需求（GB/T 5915 和 GB/T 39235），确定日粮适宜的净能水平和以标准回肠可消化氨基酸为基础的氨基酸平衡模式。同时考虑矿物质、维生素等其他养分平衡，合理使用其他饲料添加剂，以及原料预处理工艺，配制生猪低蛋白低豆粕多元化日粮。

（2）饲料原料和饲料添加剂选用的原则　①饲料原料应符合《饲料原料目录》及后续补充公告的要求。根据地区养殖传统和饲料资源特点，选择具有区域特色的蛋白质饲料，包括棉籽饼（粕）、菜籽饼（粕）、花生饼（粕）、葵花籽仁饼（粕）、芝麻饼（粕）、亚麻饼（粕）、含可溶物的玉米干酒精糟（DDGS）等。

②饲料添加剂应符合《饲料添加剂品种目录》及后续补充公告的要求。饲料添加剂的使用应符合《饲料添加剂安全使用规范》的要求。

7. 在配制低蛋白多元化生猪日粮过程中如何用好非常规蛋白原料？

要充分考虑非常规蛋白原料的产地和来源，不同生长条件下的非常规蛋白原料其营养价值与抗营养因子含量有较大差异，在使用前应对其有效养分含量进行准确评价。其次要明确非常规蛋白饲料原料中的抗营养因子种类及含量，在使用其配制日粮时，要注意其适宜使用量，以免大量使用造成抗营养因子过量，影响动物生长和健康。对适口性较差的原料要限量使用，防止过量使用，降低动物采食量，影响动物生长性能。此外，适宜的加工方式如发酵、熟化、膨化、制粒等可有效降低饲料抗营养因子含量，提高营养物质消化率并改善其适口性。因此，在使用非常规蛋白饲料原料配制低蛋白多元化生猪日粮时，应做到使用前对其营养价值及抗营养因子进行准确评价，具备条件时还可对原料进行加工或预处理，并在使用时严格控制使用量在适宜范围内。

8. 与豆粕相比，花生粕等谷物加工蛋白原料在应用上各有哪些优势和不足？

（1）花生粕 花生粕粗蛋白质含量高于豆粕或与豆粕相当，精氨酸含量较高，但蛋氨酸、赖氨酸和色氨酸含量较低，氨基酸消化率偏低；所含矿物质中钙少磷多，且主要是植酸磷；因此，在配制饲料时应注意营养平衡。另外，花生粕易受黄曲霉毒素等污染，使用时需要注意防霉。花生粕在猪饲料中用量一般不超过 10%。

（2）菜籽粕 菜籽粕粗蛋白质含量低于豆粕，蛋氨酸等含硫氨基酸含量较高，但赖氨酸和精氨酸含量低，普通菜籽粕氨基酸消化率比豆粕低很多；可与豆粕等其他饼粕合理搭配组合使用，改善氨基酸组成。普通菜籽粕可替代 40%～50% 的豆粕，双低菜粕替代比例可达 60%～80%。菜籽粕有效能值偏低，替代豆粕时也需要注意有效能量平衡。

（3）棉籽粕 棉籽粕粗蛋白质含量变化较大，从 40% 左右到 50% 以上，因此，有的产品高于豆粕，但含有游离棉酚等抗营养因子；蛋氨酸等含硫氨基酸含量较高，但赖氨酸和精氨酸含量低，棉籽粕氨基酸消化率比豆粕低。棉籽饼粕可与豆粕等其他饼粕组合使用，改善氨基酸组成。普通棉籽粕可替代 30%～40% 的豆粕，脱酚棉籽蛋白替代比例可达 60%～80%。

（4）棉籽浓缩蛋白 棉籽浓缩蛋白是一种经过棉籽加工工艺提升后获得的新型植物蛋白源，有效去除了限制棉粕添加量的抗营养因子，如棉酚、环丙烯脂肪酸、霉菌毒素等，蛋白质含量可达 60%～70%。由于采用软化轧胚、低温烘干等工艺取代了高温蒸炒，相比传统棉籽粕有效降低了蛋白质的热变性程度，棉籽浓缩蛋白更容易被动物消化吸收。棉籽浓缩蛋白主要包括球蛋白和谷蛋白，小分子蛋白含量较高，不含导致动物过敏反应的抗原因子，没有生大豆腥味和其他异味，口味温和，能与其他食品原料的风味相互协调，同时，棉籽浓缩蛋白中不能被消化的低聚糖含量很低，不会导致肠胃胀气。棉籽浓缩蛋白的赖氨酸含量稍低于大豆蛋白，但蛋氨酸含量稍高于大豆蛋白，水平更接近FAO 的推荐值。因此，对于动物而言，棉籽浓缩蛋白具有更高的营养价值和适口性。

棉籽浓缩蛋白、棉粕、去皮豆粕和鱼粉的必需氨基酸组成见表 2-1。

表 2-1　棉籽浓缩蛋白、棉粕、去皮豆粕和鱼粉的必需氨基酸组成（n=5）

项目	棉籽浓缩蛋白 *	棉粕 *	去皮豆粕 *	鳗鱼粉 #
精氨酸（%）	8.36±0.19	5.58±0.25	3.31±0.18	3.68
组氨酸（%）	1.81±0.06	1.36±0.05	1.15±0.09	1.56
异亮氨酸（%）	1.98±0.09	1.33±0.10	1.96±0.23	3.06
亮氨酸（%）	3.63±0.13	2.67±0.10	3.53±0.06	5.00
赖氨酸（%）	2.77±0.21	1.92±0.04	2.79±0.18	5.11
蛋 + 胱氨酸（%）	2.28±0.58	1.35±0.07	1.10±0.14	2.56
苯丙氨酸（%）	3.54±0.1	2.61±0.11	2.23±0.17	2.66
苏氨酸（%）	2.00±0.03	1.52±0.05	1.77±0.16	2.82
缬氨酸（%）	2.85±0.12	1.62±0.14	2.12±0.20	3.51
粗蛋白质（%）	64.7±1.56	47.9±1.55	45.1±0.9	65.4
TAA（%）	60.9±1.65	39.7±2.29	40.2±2.69	57.6
TAA/CP	0.94±0.01	0.83±0.03	0.90±0.04	0.88

注："*"数据来自某课题组检测值；"#"数据来自 NRC。

从表 2-1 中可以看出，棉籽浓缩蛋白中必需氨基酸含量均较普通棉粕有很大幅度提高，其中赖氨酸提高 40% 以上。棉籽浓缩蛋白中精氨酸和含硫氨基酸（蛋氨酸 + 胱氨酸）显著高于去皮豆粕。棉籽浓缩蛋白中精氨酸、组氨酸、苯丙氨酸含量超过鳗鱼粉，蛋氨酸 + 胱氨酸含量与鳗鱼粉接近，但其他氨基酸水平仍然低于鳗鱼粉。因此，在动物饲料中棉籽浓缩蛋白与豆粕具有氨基酸互补效应，替代鱼粉时需注意限制性氨基酸的平衡。

由表 2-1 可见，棉籽浓缩蛋白氨基酸含量占粗蛋白质的 94%，此比例远远高于经高温处理的棉粕（83%）。

（5）葵花仁粕　葵花仁粕作为饲料原料，与豆粕相比，其优势在于：①价格较低，特别一些进口葵花仁粕，性价比较高；②其氨基酸与豆粕有很好的互补性，替代部分豆粕可提高蛋白质的沉积效率；③含有较高的绿原酸（1.5% ～ 3.3%），可以促进动物机体健康。

其不足之处在于：①葵花仁粕粗蛋白质含量低（35%左右），纤维含量较高（粗纤维>20%），有效能值较低（猪消化能2 780千卡/千克，禽代谢能2 320千卡/千克）；其氨基酸消化率也不如豆粕高。②国产葵花仁粕大部分是由中小型企业生产，产品质量变异较大。③国内向日葵产量少，容易出现供货不稳定现象。

（6）玉米蛋白粉、米糠粕等谷物加工蛋白原料　其优势在于：①通常情况下，谷物加工蛋白原料价格较低，性价比较高，如喷浆玉米皮、玉米胚芽粕、米糠粕等。②有些原料蛋白质消化率较高，如玉米蛋白粉、小麦蛋白等。

其不足之处如下：①营养价值低，大部分原料蛋白含量较低，纤维含量较高，蛋白质消化率较低。②氨基酸不平衡，一般谷物加工蛋白原料缺乏赖氨酸，且赖氨酸消化率也较低。③质量变异大，由于这些原料主要是谷物加工的副产品，其营养成分受加工原料质量、加工工艺的影响，不同企业的产品或者同一企业不同批次产品变异较大。④霉菌毒素等卫生指标容易超标。谷物加工过程中，其霉菌毒素通常会在副产品中浓缩，造成副产品中毒素较高。使用这些谷物加工副产品时需要严格控制霉菌毒素，如玉米加工副产品中通常需要检测黄曲霉毒素、呕吐毒素、玉米赤霉烯酮等，小麦加工副产品中需要检测呕吐毒素等。⑤有些副产品含有抗营养因子，如喷浆玉米皮、喷浆胚芽粕等原料中含有较高亚硫酸根离子。

9. 非常规饲料原料的推荐最高用量是多少？

《生猪低蛋白低豆粕多元化日粮生产技术规范》中，对生猪不同生理阶段日粮中非常规饲料原料的推荐最高用量见表2-2。

表2-2　生猪不同生理阶段日粮中非常规饲料原料推荐最高用量　　单位：%

项目	仔猪		生长育肥猪		母猪	
	3～10千克	10～25千克	25～50千克	50千克至出栏	妊娠母猪	泌乳母猪
能量饲料						
糙米	40	40	60	60	60	60
大豆皮	5	5	10	10	30	10
稻谷	—	10	30	30	30	20
高粱	—	10	80	80	80	80
裸大麦	25	80	80	80	80	80
皮大麦	15	25	25	25	80	20

续表

项目	仔猪		生长育肥猪		母猪	
	3～10千克	10～25千克	25～50千克	50千克至出栏	妊娠母猪	泌乳母猪
米糠	—	10	30	30	30	10
木薯粉	—	15	30	30	30	30
苜蓿干粉	—	5	10	15	30	5
喷浆玉米皮	—	—	15	15	10	5
玉米皮	—	5	10	10	10	5
碎米	40	40	60	60	60	60
豌豆	10	15	20	20	30	30
小麦	45	45	80	80	80	80
小麦次粉	10	10	40	40	40	40
小麦麸	5	10	10	20	30	15
燕麦	15	40	40	40	40	30
蛋白质饲料						
大豆浓缩蛋白	10	10	—	—	—	—
蛋粉	10	10	—	—	—	—
干白酒糟	—	10	10	10	10	10
干啤酒糟	—	10	10	10	10	10
含可溶物的玉米干酒精糟	5	10	20	20	20	20
花生粕	—	—	10	10	10	—
葵花籽仁粕	—	5	10	15	15	10
米糠粕	—	10	30	30	30	10
棉籽粕	—	10	10	10	15	10
膨化大豆	10	10	—	—	—	—
乳粉	40	30	—	—	—	—
乳清粉	25	10	—	—	—	—
双低菜籽粕	—	10	15	15	15	15
甜菜粕	—	5	10	10	50	10
亚麻粕	—	—	5	5	5	—
鱼粉	15	15	—	—	5	5
玉米蛋白粉	—	5	5	5	5	5

项目	仔猪		生长育肥猪		母猪	
	3～10千克	10～25千克	25～50千克	50千克至出栏	妊娠母猪	泌乳母猪
玉米胚芽粕	10	20	20	20	30	15
芝麻粕	—	5	15	15	15	5

注：1. 注意饲料原料真菌霉素对替代比例的影响。

2. "—"表示不推荐使用或使用不经济。

10. 生猪不同生理阶段日粮中豆粕使用限量是多少？

《生猪低蛋白低豆粕多元化日粮生产技术规范》中，对生猪不同生理阶段日粮豆粕使用限量见表2-3。

表2-3　生猪不同生理阶段日粮中豆粕使用限量　　　单位：%

仔猪		生长育肥猪				母猪	
3～10千克	10～25千克	25～50千克	50～75千克	75～100千克	100千克至出栏	妊娠母猪	泌乳母猪
15	16	13	10	8	5	8	16

11. 仔猪、生长育肥猪日粮主要营养成分指标分别是多少？

仔猪、生长育肥猪日粮主要营养成分指标见表2-4。

表2-4　仔猪、生长育肥猪日粮主要营养成分指标

项目	仔猪		生长育肥猪			
	3～10千克	10～25千克	25～50千克	50～75千克	75～100千克	100千克至出栏
粗蛋白质（%）	17.0～20.0	15.0～18.0	14.0～16.0	13.0～15.5	11.0～14.0	10.0～13.0
赖氨酸（SID赖氨酸）（%）≥	1.40（1.26）	1.20（1.06）	0.98（0.92）	0.87（0.77）	0.75（0.66）	0.65（0.57）
蛋氨酸（SID蛋氨酸）（%）≥	0.39（0.35）	0.34（0.30）	0.27（0.25）	0.24（0.20）	0.21（0.18）	0.18（0.15）
苏氨酸（SID苏氨酸）（%）≥	0.87（0.75）	0.74（0.63）	0.58（0.54）	0.54（0.47）	0.47（0.41）	0.38（0.33）
色氨酸（SID色氨酸）（%）≥	0.24（0.21）	0.20（0.18）	0.17（0.15）	0.15（0.13）	0.13（0.12）	0.11（0.09）

续表

项目	仔猪		生长育肥猪			
	3～10千克	10～25千克	25～50千克	50～75千克	75～100千克	100千克至出栏
缬氨酸（SID 缬氨酸）（%）≥	0.90（0.78）	0.77（0.67）	0.63（0.59）	0.56（0.49）	0.48（0.43）	0.42（0.37）
异亮氨酸（SID 异亮氨酸）（%）≥	0.78（0.68）	0.67（0.59）	0.55（0.51）	0.49（0.43）	0.42（0.37）	0.36（0.31）
粗纤维（%）≤	5.0	6.0	8.0	8.0	10.0	10.0
粗灰分（%）≤	7.0	7.0	7.5	7.5	7.5	7.5
钙（%）	0.50～0.80	0.60～0.90	0.60～0.90	0.55～0.80	0.50～0.80	0.50～0.80
总磷（%）	0.50～0.75	0.45～0.70	0.40～0.65	0.30～0.60	0.25～0.55	0.20～0.50
氯化钠（以水溶性氯化物计）（%）	0.30～1.00	0.30～1.00	0.30～0.80	0.30～0.80	0.30～0.80	0.30～0.80

注：1. 表中蛋氨酸的含量可以是蛋氨酸＋蛋氨酸羟基类似物及其盐折算为蛋氨酸的含量；如使用蛋氨酸羟基类似物及其盐，应在产品标签中标注蛋氨酸折算系数。

2. 总磷含量已经考虑了植酸酶的使用。

12. 母猪日粮主要营养成分指标分别是多少？

母猪日粮主要营养成分指标见表2-5。

表2-5 母猪日粮主要营养成分指标

项目	妊娠母猪		泌乳母猪
	妊娠天数≤90（日）	妊娠天数＞90（日）	
粗蛋白质（10%）	9.5～13.5	11.0～16.0	16.0～18.0
赖氨酸（SID 赖氨酸）（%）≥	0.60（0.55）	0.84（0.77）	0.80（0.74）
蛋氨酸（SID 蛋氨酸）（%）≥	0.19（0.17）	0.25（0.23）	0.21（0.19）
苏氨酸（SID 苏氨酸）（%）≥	0.48（0.44）	0.60（0.55）	0.50（0.46）
色氨酸（SID 色氨酸）（%）≥	0.12（0.11）	0.15（0.14）	0.15（0.14）
缬氨酸（SID 缬氨酸）（%）≥	0.47（0.43）	0.62（0.57）	0.68（0.63）
异亮氨酸（SID 异亮氨酸）（%）≥	0.34（0.29）	0.58（0.49）	0.55（0.47）
中性洗涤纤维（%）≥	18.0	18.0	—
中性洗涤纤维（%）≤	—	—	14.0
粗灰分（%）≤	7.5	7.5	7.5
钙（%）	0.50～0.65	0.65～0.80	0.60～0.85

项目	妊娠母猪		泌乳母猪
	妊娠天数 ≤ 90（日）	妊娠天数 > 90（日）	
总磷（%）	0.40 ～ 0.55	0.50 ～ 0.65	0.50 ～ 0.75
氯化钠（以水溶性氯化物计）（%）	0.30 ～ 0.80	0.30 ～ 0.80	0.30 ～ 0.80

注：1. 表中蛋氨酸的含量可以是蛋氨酸＋蛋氨酸羟基类似物及其盐折算为蛋氨酸的含量；如使用蛋氨酸羟基类似物及其盐，应在产品标签中标注蛋氨酸折算系数。

2. 总磷含量已经考虑了植酸酶的使用。

13. 应该如何配制低蛋白日粮？

（1）适度降低日粮粗蛋白质水平　养殖动物无论对必需氨基酸还是非必需氨基酸都有营养需要，非必需氨基酸可以内源合成，一般在适度降低日粮粗蛋白质水平的条件下不需要考虑其营养需要的满足，但其合成量在合成底物（氮元素）不足时无法满足动物需要。

（2）以净能体系为基础，准确满足养殖动物的能量需要　净能是指饲料中真正可以用于动物维持生命和生产产品的能量，使用净能体系配制低蛋白日粮，可精准满足动物对能量的需要，避免胴体变肥。

（3）日粮净能水平应与氨基酸含量保持适宜平衡比例　日粮中，净能水平应与氨基酸含量保持适宜的比例，以提高氨基酸合成为肌肉蛋白的效率。大量动物试验证明，生长猪和育肥猪获得最佳生长性能的赖氨酸净能比分别为4.7克／兆卡和3.5克／兆卡。

（4）应根据养殖动物生理阶段确定日粮氨基酸添加量　参照相应的国家标准中限制性氨基酸营养需要及平衡模式，确定日粮中各种氨基酸的添加量，以准确满足动物的氨基酸营养需要。

（5）关注微量元素及电解质平衡　应关注不同养殖动物对矿物质微量元素的营养需要及日粮最佳电解质平衡，促进营养物质的高效吸收利用。

（6）应关注日粮能量原料与蛋白质原料的协同适配　由于低蛋白日粮添加了大量合成氨基酸，其消化吸收速率远快于完整蛋白，应为其提供相匹配的快速消化淀粉，促进能、氮协同供应，提高氨基酸的利用效率。

14. 请推荐仔猪、生长育肥猪低蛋白低豆粕多元化日粮的典型配方。

仔猪、生长育肥猪低蛋白低豆粕多元化日粮典型配方见表2-6。

表2-6 仔猪、生长育肥猪低蛋白低豆粕多元化日粮典型配方 单位：%

项目	仔猪		生长育肥猪			
	3～10千克	10～25千克	25～50千克	50～75千克	75～100千克	100千克至出栏
玉米	26.35	38.68	50.98	46.29	45.49	38.36
膨化玉米	26.18	18.50	—	—	—	—
小麦	5.00	8.00	8.00	8.00	10.00	10.00
高粱	—	—	5.00	6.00	8.00	10.00
木薯粉	—	—	5.00	6.00	8.00	13.44
皮大麦	—	3.00	4.00	5.00	5.00	5.00
小麦麸	4.00	5.00	5.00	6.50	6.50	8.00
大豆粕	13.52	7.75	4.20	—	—	—
膨化大豆	8.00					
乳清粉	5.00	5.00	—	—	—	—
鱼粉	3.00	2.00				
花生粕	—	3.00	4.00	—	—	—
含可溶物的玉米干酒精糟	—	—	—	5.00	6.00	5.73
米糠粕	—	—	2.00	3.00	2.00	3.00
菜籽粕	—	—	2.00	3.00	3.00	3.00
玉米蛋白粉	—	2.00	2.00	2.00	—	—
棉籽粕	—	—	2.00	3.91	2.03	—
大豆油	2.00	1.50	1.00	1.00	—	—
添加剂预混合饲料	1.00	1.00	1.00	1.00	1.00	1.00
石粉	1.22	1.24	0.93	1.01	0.94	0.91
磷酸氢钙	—	—	0.98	0.43	0.27	0.03
磷酸二氢钙	0.95	0.93	—	—	—	—
葡萄糖	1.00	—	—	—	—	—
氯化钠	0.30	0.30	0.30	0.30	0.30	0.30
L-赖氨酸盐酸盐	0.90	0.92	0.75	0.77	0.66	0.56
DL-蛋氨酸	0.41	0.32	0.26	0.23	0.23	0.19
L-苏氨酸	0.36	0.31	0.24	0.22	0.22	0.18
L-色氨酸	0.07	0.08	0.06	0.07	0.07	0.06

续表

项目	仔猪		生长育肥猪			
	3～10 千克	10～25 千克	25～50 千克	50～75 千克	75～100 千克	100 千克 至出栏
L-缬氨酸	0.32	0.25	0.17	0.15	0.13	0.11
L-亮氨酸	0.26	0.07	0.01	-	0.05	0.04
异亮氨酸	0.16	0.15	0.12	0.12	0.11	0.09

注:"—"表示本配方中未使用。

15. 请推荐母猪低蛋白低豆粕多元化日粮的典型配方。

母猪低蛋白低豆粕多元化日粮典型配方见表2-7。

表 2-7　母猪低蛋白低豆粕多元化日粮典型配方　　　　单位：%

项目	妊娠母猪		哺乳母猪
	妊娠天数 ≤ 90（日）	妊娠天数 > 90（日）	
玉米	44.90	51.42	56.61
小麦	—	5.00	6.00
小麦麸	20.00	10.22	5.72
大豆粕	4.06	7.58	16.00
大豆皮	15.00	10.00	—
甜菜粕	10.89	5.00	—
含可溶物的玉米干酒精糟	—	3.00	3.00
菜籽粕	1.00	2.00	3.40
棉籽粕	1.39	2.00	3.00
大豆油	—	—	2.12
添加剂预混合饲料	1.00	1.00	1.00
石粉	0.34	0.65	0.71
磷酸氢钙	0.74	1.13	1.58
氯化钠	0.40	0.40	0.40
L-赖氨酸盐酸盐	0.18	0.33	0.26
DL-蛋氨酸	—	0.07	—
L-苏氨酸	0.10	0.15	0.08
L-色氨酸	—	0.03	0.03
L-缬氨酸	—	0.02	0.09

注:"—"表示本配方中未使用。

16. 低蛋白日粮对生猪瘦肉率有影响吗？

没有。近年来有关日粮粗蛋白质水平与生长育肥猪瘦肉率关系的研究结果有较大差异，同一研究者不同批次的试验结果也有差异。这与日粮氨基酸的平衡程度有关，更与配制低蛋白日粮时采用的有效能体系有关。由于不同类型营养物质被养殖动物采食后的热增耗有较大差异，如蛋白和纤维的热增耗较高，而淀粉和脂肪的热增耗较低，使得使用消化能或者代谢能体系配制低蛋白日粮会因未考虑营养物质代谢过程的能量损耗而造成实际可以用于动物维持生命和生产产品的能量过剩，并进而引起养殖动物胴体过肥。研究发现，饲喂低蛋白氨基酸平衡日粮，动物代谢日粮过剩氨基酸脱氨基所需能量支出减少，且尿能排出减少，从而减少了低蛋白氨基酸平衡日粮的能量需要量。长期采食低蛋白日粮的动物，氮代谢负担减轻，代谢氨基酸的器官——胰脏的重量减轻，相应地，代谢器官所需要的维持能量需要降低，从而使日粮的有效能过剩，进而导致胴体变肥。净能是指饲料中真正可以用于动物维持生命和生产产品的能量，使用净能体系配制低蛋白日粮可以更加精准地满足猪的能量需要。研究发现，用净能作为有效能体系配制低蛋白氨基酸平衡日粮，不影响生长猪和育肥猪的屠宰率、背膘厚、眼肌面积和瘦肉率等胴体品质指标。

17. 使用低蛋白日粮会增加成本吗？

不会。低蛋白日粮的优势之一便是降低饲料成本。日粮粗蛋白质水平每降低 1 个百分点，大约可减少 3 个百分点的蛋白质饲料原料用量，同时增加 3 个百分点的能量饲料原料用量。一般情况下，我国常用蛋白质饲料原料的价格要高于能量饲料原料，如豆粕价格约是玉米的 1.5 倍。低蛋白日粮节约成本的多少与蛋白质饲料原料和能量饲料原料的价格差成正比，价格差距越大，节约成本越多。决定低蛋白日粮成本的另一个方面是合成氨基酸的价格。合成氨基酸是低蛋白日粮的物质基础，没有合成氨基酸就无法在降低日粮粗蛋白质含量的条件下实现对养殖动物氨基酸营养需要的满足。近年来氨基酸工业发展迅速，氨基酸市场价格稳中有降。尤其是各种养殖动物所需限制性排序靠前的几种必需氨基酸，目前均基本实现高效低成本生产，为低蛋白日粮的推广应用奠定良好物质基础。随着生物技术的迅速发展，饲料级合成氨基酸的成本将进一步下降，低蛋白日粮的成本优势将会更加突出。

第三节　猪饲料的正确选择

1. 猪的饲料如何分类?

　　按照营养成分和用途不同,猪的饲料可分为单一饲料、混合饲料、配合饲料、浓缩饲料和预混合饲料。如果按饲料形状分,可分为粉状饲料和颗粒饲料。

　　(1)全价配合饲料　该饲料能满足动物所需的全部营养,主要包括蛋白质、能量、矿物质、微量元素、维生素等物质。其产品可直接饲喂动物,无须再添加其他单体饲料。目前集约化饲养的蛋鸡、肉鸡、猪等畜禽及鱼、虾、鳗等水产动物,均是直接饲喂全价饲料。

　　(2)浓缩饲料　又称蛋白质补充饲料,是由蛋白质饲料(鱼粉、豆粕、血粉等)、矿物质饲料(骨粉、石粉等)及添加剂预混料配制而成的配合饲料半成品。这种浓缩饲料再掺入一定比例的能量饲料(玉米、高粱、大麦等)就成为满足动物营养需要的全价饲料。

　　(3)添加剂预混饲料　是指用一种或多种微量的添加剂原料,与载体及稀释剂一起搅拌均匀的混合物。预混饲料便于使微量的原料均匀分散在大量的配合饲料中。添加剂预混料是配合饲料的半成品,可供配合饲料厂生产全价配合饲料或蛋白补充饲料用,也可以单独出售,但不能直接饲喂动物。

　　(4)超浓缩饲料　又称精料,是介于浓缩饲料与添加剂预混合料之间的一种饲料类型。其基本成分及组成是添加剂预混料,在此基础上又补充一些高蛋白饲料及具有特殊功能的一些饲料作为补充和稀释,一般在配合饲料中添加量为 5%～10%。

　　(5)混合饲料　又称初级配合饲料,是向全价配合饲料过渡的一种饲料类型。混合饲料是由几种单一饲料,经过简单加工粉碎,混合在一起的饲料。其配比只考虑能量、蛋白质等几项主要营养指标,产品质量较差,营养不完善,但比单一饲料有很大改进。

　　(6)自配饲料和成品饲料　规模化猪场自配饲料是一种切实可行的办法。但在配制时,要充分考虑各种营养以及营养的平衡。规模化猪场饲养的外三元杂交猪是公认的瘦肉型猪,其日粮的粗纤维水平不可过高,一般生长育肥猪为 3%～4%,能量饲料主要以玉米、麦麸,蛋白饲料主要以豆粕、鱼粉等粗纤维含量低的原料配制日粮。不可过多地利用米糠、稻谷等粗纤维含量高的原料。纯外三元杂交猪的瘦肉率一般都在60%以上，瘦肉组织中的蛋白比例高。要充分发挥瘦肉型猪合成肌肉组织的遗传潜能，在营养上，就必须通过日粮提供足够的粗蛋白质。瘦肉型猪在15～30千克体重阶段日粮蛋白水平为17.5%，30～60千克体重阶段为16.5%，60千克体重至出栏为15%。日粮蛋白的营养实际上是氨基酸的营养，在瘦肉型猪日粮中氨基酸的平衡与供给量尤为重要，实际饲料配制往往需在日粮中额外添加赖氨酸0.1%～0.15%，蛋氨酸0.05%～0.08%。

规模化猪场猪群密度高，且离土饲养（通常为水泥地面），缺乏日光照射和青饲料供应，又以高蛋白和高能量营养水平的日粮喂养，加之瘦肉型猪生长速度快，日增重高达0.8千克以上，故日粮中维生素、矿物质及微量元素的浓度需要相应提高。否则，因日粮营养水平的不平衡可导致饲料中某些养分的浪费或相对缺乏。现在众多的规模化猪场已从生产实践中认识到使用浓缩料、预混料的诸多益处。值得指出的是，一些用量甚微，过量即引起中毒的药物，如亚硒酸钠、喹乙醇等，自行配料依靠人工拌入饲料是难以达到均匀的，而饲料生产厂家确可做到这一点。

因此，要根据自身情况决定是自配饲料，还是购买饲料。并着重从是否具备相关设备、如何保证饲料品质等方面考虑。同时，还要考虑饲料成本问题。自己配制可以采用一些适合自身条件的饲料原料，如农副产品，同时部分节省加工费用，可有效降低养殖成本，也是自己配制饲料的优势所在。对于大型的养殖场户来说，根据自己的饲料资源特色，充分发挥自身优势，降低养殖成本，自己配制饲料是切实可行的。而对于小型养殖场户来说，则可以采取两者结合的办法，一方面利用饲料生产商的规模效应，采用价廉物美的成品全价配合饲料，另一方面则利用自己的农副产品，适当地减少对全价配合饲料的购买，降低成本。

2. 怎样科学使用猪全价配合饲料？

中小规模化猪场，饲料成本占65%以上，是养殖能否获得高效益的一个关键。现今的养殖场的饲料来源主要分为两种；一种是从配合饲料厂直接购买全价配合颗粒饲料，另一种是购买预混料，然后自己加上玉米粉、豆粕、麸皮等原料配制成的配合粉料。很多养殖户都有个疑惑，究竟哪一种料能够给自己带来最好的经济效益？

（1）从价值方面分析 一般饲料厂每吨全价颗粒料的利润为20～30元；预混料厂每吨预混料的利润为800元左右，按4%的用量计算，每吨预混料可配出25吨粉料。而25吨全价粒料的利润为500～750元。两组数据一对比，粒料成品和利润还比不上粉料的其中一种成分预混料的利润。其次，饲料厂采购大宗原料（如玉米、豆粕等）都是几百、几千吨的量，而一般自配料户的采购量都是几吨、十几吨地进货，价格方面应该会比饲料厂要贵。单从配方成本方面分析，全价料要比粉料要低。

（2）从质量方面分析　饲料厂每进一种原料都要经过肉眼和化验室的严格化验，要每个指标均合格才能进厂使用，而一般的养猪户大部分都是凭感观或批发商提供的指标去进货，并无准确的化验数据。某公司曾经在市场抽取过几种豆粕样板，经化验室测试结果只有30%的蛋白质，未测前就连很有经验的采购和仓管员都认为豆粕品质很好，结果大跌眼镜，更何况是一般的饲料店老板和普通养殖户？甚至有极少数原料供应商，有意或无意挑选一些超水分或发霉变质的玉米打粉或掺低价值的原料，如麸皮掺石粉、沸石粉、统糠等，而养猪户根本无法分辨。很多养猪户有这样的经历：用同一预混料，猪养得时好时坏，多数人都怀疑预混料不稳定，其实原因很大程度是出在所选的原料上。相反，绝大多数成熟的饲料厂和预混料厂都不会采用此类短期行为。

（3）从加工工艺及过程分析　养猪户自行配料时通常在猪舍旁的料仓进行，设备简陋及卫生条件差，场地及设备都极少清洁消毒，水分难以检测及控制，再加上基本不添加防霉剂、脱霉剂等，极易引起变质，从而影响粉料质量，而全价料在保质方面比粉料要稳定的多。有些中小猪场的粉碎机、混合机等饲料生产设备比较落后，达不到饲料质量要求，甚至一些养猪户用粉都是用手工搅拌，这样相比大型饲料厂的生产设备在粉碎粒度、混合均匀度上要差一些。用自配料的养猪户通常自己随意调整配方，在营养平衡方面肯定比不上专业配方师的水准，再加上原料来源不固定，经常出现缺少某种原料而被迫改用其他原料代替现象，如无麸皮改用米糠等，因此质量经常出现波动。另外，全价颗粒料经过高温熟化，一般的细菌都被杀死，对疾病方面的控制应比粉料好；而粉料粉尘较大，易引起猪的呼吸道疾病，未经熟化杀菌又易引起肠道疾病；而吸收利用率也会比粉料要高。用粉料的养猪户通常会认为用预混料，再通过自己采购原料，成本肯定要比购买全价料低，从以上几方面分析，其实养殖成本要比全价料高，用自配料可说是平买贵用。

3. 如何选择猪全价配合饲料的生产厂家？

目前国内全价配合饲料厂家非常多，在选择厂家时要考虑以下几个方面。

（1）看质量　养殖户在选择哪个品牌的饲料时，首先会考虑其产品质量。

配合饲料厂家众多，产品质量也良莠不齐，首先应该考虑规模较大的配合饲料厂，大型配合饲料厂一般生产设备和生产工艺比较先进，产品质量从硬件上能够得到基本的保证。同时，大型饲料厂信誉度高，有着专业品控队伍，对质量要求比较严格，产品品质较好。

（2）看距离　因为全价配合饲料使用量大，因此饲料厂的生产量和销售量也大，这就存在一个生产及时且送货方便的问题，所以应该尽量选择在当地设厂的公司。如果饲料厂离养殖场距离太远，会造成运输成本增加，导致产品价格提高，或者同等价钱的饲料其质量要相对差一些，遇到紧急情况送货可能也不够及时。

（3）比价格和质量　养殖户一般都要求在保证产品质量的同时，价格越低越好，即要求饲料质优价廉，这其实存在一定的隐患，价格要求越低，其质量可能就得不到保证，因此不能过分注重价格，更不能只使用最便宜的饲料，俗话说"一分钱，一分货"，一定要综合判断，在价格和质量上有所取舍。

（4）比服务　现在饲料厂不仅是在卖产品，更是在卖服务，因为在猪的饲养过程中，养殖户会遇到一些饲养技术问题或猪发病现象，因此一定要考虑饲料厂家的售后技术服务。饲料厂的专业技术服务是饲料产品最重要和最实用的一项附加值，好的服务就等于给养殖买了一份保险。选择饲料售后服务好、技术强的厂家，可以让饲料产品发挥最佳效果的同时，还能带来先进的生产理念和养殖技术，提高猪场的养殖技术水平，消除猪场对疾病的担忧，从而降低养殖风险和综合成本。因为饲料厂的销售人员一般对猪的价格都比较关注，他们交往的人员和联系的业务也较广，与饲料厂人员多沟通，也可以拓宽猪的销售渠道，让猪卖个好价钱，实现猪场效益最大化。

总之，选择哪个饲料厂家，最终看的是总体养殖效益，猪场可以对各个厂家的饲料进行饲养试验，在使用过程中留心观察猪的生长情况和发病情况，通过试验结果进行比较，最终选择性价比最高的厂家。

4. 如何选择和使用猪浓缩料？

（1）浓缩饲料的选择　目前，我国生产的浓缩饲料品种不少，质量也有差别，有的甚至是不合格的伪劣产品。因此，一定要选购产品质量可靠的厂家生产的浓缩饲料。同时应根据猪的品种、用途、生长阶段等选购相应的产品，不能把其他动物用的浓缩饲料用于猪，也不能把种猪的浓缩饲料用于生长育肥猪。

根据国家对饲料产品质量监督管理的要求，凡质量可靠的合格浓缩饲料，必须要有产品标签、说明书、合格证和注册商标。只有掌握这些基本知识，才不会上当受骗。此外，一次购买的数量不宜过多，以保证其新鲜度和适口性。

（2）浓缩饲料不能直接饲喂　浓缩饲料是由蛋白质饲料、矿物质饲料、微量元素、维生素、氨基酸和非营养性添加剂按一定比例配制而成的均匀混合物，再与一定比例的能量饲料配合，即成为营养基本平衡的配合饲料。猪用浓缩饲料，一般粗蛋白质含量在35%以上，矿物质和维生素含量也高于猪需要量的三倍以上。因此不能直接饲喂，而必须按一定比例与能量饲料相互配合后才可饲喂。配合时不需要再添加任何添加剂，饲喂时要与粉碎后的能量饲料混合均匀，采用生干粉或用冷水拌湿饲喂，并供足清洁的饮水。

（3）浓缩饲料与饲料原料配比计算方法　浓缩饲料与养猪户自产的饲料原料的配合比例一定要合理，才能达到营养平衡。通常在浓缩饲料产品说明书中，也推荐有与常用饲料原料配合的比例，可以参照使用。但往往所推荐的常用饲料原料与养殖户自产饲料原料不相符，这就需要自己能够计算配合比例。通常都采用简单且易掌握的对角线法。现以20～60千克体重的生长育肥猪为例，说明这种计算方法。

例如，养殖户已购入含粗蛋白质38%的猪用浓缩饲料，并有自产的玉米、小麦麸、糠饼三种饲料原料，这三种饲料原料配合比例计算方法和步骤是：第一步，确定配合饲料营养水平，生长肥猪营养需要为，消化能12.9兆焦/千克饲料，粗蛋白质15%；第二步，列出自有饲料原料营养成分含量；第三步，根据当地饲料原料和以往经验，初步确定浓缩饲料的大概配比，大约为20%，然后计算出要配的能量饲料的消化能。

5. 怎么选择和使用猪预混料？

预混料中含有猪生长发育所必需的维生素、微量元素、氨基酸等营养成分及药物等功能性添加剂，规格大多为1%～5%，养殖户购回后，只需按照推荐配方，选用优质原料，经过粉碎、混合，即成为全价饲料。只要将其合理使用，预混料自配料就可保证饲料质量，同时降低生产成本，取得良好的效果。

（1）营养标准的选择　规模养殖场在使用预混料时，可以根据标签的推荐配方进行配制饲料，但这样配制的饲料配方成本一般较高，因此可以让预混料厂家技术人员根据猪场情况和当地原料来源设计符合本猪场的饲料配方。如果猪场自己有专业配方人员，可以自己制作配方，制作饲料配方的第一步就是选择猪的营养标准。根据所养猪的品种选择相应的营养标准。目前在养猪生产实际中常采用的营养标准有美国NRC、英国ARC猪的营养需要和饲养标准及中国地方品种猪标准等。猪场应该根据所养猪的品种进行选择，也可以根据猪的体况或季节进行细微的调整。

（2）配料过程控制

①严把原料质量关。禁止使用发霉变质原料；不要使用水分超标的玉米；严禁使用过期浓缩料或预混料。

②原料称量要准确。采用人工称量配料，称量是配料的关键，是执行配方的首要环节。称量的准确与否，对饲料产品的质量起至关重要的作用。要求操作人员一定要有很强的责任心和质量意识，否则人为误差很可能造成严重的质量问题。在称量过程中，首先要求磅秤合格有效。要求每周由技术管理人员对磅秤进行一次校准和保养，每年至少一次由标准计量部门进行检验；其次每次称量必须把磅秤周围打扫干净，称量后将散落在磅秤上的物料全部倒入下料坑中，以保证原料数据准确；最后切忌用估计值来作为投料数量。每种物料因为添加比例不同，其称量精确度要求也不一样，大致要求称量误差在4%以内。

③原料粉碎粒度要合适。粉碎机是饲料加工过程中减小原料粒度的加工设备。应定期检查粉碎机锤片是否磨损，筛网有无漏洞、漏缝、错位等。粉碎机对产品质量的影响非常明显，它直接影响饲料的最终质地和外观的形状。操作人员应经常注意观察粉碎机的粉碎能力和粉碎机排出的物料粒度。该项技术的关键是将各种饲料原料粉碎至最适合动物利用的粒度，使配合饲料产品能获得最大饲料饲养效率和效益。要达到此目的，必须深入研究掌握不同动物及动物的不同阶段对不同饲料原料的最佳利用粒度。大料粉碎粒度要合乎要求，例如玉米粉碎时筛片的孔径选择一般为教槽料0.6毫米、保育料1.5毫米、中小猪料2毫米、大猪料2.5毫米、公母猪料4毫米等。

④原料添加顺序要合理。首先加入量大的原料，量越小的原料应在后面添加，如维生素、矿物质和药物添加剂，这些原料在总的配料过程中用量很小，所以，不能把它们直接添加到空的搅拌机内。如果在空的搅拌机内先添加这些微量成分，它们就可能落到缝隙或搅拌机的死角处，不能与其他原料充分混合。这不仅造成了经济价值较高的微量成分损失，而且使饲料的营养成分不能达到配方的水平，还会对下一批饲料造成污染。所以，量大的原料应首先加入搅拌机中，在混合一段时间后再加入微量成分。有的饲料中需要加入油等液体原料，在液体原料添加前，所有的干原料一定要混合均匀。然后再加入液体原料，再次进行混合搅拌。含有液体原料的饲料需要延长搅拌时间，目的是保证液体原料在饲料中均匀分布，并将可能形成的饲料团都搅碎。有时在饲料中需加入潮湿原料，应在最后添加，这是因为加入潮湿原料可能使饲料结块，使混

合更不易均匀，从而增加搅拌时间。

⑤混合时间要合适。混合均匀度指搅拌机搅拌饲料能达到的均匀程度，一般用变异系数来表示。饲料的变异系数越小，说明饲料搅拌越均匀；反之，越不均匀。生产成品饲料时，变异系数不大于10%。搅拌时间应以搅拌均匀为限。确定最佳搅拌时间是十分必要的。搅拌时间不够，饲料搅拌不均匀，影响饲料质量；搅拌时间过长，不仅浪费时间和能源，对搅拌均匀度也无益处；卧式搅拌机的搅拌时间为3～7分钟。

⑥防止交叉污染。饲料发生交叉污染的场所主要有：储存过程中的撒漏混杂；运输设备中残留导致不同产品之间的交叉污染；料仓、缓冲斗中的残留导致的交叉污染；加工设备中的残留导致的交叉污染；由有害微生物、昆虫导致的交叉污染等。因此需要采用无残留的运输设备、料仓、加工设备和正确的清理、排序、冲洗等技术和独立的生产线等来满足日益高涨的饲料安全卫生要求。

⑦成品包装要准确。成品包装准确，首先要所用包装袋的包装型号要与饲料相匹配，不要出现错装或混装。其次包装重量要准确，这样方便饲养员的取用，利于饲养员饲喂量的控制。

（3）使用过程中的注意事项　在实际生产使用中，由于养殖户对其认知不够，仍存在着诸多问题，影响了预混料的使用效果，打击了养殖户使用预混料的积极性。

①慎重选料。目前预混料的品牌繁多，质量不一，预混料中的药物添加剂的种类和质量也相差甚大，所以选择预混料不能只看价格，更重要的是看质量，要选择信誉高、加工设备好、技术力量强、产品质量稳定的厂家和品牌。

②妥善保管。预混料中维生素、酶制剂等成分在储存不当或储存时间过长时，效价会降低，因此应放在遮光、低温、干燥的地方贮藏，且应在保质期内尽快使用。

③严格按规定剂量使用。预混料的添加量是预混料厂按猪不同生长发育阶段精心设计配制的，特别是含钙、磷、食盐及动物蛋白在内的大比例预混料，使用时必须按规定的比例添加。有的养殖户将预混料当作调料使用，添加量不足；有的养殖户将预混料当成了万能药，盲目增加添加量；有的养殖户将不同厂家的产品混合使用。不按规定量添加，就会造成猪的营养不平衡，不仅增加了饲养成本，还会影响猪的生长发育，甚至出现中毒现象。

④合理使用推荐配方。养殖户所购买的预混料，其饲料标签或产品包装袋上都有一个推荐配方，这个配方是一个通用配方，能备齐推荐配方中的各种原

料的养殖户，可按推荐配方配料。也可充分利用当地原料优势，请预混料生产厂家的技术人员现场指导，不要自己随意调整配方，否则会使配出的全价饲料营养失衡影响使用效果。

⑤把握饲料原料的质量。预混料的添加量仅有 1% ～ 5%，而 95% ～ 99% 的成分是饲料原料，因此原料质量至关重要。目前，农村市场饲料原料的质量差异很大。因此，应尽量选择知名度高、信誉好的厂家的原料。

⑥注意原料的粉碎粒度。粒度较大的原料，如玉米、豆粕，使用前必须粉碎，猪饲料粒度为 500 ～ 600 微米为宜，饲喂的饲料混合均匀度变异系数通常不得大于 10%。

⑦正确饲喂。预混料不能单独饲喂，必须按配方混合后方可饲喂，不能用水冲或蒸煮后饲喂。更换料时要循序渐进，1 周左右完成换料，尽量减少换料引起的采食减少，生长下降等应激。

第三章

猪场生物安全体系的建立

第一节　猪场选址与布局规划

1. 不同环境因素对养猪生产有什么影响?

（1）光照　光照显著影响猪（特别是仔猪）的免疫功能和机体物质代谢。延长光照时间或提高光照强度，提高免疫力，增强仔猪消化机能，促进食欲，提高仔猪增重速度与成活率。

对生长肥育猪，光照有一定影响，适当提高光照强度，可增进猪的健康，提高猪的抵抗力；但提高光照强度也增加猪的活动时间，减少休息睡眠时间。

猪性成熟的影响：较长光照时间可促进性腺系统发育，性成熟较早；短光照，特别是持续黑暗，抑制性系统发育，性成熟延迟；光照强度的变化对猪性成熟的影响也十分显著，并且要达到一定的阈值；而在开放猪舍饲养的猪性成熟显著早于封闭舍内饲养的猪。由此推测是因封闭舍光照强度不足的缘故。建议后备猪的光照时间不应少于 12 小时。

母猪在配种前及妊娠期延长光照时间，能促进母猪雌二醇及孕酮的分泌，增强卵巢和子宫机能，有利于受胎和胚胎发育，提高受胎率，减少妊娠期胚胎死亡，增加产仔数；光照强度对母猪繁殖性能也有明显影响。

饲养在黑暗和光线不足条件下的母猪，卵巢重量降低，受胎率明显下降；光照时间的变化对母猪的繁殖机能也有着重要影响。

（2）猪舍温度　气温是影响猪健康和生产力的主要因素。它通常与气湿、气流、辐射等共同作用于猪体，产生综合作用。

（3）猪舍中的有害气体　主要指氨气、硫化氢、一氧化碳、二氧化碳、粪臭素等。氨浓度高，可导致猪的结膜炎、支气管炎、肺炎、肺水肿；氨还可通过肺泡进入血液，引起呼吸和血管中枢兴奋；氨浓度高时可直接刺激机体组织，使组织溶解、坏死；还能引起中枢神经系统麻痹、中毒性肝病和心肌损伤等。硫化氢易溶解在猪呼吸道黏膜和眼结膜上，并与钠离子结合成硫化钠，对黏膜产生强烈刺激，使黏膜充血、水肿，引起结膜炎、支气管炎、肺炎、肺水肿，表现流泪，角膜混浊，畏光，咳嗽等症状；硫化氢还可通过肺泡进入血液，氧化成硫酸盐等而影响细胞内代谢。

（4）猪舍空气中的灰尘　猪舍内空气中的微粒主要包括尘土、皮屑、饲料、垫草及粪便、粉粒等。

此外，猪舍气流、猪舍空气中的微生物等均会影响养猪健康生产。

2. 猪场选址应遵循什么原则？

猪场的场址选择和建筑布局是否合理以及能否远离疫病传染源是猪场生物安全体系的基础，往往决定养殖场生物安全控制的难易程度。养殖场在规划设计时应依据国家标准《规模猪场建设》（GB/T 17824.1—2008）中的相关要求进行选址。

（1）猪场选址的自然条件要求　猪场建设用地应首先符合国家相关法律法规以及所属区域内土地使用规划，符合《中华人民共和国畜牧法》和《中华人民共和国动物防疫法》的有关规定，避免所用土地性质属于基本农田、饮用水源保护区、禁养区、风景名胜区、公益林等，应避开泄洪道、低洼地及沼泽地，同时周边应有足够的土地以供承载粪肥消纳。其次，所选建场区域应地势高、干燥、排水方便，位置背风向阳，利于通风；有一定缓坡，但坡度不要超过 20°。土质要求透气性和透水吸湿性好，热容量大，利于抑制微生物繁殖以及寄生虫、蚊、蝇和昆虫的滋生。猪场建设用地周边应具备充足的水源和稳定的供电来源，水质符合农业行业标准《无公害食品畜禽饮用水水质》（NY 5027—2008）的规定。因猪场涉及饲料、人员、物资、猪只、粪污、废弃物的大量运输与流通，因此选址应该保证交通便利，但与公路主干道的距离应满足防疫要求。

（2）猪场选址的防疫要求　为了防范疫情的传入，猪场选址应远离其他畜禽养殖场、屠宰场、集市、畜禽交易市场、畜禽无害化处理场、污水处理场和垃圾填埋场等，距离省级以上主干道 3 千米以上。新建规模化猪场选址时，应根据周边风险点的数量以及风险点离猪场的距离对选址进行评分。对新建猪场 3 千米、5 千米和 10 千米范围内猪场的数量和猪群规模以及饲养密度情况有所了解，并对其他动物养殖的情况、猪场地势、天然屏障情况、人流、物流和猪只运输频率及运输量等诸多因素进行综合考察，从而评估猪场在选址方面的生物安全得分。目前已有公司开发出相应的软件，通过将场点周围 10 千米范围内的所有建筑物（包括养殖场、居民区、各类工厂等）畜禽饲养量、人口分布、水系、山岭、气候、地形等相关信息进行赋值打分，综合评估选址优劣，并提示可能存在的生物安全风险点。通常情况下，新建种猪场倾向于选择建在农田、果园或林场中间地带，山前、山沟、孤岛等天然屏障内，以降低疫病传入和传播的生物安全风险。

场地选择对于生猪多层养殖中建设多层猪舍尤为关键。多层猪舍场址在符合法律法规前提下，还要考虑生物安全、地势高燥、水源充足、水质良好、交通便利、供电稳定等条件，特别需要关注工程地质条件，一般应选择地基地耐力 R ≥ 12 吨 / 米 ^{2} 以上的地质，防止出现滑坡、断层。

此外，也需要从经济学角度评判建设地点，例如生猪主销区、土地资源紧缺、邻近城市郊区、电力资源充足等。

3. 怎样进行猪场规划与布局？

猪场规划与布局应符合国家标准《规模猪场建设》（GB/T 17824.1—2008）中关于猪场布局的要求。按照功能的不同，规模化猪场应设置管理办公区、生活区、生产区、引种隔离区和粪污处理区等，管理办公区可设置在场区之外，各区之间均应有实体墙或围栏。当前，随着非洲猪瘟防控需求的升级，猪场的规划布局必须更加重视生物安全风险的管控，规模化猪场通常会在距猪场外一定距离的地方增设洗消中心、入场人员隔离点、物资中转站、检测实验室、出猪转运点等场外功能区。猪场不同区域所对应的生物安全级别有所不同，人员、物资和猪只等发生跨区域流动时，应有必要的管控措施。此外，在重视生物安全的同时，生产区内猪舍布局还应考虑猪群价值和重要程度的不同以及转群的便利性。猪场可依据生物安全风险等级将不同的区以不同的颜色进行标示，如生物安全风险高的脏区为红色、生物安全风险中等或潜在风险的缓冲区为橙或灰色、生物安全风险低或无的净区为绿色。

（1）洗消中心 自非洲猪瘟暴发以来，为了对与猪场相关车辆进行彻底清洗消毒，同时避免清洗车辆后的污水污染猪场，大部分规模化猪场在远离场区一定距离的区域建立车辆清洗消毒中心或洗消站。洗消中心通常要求远离村庄和其他社会车辆清洗点 500 米以上，远离其他养殖场或养殖密集地区 3 千米以上，应配备高压冲洗机、消毒药品喷洒系统、车辆烘干 / 晾干系统以及人员淋浴间等设备设施。消毒中心应设置在车辆清洗消毒前后不同的驶入（污道）和驶出（净道）路线上，且无交叉。

（2）门卫区　门卫区设置在距离养猪场大门口 50 ～ 100 米的区域，包括门卫岗、消毒点、物资和饲料车辆前置消毒点、外来车辆停车点以及人员入场淋浴间等。门卫区负责人的主要职责是避免外来人员和车辆等在生物安全风险不受控的情况下直接进入场区。

（3）生活办公区　生活办公区设置办公区、会议室、接待室、财务出纳室、员工宿舍和食堂等功能区，是非生产性经营人员的主要活动区域。猪场可在该区域设置进场人员隔离室。管理区（办公区）设置在场区外的猪场，可以仅在场区设置生产人员生活区。由于目前非洲猪瘟防控需要对食材潜在的污染进行管控，也可把食堂移至场区之外。

（4）生产区　生产区是猪场最核心的区域，包含生产所需要的猪舍以及其他生产设施，一般占整场总面积的 70% ～ 80%，同时也是生物安全级别最高的区域。规模大和猪场用地面积充裕的猪场可对生产区进一步划分生产线或区（如种猪区、保育区、育肥或育成区），楼房集群养猪场同样应进行区域划分。生产区内依据生物安全等级从高至低的顺序依次为公猪舍、配怀舍（妊娠舍）、分娩舍（产房）、保育舍、育肥舍。种猪舍通常与其他区域相隔开，形成独立的种猪区。在种猪区内通常将公猪舍设置于上风向，可在兼顾生物安全要求的同时便于公猪气味刺激母猪发情而避免母猪气味对公猪的不良刺激。由于人工授精的方式存在将公猪精液中携带的病原传播至全群的风险，影响面大和危害严重，因此公猪舍通常被设定为生物安全级别最高的区域，有条件的可配备空气过滤系统以降低经气溶胶传播疫病的风险。生产区内可设立净区、缓冲区、脏区、净道、污道，并有明确的人、车、物和猪只的移动路线，可在不同区域设置不同的警示标识和物理屏障，以有效管控不同风险等级间人、猪、车、物的流动。

（5）隔离舍　隔离舍用于引进的后备猪或新购入的猪只的暂时隔离饲养，应建在年主导风向的下风向，距离主要生产区 100 米外的区域，大多设置在猪场边缘位置。隔离舍应设有独立的人员淋浴间，隔离舍饲养员也应与主生产区工作人员有所区别，以避免隔离的后备猪（可能携带病原体）与猪场原有猪群之间发生病原体的交叉感染和传播。

（6）粪污处理区　粪污处理区主要涉及粪污干湿分离、粪污堆积与发酵、沼气生产、污水处理等区域。同时，病死猪暂存和无害化处理以及过期兽药、疫苗、疫苗瓶、药瓶的存放处理也应纳入该区域。猪场的剖检室也可设置于此区域。此区域为猪场的污染区，生物安全风险最高，通常设置在年主导风向的下风向，应与生产区严格分开并设单独的通道，以便进行设备维修和环保检查的人员无须穿过生产区即可直接到达。

（7）其他辅助区域　为了防控非洲猪瘟疫情，避免或减少外来车辆靠近场区，大型规模化猪场可在距场区数千米外的区域设置物资中转或集中储存区、猪只运出中转点（中转出猪台）。通常物资中转或集中储存区所选地理位置应便于辐射同一集团多个猪场，用于统一接收和储存外来物资，并在此区域进行消毒存放，之后再用养殖企业内部生物安全可控的车辆将物资分发运送至各猪场，以降低和避免外部车辆接近场区以及病原体经物资带入场内的风险。同时，在猪场一定距离外可设置运猪中转区（点），用猪场生物安全风险可控车辆先将需要运出的活猪运至中转区，再由外部车辆进行转运，以避免生物安全风险不可控的外来车辆接近场区。在进行选址建设前，应对以上区域提前规划运输车辆在不同区域间的行驶路线，运输路线应避开其他畜禽养殖场、屠宰场、无害化处理场、垃圾或污水处理站，餐馆密集区、村庄、集市等高风险位点，如有条件可设置场区的封闭或专用道路，以降低交叉污染的风险。

第二节　猪舍建造与设备

1. 如何建造猪场的围墙和大门？

猪场场区周围应通过围墙、栅栏、树林、沟渠、陡坡、山头等人工或天然屏障与外界隔开，以防止无关人员以及外来野生或家养动物进入养殖场。同时，场区内应建立内围墙或围栏，将管理办公区、生活区、生产区、引种隔离区以及粪污处理区完全隔离分开。内墙可以是实体砖墙，也可以采用高塑钢瓦或彩钢板等材料，墙根应进行硬化或设置防鼠碎石带或防鼠网等屏障，防止鼠和其他爬行动物打洞进入。

猪场大门是猪场和外界联系的必经通道，也是猪场防疫的前沿阵地。猪场外围以及生产区大门应选全封闭门，下部设置挡鼠板，与地面不留过大缝隙，以免鼠类等动物进入，在无车辆、人员进出时应保持关闭状态。场区大门所在区域可设置行李寄存房、人员消毒通道和淋浴室、门卫人员办公室和宿舍、物资熏蒸消毒房、车辆冲洗消毒室及烘干房等。大门区域显眼处应设置生物安全防疫警示牌。

2. 为什么要设置淋浴室？怎么设计？

淋浴和更换工作服对切断经人员造成病原传入猪场和在不同生物安全级别

区域间传播是十分有效的生物安全措施。猪场大门（场区入口）处、生产区入口处均应设置淋浴室。通常，淋浴室设置包括外侧缓冲间、外侧更衣室、淋浴间、内侧更衣室和内侧缓冲间，可在外侧缓冲间中设置卫生间。

应根据猪场规模以及日常情况下的进场人员数量设置淋浴室的大小和喷头数量，保证能够满足至少 2 ～ 4 人同时淋浴，提高进场效率。同时应保证有足够的热水供应，以避免因等待时间过长或淋浴温度不适降低来场人员洗澡意愿，而未认真洗澡就直接进场，酿成生物安全隐患或事故。

依据猪场生物安全分区原则，淋浴室外侧缓冲间、外侧更衣室属于污区，淋浴间、内侧更衣室、内侧缓冲间则属于净区。污区与净区之间应有明确的实体物理隔断以及分区警示线。通常在缓冲间内设置"丹麦式"换鞋凳进行分隔，人员脱鞋后转身到内侧淋浴间，脱衣淋浴，然后换内侧拖鞋，并在内侧更衣室穿工作服。行进路线不可逆反，若回到外侧更衣室，则需要再次淋浴完毕才能进入内侧更衣室。

3. 场区道路怎么规划？

场区道路是非常重要的设施，用于联系各区、各栋舍、各生产环节，人员、猪只、场内车辆和物品的移动均要沿道路运行，与生产和防疫密切相关。场区道路的设计应兼顾使用的便捷高效性和防疫的安全性。猪场应规划好人员、猪只、饲料、物资以及粪污等移动的路线，并根据道路连接区域的生物安全级别不同以及运送物品的洁净程度划分为污道与净道，同时设置有明确的标识。通常将猪舍与无害化暂存点、无害化处理区、粪污处理区、淘汰猪出猪口等区域相连的，用于运送粪污、病死猪、胎衣和淘汰猪的道路划为污道；而将饲料车间、药房、物资消毒间、仔猪运输入口等区域与猪舍相连的，用于运送饲料、疫苗、精液和健康仔猪的通道划为净道。

猪场场区内的净道与污道应进行严格区分，不同生物安全级别的人员、车辆和猪只沿规定道路行进，如有无法完全分开的交叉区域，可在出现污道车辆路过之后立即进行消毒，以降低生物安全风险。在条件允许的情况下，场区道路应全部进行硬化，道路两边有一定坡度使其具有良好的排水性能，同时应定期进行消毒。

4. 应如何整体规划猪舍设计？

猪舍是猪场生物安全控制的最后关口，也是猪场内部生物安全的重中之重，其设计规划应兼顾生产效率和生物安全管控。不同栏位数量的设置与配比、栋舍内猪群的数量与密度应与全进全出、批次化等生产方式相匹配，同时考虑到发生疫情时便于控制，可设计易隔离的小单元猪舍，有便于异常猪和死淘猪只移出的设备设施和规划明确的路线。在猪舍内还可设置病猪隔离圈（栏），以饲养少数发病猪只。隔离圈（栏）应设置在风向流动的下风口处，邻近负压风机端而远离正压风机。

此外，猪舍内的栏面应易拆卸，便于清洁、冲洗和消毒。

猪舍门口应加装高 60 厘米以上的挡鼠板，设置换鞋的区域、脚踏消毒池或至少有含有效浓度消毒剂的消毒脚垫（消毒水池 / 水桶等）和消毒洗手盆。猪舍门窗能够关闭或利用拦网、纱窗甚至高效过滤装置将猪群与外界进行隔断，避免蚊蝇骚扰以及鼠类、飞鸟的进入。也可设计实现温度、通风和湿度控制的全封闭猪舍。为避免交叉污染，每个栋舍应配备自己单独使用的工作鞋、挡猪板、扫帚等操作工具以及常用的医疗器械。在猪舍入口及内部可安装摄像头，以监控人员进出以及猪只情况。

5. **怎样设置连廊、赶猪通道和出猪台?**

自非洲猪瘟流行以来，猪场普遍提高了生物安全防控意识，提升和改善了软硬件设施条件。许多猪场从大门淋浴室、消毒间到生活区，再到生产区以及生产区不同猪舍，以及其他功能区之间采用封闭连廊连接，同时用防鸟网或者纱网覆盖不同栋舍之间的转猪通道，使人员、猪群、物品在流动时避免与外界接触，减少被蚊蝇、鸟类、鼠类动物机械携带病原污染的风险。

由于出猪台与猪场外界直接接触，加之猪只运输车辆存在洗消不到位而污染病原的潜在风险，因此它是病原传入猪场的最高风险区域之一，也是猪场生物安全管控中需要重点关注的风险点。出猪台应设置在场区外，尽量远离猪舍，最好在猪场常年主要风向的下风向，坡度不超过 20°，有防滑处理。出猪台应采取明确的分区设计，分为净区、灰区、污区，并且有明显的物理分隔和警示标志。出猪时，人和猪只只能从净区向污区单向流动，不可逆向返回，也可将三个区分别由不同的人员管理，依次接力将猪只赶出。人员完成出猪任务之后，不能再返回生产区，而是重新从进场通道，经淋浴、更换工作服和鞋靴之后才可返场。此外，出猪台外围的地面应硬化，合理设计排水沟，便于冲洗消毒，冲洗出猪台的污水也应避免从污区流向净区或从出猪台流向场内。同时，赶猪通道也应设计防鼠网和防鸟网，还应根据猪场所在地区的气候特点充分考虑猪场的保温防雨功能。

为避免生物安全风险不可控的外部车辆接近猪场，应杜绝外部车辆直接开到出猪台拉猪。可在距离猪场一定距离（1～3千米）的地方建设出猪中转台，便于使用猪场清洗消毒干净的内部车辆将猪只转运至出猪中转点。

6. 怎样设计猪场的供水与排水系统？

优质充足、符合卫生条件的饮用水是保证猪群健康的重要因素。非洲猪瘟等重大疫病存在环境带毒污染水源的风险，因此保障猪场水源安全是生物安全体系中的一项重要措施。大多数情况下，猪场水源主要来自地下水和地表水。深井地下水相对洁净，但存在因施工不当导致地表水反灌污染水源的风险；地表水接触病原体的风险则更大。因此，猪场应对猪的饮水进行净化消毒。可同时配备多个水罐，独立给猪提供饮用水，能够交替使用，以保证猪只饮用水有足够的时间经消毒剂处理。同时，除了水源清洁消毒外，还应在猪舍洗消过程中定期对圈舍的水线进行清洗消毒。

猪场场区内排水系统主要为雨雪排水沟和粪污通道，两类通道应独立分开，做到雨水和污水分流。一方面有利于减少水量，降低粪污处理压力；另一方面可避免雨水过多，导致粪污漫灌污染猪场而增加病原体的传播风险。

7. 猪舍的形式有哪些？

（1）按屋顶形式分　猪舍有单坡式、双坡式等。单坡式一般跨度小，结构简单，造价低，光照和通风好，适合小规模猪场。双坡式一般跨度大，双列猪舍和多列猪舍常用该形式，其保温效果好，但投资较大。

（2）按墙体结构分　猪舍有开放式、半开放式和封闭式。开放式是三面有墙一面无墙，通风透光好，不保温，造价低。半开放式是三面有墙一面半截墙，保温稍优于开放式。封闭式是四面有墙，又可分为有窗和无窗两种。

（3）按猪栏排列分　猪舍有单列式、双列式和多列式。

8. 猪舍的基本结构有哪些？

一列完整的猪舍，主要由墙壁、屋顶、地板、粪尿沟、门窗、隔栏等部分构成。

（1）墙壁　要求坚固、耐用，保温性好。比较理想的墙壁为砖砌墙，要求水泥勾缝，离地0.8～1米水泥抹面。

（2）屋顶　比较理想的屋顶为水泥预制板平板式，并加15～20厘米厚的土以利保温、防暑。北京瑞普有限公司的新技术产品，其屋顶采用进口新型材料，做成钢架结构支撑系统、瓦楞钢房顶板，并夹有玻璃纤维保温棉，保温效果良好。

（3）地板　地板的要求坚固、耐用，渗水良好。比较理想的地板是水泥勾缝平砖式；其次为夯实的三合土地板，三合土要混合均匀，湿度适中，切实夯实。

（4）粪尿沟　开放式猪舍要求设在前墙外面；全封闭、半封闭（冬天扣塑棚）猪舍可设在距南墙40厘米处，并加盖漏缝地板。粪尿沟的宽度应根据舍内面积设计，至少有30厘米宽。漏缝地板的缝隙宽度要求不得大于1.5厘米。

（5）门窗　开放式猪舍运动场前墙应设有门，高0.8～1.0米，宽0.6米，要求特别结实，尤其是种猪舍；半封闭猪舍则与运动场的隔墙上开门，高0.8米，宽0.6米；全封闭猪舍仅在饲喂通道侧设门，门高0.8～1.0米，宽0.6米。通道的门高1.8米，宽1.0米。无论哪种猪舍都应设后窗。开放式、半封闭式猪舍的后窗长与高皆为40厘米，上框距墙顶40厘米；半封闭式中隔墙窗户及全封闭猪舍的前窗要尽量大，下框距地应为1.1米；全封闭猪舍的后墙窗户可大可小，若条件允许，可装双层玻璃。

（6）隔栏　猪栏除通栏猪舍外，在一般密闭猪舍内均需建隔栏。隔栏材料基本上是两种，砖砌墙水泥抹面及钢栅栏。纵隔栏应为固定栅栏，横隔栏可为活动栅栏，以便进行舍内面积的调节。

9. 猪舍的设计与建造有什么要求？

猪舍的设计与建造，首先要符合养猪生产工艺流程，其次要考虑各自的实际情况。南方地区以防潮隔热和防暑降温为主，北方地区以防寒保温和防潮防湿为重点。

（1）公猪舍　公猪舍一般为单列半开放式，舍内温度要求20～25℃，风速为0.2米/秒，内设走廊，外有小运动场，以增加种公猪的运动量，一圈一头。

（2）空怀、妊娠母猪舍　空怀、妊娠母猪最常用的一种饲养方式是分组大栏群饲，一般每栏饲养空怀母猪4～5头、妊娠母猪2～4头。圈栏的结构有实体式、栏栅式、综合式三种，猪圈布置多为单走道双列式。猪圈面积一般为7～9平方米，地面坡降不要大于1/45，地表不要太光滑，以防母猪跌倒。也有用单圈饲养，一圈一头。舍温要求15～20℃，风速为0.2米/秒。

（3）分娩哺育舍　舍内设有分娩栏，布置多为两列或三列式。舍内温度要求18～22℃，风速为0.2米/秒。分娩栏位结构也因条件而异。

①地面分娩栏。采用单体栏，中间部分是母猪限位架，两侧是仔猪采食、

饮水、取暖等活动的地方。母猪限位架的前方是前门，前门上设有食槽和饮水器，供母猪采食、饮水，限位架后部有后门，供母猪进入及清粪操作。可在栏位后部设漏缝地板，以排除栏内的粪便和污物。

②网上分娩栏。由分娩栏、仔猪围栏、钢筋编织的漏缝地板网、保温箱、支腿等组成。

（4）仔猪保育舍　舍内温度要求 25～28℃，风速为 0.2 米/秒。可采用网上保育栏，1～2 窝一栏网上饲养，用自动落料食槽，自由采食。网上培育，减少了仔猪疾病的发生，有利于仔猪健康，提高了仔猪成活率。仔猪保育栏主要由钢筋编织的漏缝地板网、围栏、自动落食槽、连接卡等组成。

（5）生长、育肥舍和后备母猪　这三种猪舍均采用大栏地面群养方式，自由采食，其结构形式基本相同，只是在外形尺寸上因饲养头数和猪体大小的不同而有所变化。

现代化大型猪场应修建封闭式猪舍，按照防疫卫生要求，在舍内设计安装除粪系统、排污系统、排气系统、供暖系统，有的还要设置自动喂料系统和自动饮水系统。舍内地面应有一定的倾斜度，材料不能渗水，避免粪尿潴留腐败分解。使用漏缝地板，地板下设粪坑，粪坑要便于冲刷，漏缝地板的缝隙宽度要求不得大于 1.5 厘米，粪尿沟设在距南墙根 40 厘米处，最好埋设密闭管道系统进行排污。猪舍之间的距离不要太小，一般为猪舍屋檐高度的 3～5 倍。猪舍要有足够大的进风口和排风口，风口设计均匀，以利于形成穿堂风，保证猪舍内不留死角。设计安装天窗和地脚窗，以利于增加通风排气量。若猪舍跨度较大，应在两侧山墙上安装动力排气系统，大直径低速度小功率的通风机比较适合于猪场应用。光照可采用自然光照或人工光照，人工光照时间应与自然光照时间大致相同，一般维持在 9:00—17:00。

中小型养猪场可以根据自身条件建筑猪舍，但起码要保证建筑材料对猪无害，石棉成分容易伤害猪的皮肤，最好不要采用。圈舍墙壁要严实，没有缝隙，表面光滑，有利于冲刷、消毒，地面既要有利于清扫粪便，又要具备防滑功能。老鼠最容易在养猪场内泛滥，不但糟蹋粮食，还能机械传播多种疫病，地面硬化是防止老鼠的有效方法，同时也要采取必要的措施进行捕杀。猪舍窗口应安装铁丝网，防止鸟类栖息带来安全隐患。哺乳猪舍要有防压设备，种猪舍圈墙要适当加高，圈内不留高台样结构，以避免公猪爬跨自淫。

10. 如何选择猪栏？

（1）公猪栏、空怀母猪栏、配种栏　这几种猪栏一般都位于同一栋舍内，因此，面积一般都相等，栏高一般为 1.2～1.4 米，面积 7～9 平方米。

（2）妊娠栏　妊娠猪栏有两种。一种是单体栏；另一种是小群栏。单体栏由金属材料焊接而成，一般栏长 2 米，栏宽 0.65 米，栏高 1 米。小群栏的结构可以是混凝土实体结构、栏栅式或综合式结构，不同的是妊娠栏栏高一般 1～1.2 米，由于采用限制饲喂，因此，不设食槽而采用地面喂食。面积根据每栏饲养头数而定一般为 7～15 平方米。

（3）分娩栏　分娩栏的尺寸与选用的母猪品种有关，长度一般为 2～2.2 米，宽度为 1.7～2 米；母猪限位栏的宽度一般为 0.6～0.65 米，高 1 米。仔猪活动围栏每侧的宽度一般为 0.6～0.7 米，高 0.5 米左右，栏栅间距 5 厘米。

传统分娩母猪采用高床饲养。母猪和仔猪都生活在漏缝地板上，与低温潮湿的地面脱离。粪便通过漏缝地板很快落入粪沟，使仔猪减少了与粪尿接触的机会，保持了床面的清洁、卫生和干燥。但母猪上床比较困难。钢管隔栏不能做到仔猪隔离，增加了仔猪相互感染的机会。保温箱为封闭的装置，大多设置在限位架一角，远离母猪躺卧位置，尤其距母猪乳房部位较远，不利于仔猪出生后寻找保温箱和从保温箱出来后迅速到乳房跟前。

现代化分娩栏地板一般与地面持平，围栏用 PVC 隔板，仔猪加热区不完全封闭，母猪围栏长宽和大小都可以调节，有防压杆和调节杆。为仔猪群提供一个最佳的生长环境的同时，提高了成活率。分娩栏和地面平齐，减少母猪上床应激。母猪产仔猪圈的宽度和长度可以根据个别要求进行调节，可以提供母猪最好的产仔和哺乳条件。调节杆有利于母猪起卧，调整母猪活动空间，同时起到了传统护仔耙的作用，有效保证母猪躺卧时不压到仔猪。根据母猪保持经常性视觉联系要求，母猪躺卧区设置在保温箱对面，保温箱不封闭，仔猪随时能从保温箱出来，母猪本能地注视到仔猪，有利于仔猪迅速到母猪跟前哺乳。

（4）仔猪培育栏　一般采用金属编织网漏粪地板或金属编织镀塑漏粪地板，后者的饲养效果一般好于前者。大、中型猪场多采用高床网上培育栏，它是由金属编织网漏粪地板、围栏和自动食槽组成，漏粪地板通过支架设在粪沟上或实体水泥地面上，相邻两栏共用一个自动食槽，每栏设一个自动饮水器。这种保育栏能保持床面干燥清洁，减少仔猪的发病率，是一种较理想的保育猪栏。仔猪保育栏的栏高一般为 0.6 米，栏栅间距 5～8 厘米，面积因饲养头数不同而不同。小型猪场断奶仔猪也可采用地面饲养的方式，但寒冷季节应在仔猪卧息处铺干净软草或将卧息处设火炕。

传统保育栏的一般地板用钢丝网，围栏用栏片。最大的问题在于仔猪找不到一个没有贼风的小环境，造成死亡率升高，其次是料槽的设计不合理，浪费饲料，再次是料槽与猪栏不配套，造成料槽或猪栏浪费。现代化保育栏采用围栏采用 PVC 板或栏杆，但地板一般是塑料地板，料槽与面积配套，且分加热区、活动采食区和排泄区。不但有一个很好的温度环境，而且有各种活动分开，提高了卫生条件和成活率。

（5）育成、育肥栏　育成、育肥栏有多种形式，其地板多为混凝土结实地面或水泥漏缝地板条，也有采用 1/3 漏缝地板条，2/3 混凝土结实地面。混凝土结实地面一般有 3% 的坡度。育成育肥栏的栏高一般为 1 ～ 1.2 米，采用栏栅式结构时，栏栅间距 8 ～ 10 厘米。

11. 漏缝地板如何选择？

采用漏缝地板易于清除猪的粪尿，减少人工清扫，便于保持栏内的清洁卫生，保持干燥有利猪的生长。要求耐腐蚀、不变形、表明平整、坚固耐用，不卡猪蹄、漏粪效果好。漏缝地板距粪尿沟约 80 厘米，沟中经常保持 3 ～ 5 厘米的水深。

目前其样式主要有以下几种。

（1）水泥漏缝地板　表面应紧密光滑，否则表面会有积污而影响栏内清洁卫生，水泥漏缝地板内应有钢筋网，以防受破坏。

（2）金属漏缝地板　由金属条排列焊接（或用金属编织）而成，适用于分娩栏和小猪保育栏。其缺点是成本较高，优点是不打滑、栏内清洁、干净。

（3）金属冲网漏缝地板　适用于小猪保育栏。

（4）生铁漏缝地板　经处理后表面光滑、均匀无边，铺设平稳，不会伤猪。

（5）塑料漏缝地板　由工程塑料模压而成，有利于保暖。

（6）陶质漏缝地板　具有一定的吸水性，冲洗后不会在表面形成小水滴，还具有防水功能，适用于小猪保育栏。

（7）橡胶或塑料漏缝地板　多用于配种栏和公猪栏，不会打滑。

12. 如何选择供水饮水设备？

现代化猪场不仅需要大量饮用水，而且各生产环节还需要大量的清洁用水，这些都需要由供水饮水设备来完成。因此，供水饮水设备是猪场不可缺少的设备。

（1）供水设备　猪场供水设备包括水的提取、贮存、调节、输送分配等部分，即水井提取、水塔贮存和输送管道等。供水可分为自流式供水和压力供水。现代化猪场的供水一般都是压力供水，其供水系统主要包括供水管路、过滤器、减压阀、自动饮水器等。

（2）饮水设备　目前应用最广的是自动饮水器。猪必须能够随时饮用足够量的清洁水。一头育成猪一昼夜需饮水 8～12 升，妊娠母猪 14～18 升，泌乳母猪 18～22 升；一周龄的仔猪每千克体重日需水量为 180～240 克，四周龄的仔猪每千克体重需水量为 190～255 克。

猪用自动饮水器的种类很多，有鸭嘴式、乳头式、杯式等，应用最为普遍的是鸭嘴式自动饮水器。

①鸭嘴式自动饮水器。鸭嘴式猪用自动饮水器主要由阀体、阀芯、密封圈、回位弹簧、塞盖、滤网等组成。其中阀体、阀芯选用黄铜和不锈钢材料，弹簧、滤网为不锈钢材料，塞盖用工程塑料制造。整体结构简单，耐腐蚀，工作可靠，不漏水，寿命长，猪饮水时，嘴含饮水器，咬压下阀杆，水从阀芯和密封圈的间隙流出，进入猪的口腔，当猪嘴松开后，靠回位弹簧张力，阀杆复位，出水间隙被封闭，水停止流出，鸭嘴式饮水器密封性能好，水流出时压力降低，流速较低，符合猪只饮水要求。

鸭嘴式猪自动饮水器，一般的有大小 2 种规格，小型的如 9SZY 2.5（流量 2～3 升 / 分钟），大型的如 9SZY 3（流量 3～4 升 / 分钟），乳猪和保育仔猪用小型的，中猪和大猪用大型的。安装这种饮水器的角度有水平的和 45° 两种，离地高度随猪体重变化而不同。

饮水器要安装在远离猪只休息区的排粪区内。定期检查饮水器的工作状态，清除泥垢，调节和紧固螺钉，发现故障及时更换零件。

②乳头式自动饮水器。乳头式猪用自动饮水器的最大特点是结构简单，由壳体、顶杆和钢球三大件构成。猪饮水时，顶起顶杆，水从钢球、顶杆与壳体一间隙流出至猪的口腔中；猪松嘴后，靠水压及钢球、顶杆的重力，钢球、顶杆落下与壳体密接，水停止流出。这种饮水器对泥沙等杂质有较强的通过能力，但密封性差，并要减压使用，否则，流水过急，不仅猪喝水困难，而且流水飞溅，浪费用水，弄湿猪栏。

安装乳头式饮水器时，一般应使其与地面呈 45°～75° 倾角，离地高度，仔猪为 25～30 厘米，生长猪（3～6 月龄）为 50～60 厘米，成年猪 75～85 厘米。

③杯式自动饮水器。是一种以盛水容器（水杯）为主体的单体式自动饮水器，常见的有浮子式、弹簧阀门式和水压阀杆式等类型。

浮子式饮水器多为双杯式，浮子室和控制机构放在两水杯之间。通常，一个双杯浮子式饮水器固定安装在两猪栏间的栅栏间壁处，供两栏猪共用。浮子式饮水器由壳体、浮子阀门机构、浮子室盖、连接管等组成。当猪饮水时，推动浮子使阀芯偏斜，水即流入杯中供猪饮用；当猪嘴离开时，阀杆靠回位弹簧弹力复位，停止供水。浮子有限制水位的作用，它随水位上升而上升，当水上升到一定高度，猪嘴就碰不到浮子了，阀门复位后停止供水，避免水过多流出。

弹簧阀门式饮水器，水杯壳体一般为铸造件或由钢板冲压而成杯式。杯上销连有水杯盖。当猪饮水时，用嘴顶动压板，使弹簧阀打开，水便流入饮水杯内，当嘴离开压板，阀杆复位停止供水。

水压阀杆式饮水器，靠水阀自重和水压作用控制出水的杯式饮水器，当猪只饮水时用嘴顶压压板，使阀杆偏斜，水即沿阀杆与阀座之间隙流进饮水水杯内，饮水完毕，阀板自然下垂，阀杆恢复正常状态。

13. 供料设备有哪些?

（1）贮料塔 贮料塔多用2.5～3毫米镀锌波纹钢板压型而成，饲料在自身重力作用下落入贮料塔下锥体底部的出料口，再通过饲料输送机送到猪舍。料塔主要有玻璃钢和镀锌板两种，玻璃钢料塔因其热传导系数低，隔热，不结露，不生成了新宠，传统的镀锌板料塔因其夏季高温，结露，施工过程中打孔的部位腐蚀而逐步被玻璃钢料塔取代。

（2）输送机和塞盘 用来将饲料从猪舍外的贮料塔输送到猪舍内，然后分送到饲料车、料槽或自动食箱内，绞龙输送机类型有：卧式绞龙输送机、链式输送机、弹簧螺旋式输送机和塞管式输送机。绞龙传送速度慢，距离短，一旦绞龙断裂只能更换绞龙，维修成本高。塞盘传送速度快，距离长，维修方便，目前被更多养殖户选择使用。

（3）加料车 主要用于定量饲养的配种栏、妊娠栏和分娩栏，即将饲料从饲料塔出口送至料槽，有两种形式，手推机动式和手推人力式加料。

14. 生猪多层养殖中，如何管理饲料输送与物资进出?

多层养殖对饲料供应、物资进出安全等提出更严格要求，为高效运行、降低饲养成本，从选址、设计、建设到设备选型等各环节都需要充分研究后实施。

饲料运输不像平层猪舍一样仅考虑地势高低差异、距离、能耗等即可，还须考虑饲料最高供应高度等情况。目前，多层养殖饲料自动化输送设备包括以下 5 种。

（1）斗式提升机　通过皮带或链条转动，带动料斗上下移动，实现颗粒饲料和粉料垂直输送系统。该系统结构简单、紧凑，占地面积小，工作平稳可靠，耗用动力小，密封性良好，饲料破损率低，饲料输送高度最高可达 80 米，输送量为每小时 3 ～ 160 米³。但存在原料均匀性要求高、过载易堵塞、料斗和链条易磨损、工作期间粉尘多等问题。

（2）气动送料系统　以压缩空气为动力，实现颗粒饲料、粉料和液态料步进输送系统，根据送料形式分为推料式气动和拉料式气动。该系统可实现远距离输送，输送高度可达 500 米，输送速度 2 ～ 10 米 / 秒，气料比 30 以上，倾角可达 18° 以上，输送量每小时 5 ～ 8 吨，具有输送量大、输送速度快、输送密闭性好的特点。但颗粒饲料破碎率较高，粉尘污染较严重，噪声较大，耗能、成本较高。

（3）塞盘料线　通过电机带动，使链条在料管向前滑行带动颗粒饲料输送的全自动送料系统。该系统输送长度可达 600 米，最大提升高度 40 米，料线角度不高于 45°，输送量每小时 1 吨，传输速度 22 ～ 25 米 / 分钟，具有输送量大、能耗低、成本及饲料破损率较低的特点，但存在链条易磨损、维修麻烦等问题。

（4）绞龙料线　通过电机带动，使绞龙在料管旋转前进带动颗粒饲料输送的全自动送料系统。该系统具有输送量大、能耗低、成本较低的优势，输送高度可达 20 米，输送距离最大可到 70 米，输送量可达每小时 2.5 吨，但绞龙易磨损、维修较麻烦，饲料磨损较严重。

（5）液态料输送系统　猪场液态饲喂系统，设备输送量每小时可达到 30 吨，输送距离约 350 米，安装简单，使用方便，连续运转时间长，不含粉尘，但由于自动化程度较高，需要专人操作，饲料控制不好易霉变。

15. 怎么选择料槽？

（1）间歇添料饲槽　条件较差的一般猪场采用。分为固定饲槽、移动饲槽。一般为水泥浇注固定饲槽。饲槽一般为长形，每头猪所占饲槽的长度应根据猪的种类、年龄而定。较为规范的养猪场都不采用移动饲槽。集约化、工厂化猪场，限位饲养的妊娠母猪或泌乳母猪，其固定饲槽为金属制品，固定在限位栏上，见限位产床、限位栏部分。

（2）方形自动落料饲槽　一般条件的猪场不用这种饲槽，它常见于集约化、工厂化的猪场。方形落料饲槽有单开式和双开式两种。单开式的一面固定在与走廊的隔栏或隔墙上；双开式则安放在两栏的隔栏或隔墙上，自动落料饲槽一般为镀锌铁皮制成，并以钢筋加固，否则极易损坏。

（3）圆形自动落料饲槽　圆形自动落料饲槽用不锈钢制成，较为坚固耐用，底盘也可用铸铁或水泥浇注，适用于高密度、大群体生长育肥猪舍。

全自动喂料系统是养猪设备今后的重要发展趋势。在养猪生产中，搬运饲料不但浪费人工，而且带来疾病风险。我国大多数猪场仍然采用传统人工饲喂方式，自动化程度低，劳动生产率低，饲料浪费量大，人工调节喂料量，不能准确满足不同猪群对饲料的需求。猪自动喂料系统可以很好地解决这些问题。自动喂料系统在国外猪场应用非常广泛，而我国对猪自动饲喂设备的生产尚处于起步阶段，全自动饲喂系统优点有：定时定量喂饲，特别是母猪饲喂；避免限饲引起的应激反应；切断了疫病的传播途径；节省劳动力；方便、快捷。

母猪智能饲喂站则是养猪设备发展的一个革命性标志。母猪智能饲喂站在欧洲已经有40多年的应用历史，经过不断改进已经是比较成熟的产品，解决了现代集约化高密度养猪与提高母猪福利的矛盾问题，并提高了管理的效率。具体优点如下：精确饲喂母猪，根据每头母猪每天的需要量提供饲料，母猪体况更均匀；提高母猪福利，一台智能饲喂站能使50～80头母猪使用，每头母猪占面积2.05平方米，每头母猪的活动面积增加到100平方米以上，减少死胎率；实现母猪自动化管理，能根据探测结果把发情母猪，怀孕检查母猪和要转到产房的母猪分离出来。

（4）仔猪补料槽　仔猪补料槽一般由料斗、把手、支架、螺栓、固定铁、槽底、漏料缝、槽芯、采料槽、凹形槽底构成。料斗安装在支架上，支架用螺栓装在固定铁上，支架与槽体边相连接，固定铁固定在槽底上，槽底上设有槽芯，在槽芯的一周设有凹形采料槽供猪采食用，料斗和槽芯之间设有漏料缝，槽底的底部设有凹形槽底，料斗上装有把手。该类料槽一般结构设计简单、质量轻、强度高、耐酸碱、防腐蚀，便于搬运，使用寿命较长，采食后清洗消毒方便，能满足小猪吃食的需要，可做多种采食用。

16. 供热保温设备如何选择？

我国大部分地区冬季舍内温度都达不到猪只的适宜温度，需要提供采暖设备。另外，供热保温设备主要用于分娩栏和保育栏。采暖分集中采暖和局部采暖。供热保温设备有以下几种。

（1）红外线灯　设备简单，安装方便，最常用，通过灯的高度来控制温度，但耗电，寿命短。常见红外线灯的功率有100瓦、150瓦、200瓦和250瓦。

（2）吊挂式红外线加热器　其使用方法与红外线灯相同，但费用高。

（3）电热保温板　优点是在湿水情况下不影响安全，外形尺寸多为 1 000 毫米 ×450 毫米 ×30 毫米，功率为 100 瓦，板面温度为 260～320℃，分为调温型和非调温型。

（4）电热风器　吊挂在猪栏上热风出口对着要加温的区域。

（5）保温箱　仔猪用的保温箱，仔猪出生之日起至满月出栏情况下起到保温作用的。保温箱上盖预留灯泡及观望窗口，尺寸大小根据当地情况而定，常见的规格为：1 米 ×0.6 米 ×0.6 米。在保温箱的箱体上有仔猪进出门。现在仔猪保温箱常常配套仔猪电热板来使用，既科学合理又有很好的节能效果。

（6）挡风帘幕　南方较多，且主要用于全敞式猪舍。

（7）太阳能采暖系统　经济，无污染，但受气候条件制约，应有其他的辅助采暖设施。

17. 通风降温设备如何选择？

为了节约能源，尽量采用自然通风的方式，但在炎热地区和炎热天气，就应该考虑使用降温设备。通风除降温作用外，还可以排出有害气体和多余水汽。

（1）通风机　大直径、低速、小功率的通风机比较适用于猪场应用。这种风机通风量大，噪声小，耗能少，可靠耐用，适于长期工作。

（2）水蒸发式冷风机　它是利用水蒸发吸热的原理以达到降低空气温度的目的。在干燥的气候条件下使用时，降温效果特别显著；湿度较高时，降温效果稍微差些；如果环境相对湿度在 85% 以上时，空气中水蒸气接近饱和，水分很难蒸发，降温效果差些。

（3）湿帘－负压风机降温　湿帘－负压风机降温系统是由纸质多孔湿帘、水循环系统、风扇组成。未饱和的空气流经多孔、湿润的湿帘表面时，大量水分蒸发，空气中由温度体现的显热转化为蒸发潜热，从而降低空气自身的温度。风扇抽风时将经过湿帘降温的冷空气源源不断地引入室内，从而达到降温效果。

（4）喷雾降温系统　其冷却水由加压水泵加压，通过过滤器进入喷水管道系统而从喷雾器喷出成水雾，在猪舍内空气温度降低。其工作原理与水蒸发式冷风机相同，而设备更简单易行。如果猪场自来水系统水压足够，可以不用水泵加压，但过滤器还是必要的，因为喷雾器很小，容易堵塞而不能正常喷雾。旋转式的喷雾可使喷出的水雾均匀。

（5）滴水降温 在分娩栏，母猪需要用水降温，而小猪要求温度稍高，而且喷水不能使分娩栏内地面弄潮湿，否则影响小猪生长，因而采用滴水降温法。即冷水对准母猪颈部和背部下滴，水滴在母猪背部体表散开，蒸发，吸热降温，未等水滴流到地面上已全部蒸掉，不会使地面潮湿。这样既照顾了小猪需要干燥，又使母猪和栏内局部环境温度降低。

自动化很高的猪场，供热保温，通风降温都可以实现自动调节。如果温度过高，则帘幕自动打开，冷气机或通风机工作；如果温度太低，则帘幕自动关闭，保温设备自动工作。

18. 清洁消毒设备如何选择？

清洁消毒设备有冲洗设备和消毒设备。

（1）固定式自动清洗系统 现在很多公司生产的自动冲洗系统设备能定时自动冲洗，配合程式控制器（PLC）作全场系统冲洗控制。冬天时，也可只冲洗一半的猪栏，在空栏时也能快速冲洗，以节省用水。水管架设高度在2米时，清洗宽度为3.2米；高度为2.5米时，清洗宽度为4米，高度为3米时，清洗高度为4.8米。

（2）简易水池放水阀 水池的进水与出水靠浮子控制，出水阀由杠杆机械人工控制。简单、造价低，操作方便，缺点是密封可靠性差，容易漏水。

（3）自动翻水斗 工作时根据每天需要冲洗的次数调好进水龙头的流量，随着水面的上升，重心不断变化，水面上升到一定高度时，翻水斗自动倾倒，几秒钟内可将全部水倒出冲入粪沟，翻水斗自动复位。结构简单，工作可靠，冲力大，效果好，主要缺点是耗用金属多，造价高，噪声大。

（4）虹吸自动冲水器 常用的有两种形式，盘管式虹吸自动冲水器和"U"形管虹吸自动冲水器，结构简单，没有运动部件，工作可靠，耐用，故障少，排水迅速，冲力大，粪便冲洗干净。

（5）高压清洗机 高压清洗机利用高压泵打出高压水，经高压管路到达喷嘴，利用高压水射流的强大冲击力冲击被清洗物体，把污垢剥离、清除，从而达到清洗的目的。利用高压清洗机清洗养殖场，不仅可以快速地对养殖场进行清洗，更是可以冲出一些细微处的粪便、污渍、病原微生物等物质，有效提高养殖场卫生条件，很好维持养殖场卫生死角的洁净度，为后续养殖场消毒效果锦上添花。

（6）火焰消毒器 利用煤油高温雾化剧烈燃烧产生的高温火焰对设备或猪舍进行瞬间的高温喷烧，以达到消毒杀菌之功效。

（7）紫外线消毒灯　以产生的紫外线来消毒灭菌。

第三节　养猪场的卫生管理

1. 如何完善养猪场隔离卫生设施？

①猪场四周建有围墙或防疫沟，并有绿化隔离带，猪场大门入口处设消毒池。

②生产区入口处设人员更衣淋浴消毒室，在猪舍入口处设地面消毒池。

③种猪展示厅和装猪台设置在生产区靠近围墙处，出售的种猪只允许经展示厅后从装猪台装车外运，不可返回。

④开放式猪舍应设置防护网。

⑤饲料库房应设在生产区与管理区的连接处，场外饲料车不允许进入生产区。

⑥病猪尸体处理。严格按照《病死及病害动物无害化处理技术规范》要求，做好无害化处理。

2. 如何加强养猪场卫生管理？

猪群疫病主要是病原微生物传播造成的，而病原微生物理想的栖息场所是猪舍，也就是说病原微生物生存于养猪生产的各个角落，如空地、舍内、空气等场所，因此如何防治病原微生物的繁殖生长及传播是保护猪群健康的关键，控制病原微生物的繁殖生长及传播即不给它提供生存之地、传播之路，也就是说猪场给猪群提供一个良好的环境和有效的消毒措施，从而降低猪只生长环境中的病原微生物数量，为猪群提供一个良好的生存环境。

（1）猪群的卫生　①每天及时打扫圈舍卫生，清理生产垃圾，保持舍内外卫生干净整洁，所用物品摆放有序。

②保持舍内干燥清洁，每天必须进圈内打扫清理猪的粪便，尽量做到猪、粪分离，若是干清粪的猪舍，每天上、下午及时将猪粪清理出来堆积到指定地方；若是水冲粪的猪舍，每天上、下午及时将猪粪打扫到地沟里以清水冲走，保持猪体、圈舍干净。

③每周转运一批猪，空圈后要清洗、消毒，种猪上床或调圈，要把空圈先冲洗后用广谱消毒药消毒，产房每断奶一批、育成每育肥一批、育肥每出栏一批，先清扫冲洗，再用消毒药消毒。

④注意通风换气，冬季做到保温，舍内空气良好，冬季可用风机通风5～10分钟（各段根据具体情况通风）。夏季通风防暑降温，排出有害气体。

⑤生产垃圾，即使用过的药盒、药瓶、疫苗瓶、消毒瓶、一次性输精瓶用后立即焚烧或妥善放在一处，适时统一销毁处理。料袋能利用的返回饲料厂，不能利用的焚烧掉。

⑥舍内的整体环境卫生包括顶棚、门窗、走廊等平时不易打扫的地方，每次空舍后彻底打扫一次，不能空舍的每一个月或每季度彻底打扫一次。舍外环境卫生每一个月清理一次。

⑦四季灭鼠，夏季灭蚊蝇。鼠药每季度投放一次，投对人、猪无害的鼠药。在夏季来临之际在饲料库投放灭蚊蝇药物或买喷洒的灭蝇药。

（2）空舍消毒遵循的程序　清扫、消毒、冲洗、熏蒸消毒。

①空舍后，彻底清除舍内的残料、垃圾及门窗尘埃等，并整理舍内用具。产房空舍后把小猪料槽集中到一起，保温箱的垫板立起来放在保温箱上便于清洗，育成、育肥、种猪段空舍后彻底清除舍内的残料、垃圾及门窗尘埃等，并整理舍内用具。

②舍内设备、用具清洗，对所有的物体表面进行低压喷洒，浓度为2%～3%火碱，使其充分湿润，喷洒的范围包括地面、猪栏、各种用具等，浸润1小时后再用高压冲洗机彻底冲洗地面、食槽、猪栏等各种用具，直至干净清洁为止。在冲洗的同时，要注意产房的烤灯插座及各栋电源的开关及插座。

③用广谱消毒药彻底消毒空舍所有表面、设备、用具，不留死角。消毒后用高锰酸钾和甲醛熏蒸24小时，通风干燥空置5～7天。

④进猪前2天恢复舍内布置，并检查维修设备用具，维修好后再用广谱药消毒一次。

（3）定期消毒

①进入生产区的消毒池必须保持溶液的有效浓度，消毒药浓度达到3%，每隔3天换一次。

②外出员工或场外人员进入生产区须经过"踏、照、洗、换"四步消毒程序方能进入场区，即踏消毒池或垫、照紫外线5～10分钟、进洗澡间洗澡、更换工作服和鞋。

③进入场区的物品照紫外线30分钟后方可进生产区，不怕湿的物品用浸润或消毒后进入场区，或熏蒸一次。

④外购猪车辆在装猪前严格喷雾消毒2次，装猪后对使用过的装猪台、秤、过道及时进行清理、冲洗、消毒。

⑤各单元门口有消毒池，人员进出时，双脚必须踏入消毒池，消毒池必须保持溶液的有效浓度。

⑥各栋舍内按规定打扫卫生后带猪喷雾消毒一次，外环境根据情况消毒，每周2次或每周3次或每周1次。舍外生产区、装猪台、焚尸炉都要消毒不留死角，消毒药轮流交叉使用。

由于规模养殖带来的环境污染问题日益突出，已成为世界性公害，不少国家已采取立法措施，限制畜牧生产对环境的污染。为了从根本上治理畜牧业的污染问题，保证畜牧业的可持续发展，许多国家和地区在这方面已进行了大量的基础研究，取得了阶段性成果。

3. 如何做好隔离区、生活区和生产区的环境卫生与消毒？

环境卫生的控制与清洗消毒工作是猪场切断疫病传播的重要手段，属于生物安全的重要环节，对于预防、控制、净化传染性疾病意义重大。环境的清洗消毒可以显著降低猪场内外的病原微生物载量，不但可以有效预防和控制急性传染病的暴发，对于猪群中的条件致病病原或可导致慢性感染的病原也有控制效果，还可显著减少药物用量，提高生长性能。

（1）隔离区、生活区的卫生与消毒　隔离区和生活区应做好环境卫生管理，定期清理场区垃圾、杂物、杂草，彻底打扫宿舍、办公区域卫生，以利于减少蚊蝇滋生，防鼠防虫。场区路面可用生石灰水和氢氧化钠喷洒"白化"，宿舍和办公区域可使用低毒、低刺激的消毒剂进行拖地或喷洒消毒。宿舍、餐厅和办公区域日常应保持干净，尤其是餐厅的地面、餐桌、餐椅等用餐后要及时进行清洗打扫，做到餐桌、餐椅的干净整齐。垃圾桶应套塑料袋再使用，在使用中应保持外壁、桶盖洁净无污垢，桶盖要随时盖好，桶中的废弃物不得积压时间过长，不遗撒，及时清理。拖把、扫帚、抹布等应及时清洗消毒，保证其无污物、无油迹、无异味，整齐码放到指定位置。垃圾分类处理，对于厨余垃圾应做到日产日清，密封包装后，转运至环保区垃圾池或其他指定的堆放区域。隔离区员工衣物、床单被罩等相关物品在隔离结束后应及时使用消毒剂浸泡消毒，并认真清洗、晾晒或烘干，以减少不同批次隔离人员间交叉污染风险。

（2）生产区的卫生与消毒　生产区卫生管理的基本原则与生活区相似，应定期清理场区垃圾、杂物、杂草，开放区域道路路面定期消毒，也可用生石灰水和2%氢氧化钠喷洒"白化"。生产过程中，每个栋舍入口处应设置消毒池、消毒脚垫、消毒洗手盆等消毒设施，人员进入猪舍前应认真执行手部和鞋靴的消毒。猪舍内应精简物资，不带人和堆放无关物品，垃圾及时装袋且密封集中处理，栏舍过道上漏出的粪污、料槽周边撒落溢出的饲料以及工具上残留的饲料和粪污等均要及时清理。免疫接种或治疗后剩下的疫苗瓶、药物容器等可打开瓶盖，可使用 2% 氢氧化钠溶液进行浸泡后，单独用垃圾袋包装，然后运至生产区垃圾池处理。病死猪、产房胎衣等应及时进行包裹或放入封闭容器中按规划路线沿污道运出，避免运送过程中对周边环境的污染。

规模化猪场应实行全进全出的生产方式，以便于对栋舍进行彻底的清洗消毒。猪群转走后，应首先对栋舍进行全面清洁，猪舍和猪栏内常有干燥固化的有机污物结块，以及由菌体成分、粪污和灰尘形成生物被膜，常常会存在于地面、墙壁、猪栏和设备上，若不清除会明显阻碍后续消毒过程中消毒剂与病原微生物的接触，影响消毒效果。只有通过水和清洁剂的浸泡，再用一定压力的水进行冲洗，才能有效清除这些残存于漏缝地板、水泥地面、料槽生物膜中的病原微生物，对一些难以冲洗的隐蔽角落以及一些顽固污渍，需要使用钢丝刷等工具手工清理。同时应该注意水线、饮水器、水槽和料槽等的定期清洗消毒。

（3）环境卫生与消毒的注意事项　一是猪场针对环境卫生控制与清洗消毒应有明确的制度和岗位操作规程，对场区内外定期消毒的情况应进行记录和检查，如制定消毒剂配液和使用规程，有消毒液配制、使用和更换的记录。二是消毒剂配置时应充分溶解、混合均匀；消毒完毕，消毒设备必须彻底清洗干净、消毒备用，定期检查，及时维护。三是清洗干净程度与消毒效果密切相关；清洗后应先充分干燥，再进行消毒，避免残留水分对消毒剂的稀释作用，影响消毒效果。交替使用酸性和碱性消毒剂时，应有足够的消毒作用时间，一种消毒剂使用后经冲洗、干燥后再使用另一类型的消毒剂，避免相互中和而影响消毒效果。四是一般情况下，消毒剂的效果与环境温度的高低密切相关，温度降低时消毒效果也随之降低，在北方猪场冬季消毒应选择能够耐受低温不结冰的消毒剂进行消毒，同时增加消毒频次和作用时间，以保证消毒效果。五是消毒时工作人员须做好个人安全防护，消毒后剩下的消毒剂残液应集中处理，避免对猪场工作人员健康造成影响。

4. 猪场如何灭蚊蝇？

蚊子是猪乙脑和附红细胞体的主要传播媒介，而苍蝇则是消化道疾病的主要传播媒介，随着天气的变热，猪场苍蝇和蚊子逐渐增多，对养猪场造成严重的潜在威胁。

（1）规模猪场防控蚊蝇的根本方法是环境防治　规模猪场要始终保持环境卫生状况良好等，使之不利于苍蝇的卵、幼虫及成虫的生存或不再吸引雌蝇来产卵，清除苍蝇滋生场所，这是控制苍蝇的最根本方法。清除滋生源，并将猪粪等滋生物进行生物发酵，保持良好的卫生状况等。创建养殖场适宜的环境是搞好养殖的第一要素，在建设规模养猪场时不但要求能够防雨防湿，达到冬暖夏凉的效果，而且还应特别考虑具备防虫防病的作用。在猪舍建设时要选择地势高燥向南的坡址，地面平坦稍有坡度，合理布局猪舍，全面考虑粪尿污水的处理和利用，舍内通风良好，有利于排水排污。

（2）做好规模猪场粪便的处理工作　猪场应每天将产出的粪便收集到化粪池或者专用储粪坑，定期用塑料布密封发酵，靠密封将苍蝇虫卵或幼虫闷死。注意用塑料布盖时，必须盖严，如果塑料布有洞，需要用土或其他东西堵严，不能有漏气的地方。

（3）做好环境卫生工作是灭蝇的关键　①每年开春，全场彻底大扫除，清除厂区、猪舍、产房、运动场及粪场等因为冬季天气寒冷存留的垃圾、杂物、猪粪等。包括死角、水沟、厂区外围等。对水槽料槽及工具等进行彻底刷洗。最后再用5%氢氧化钠液彻底全面地进行大消毒。以后坚持每7天1次大消毒，3天1次小消毒，不给蚊蝇创造滋生地。

②对料槽每天要及时清理一次，绝对杜绝剩余饲料霉变现象的发生，若偶有发生，一定要及时清理堆积发酵，减少蚊蝇的栖息地。

③定期清理杂草、剩料。定期对猪场周围杂草进行清理。常作为垫料的稻草等垫完后也是蚊蝇滋生的重要来源，因此处理这些垫料时应做到彻底，以免留下隐患。此外，剩料也是蚊蝇滋生的来源，一些残留的剩料发生腐败，会招来大量的苍蝇。

④对墙面、过道、天花板、门窗、料位、饲料桶、饮水器等所有苍蝇可能栖身的地方用左旋氯菊酯喷施，可有效杀灭外来苍蝇，有效期长达45～60天。

（4）饲料中添加低毒灭蚊蝇药物环丙氨嗪　环丙氨嗪是一种高效低毒杀虫制剂，对杀灭双翅目昆虫幼虫体有特效。用于控制圈舍内蝇蛆幼虫的繁殖，杀灭粪池内蝇蛆。在夏季高温季节蝇害期间，每吨饲料中添加环丙氨嗪50～100克，可以使苍蝇在成虫以前被消灭。

（5）对易滋生蚊蝇的场所应经常消毒　粪便堆场上的粪便应及时清理和使用，并及时将粪水设法排出，避免堆积；排水沟应定期疏通，确保畅通。

5. 猪场灭鼠有哪些方法？

猪场鼠害也是令人头疼的事，主要的危害有：一是盗食饲料，二是传染疫病。在一个有 5 年场龄的猪场若未灭鼠，则老鼠数量会超过猪数的一倍，若以千头猪场计算，全场老鼠每天可吃掉饲料 50 千克，一年可吃掉 18 吨。老鼠又是多种人畜疾病的传播者，如猪瘟、大肠杆菌病等。所以猪场防疫，必须灭鼠。

（1）建筑防鼠 指的是从猪场建筑和卫生着手控制鼠类的繁殖和活动，把鼠类在各种场所的生存空间限制到比较低限度。使它们难以找到食物和藏身之所。要求猪舍及周围的环境整洁，及时去除残留的饲料和生活垃圾，猪舍建筑如墙基、地面、门窗等方面要坚固，一旦发现洞口立即封堵。

（2）器械灭鼠 常用的有鼠夹子和电子捕鼠器（电猫）。用此方法捕鼠前要考察当地的鼠情，弄清本地以哪种鼠为主，便于采取有针对性的措施。此外诱饵的选择常以蔬菜、瓜果做诱饵，诱饵要经常更换，尤其阴天老鼠更容易上钩。捕鼠器要放在鼠洞、鼠道上，小家鼠常沿壁行走，褐家鼠常走沟壑。捕鼠器要经常清洗。

（3）化学药物灭鼠 化学药物灭鼠法在规模化猪场比较常用，优点是见效快、成本低，缺点是容易引起人畜中毒。因此要选择对人畜安全的低毒灭鼠药，并且设专人负责撒药布阵、捡鼠尸，撒药时要考虑鼠的生活习性，有针对性地选择鼠洞、鼠道。常用的灭鼠药有敌鼠钠、大隆、卫公灭鼠剂等（抗凝血灭鼠剂），主要机制是破坏血液中的凝血酶原使其失去活力，同时使毛细血变脆，使老鼠内脏出血而死亡。此类药物的共同特点是不产生急性中毒症状，鼠类易接受，不易产生拒食现象，对人畜比较安全。

（4）中药灭鼠 用来灭鼠的中药主要有马钱子、苦参、苍耳、曼陀罗、天南星、狼毒、山宫兰、白天翁等。

此外猪场还要建立健全灭鼠制度：一般猪场根据实际情况每月普查一次，如有必要，及时灭鼠；还可以根据情况建立健全奖励政策，发挥员工的灭鼠积极性，实现全员灭鼠，将猪场的鼠害程度降到比较低。还可以请专业的灭鼠机构承包全年的灭鼠工作，让他们负责调查鼠情、布阵撒药、收集鼠尸等完整工作，有效快捷。

6. 如何处理染疫动物尸体？

染疫动物尸体无害化处理，是指用物理、化学等方法处理染疫动物尸体及相关动物产品，消灭其所携带的病原体，消除动物尸体危害的过程。常用的方法有焚烧法、化制法、高温法、深埋法、化学处理法等。

（1）焚烧法　焚烧法是指在焚烧容器内，使动物尸体及相关动物产品在富氧或无氧条件下进行氧化反应或热解反应的方法。

①适用对象。国家规定的染疫动物及其产品、病死或者死因不明的动物尸体，屠宰前确认的病害动物、屠宰过程中经检疫或肉品品质检验确认为不可食用的动物产品，以及其他应当进行无害化处理的动物及动物产品。

②焚烧方法。

A.直接焚烧法：可视情况对病死及病害动物和相关动物产品进行破碎等预处理。

将病死及病害动物和相关动物产品或破碎产物，投至焚烧炉本体燃烧室，经充分氧化、热解，产生的高温烟气进入二次燃烧室继续燃烧，产生的炉渣经出渣机排出。

燃烧室温度应≥850℃。燃烧所产生的烟气从最后的助燃空气喷射口或燃烧器出口到换热面或烟道冷风引射口之间的停留时间应≥2秒。焚烧炉出口烟气中氧含量应为6%～10%（干气）。

二次燃烧室出口烟气经余热利用系统、烟气净化系统处理，达到GB 16297要求后排放。

焚烧炉渣与除尘设备收集的焚烧飞灰应分别收集、贮存和运输。焚烧炉渣按一般固体废物处理或作资源化利用；焚烧飞灰和其他尾气净化装置收集的固体废物需按GB 5085.3要求作危险废物鉴定，如属于危险废物，则按GB 18484和GB 18597要求处理。

操作时，要严格控制焚烧进料频率和重量，使病死及病害动物和相关动物产品能够充分与空气接触，保证完全燃烧；燃烧室内应保持负压状态，避免焚烧过程中发生烟气泄漏；二次燃烧室顶部设紧急排放烟囱，应急时开启；烟气净化系统，包括急冷塔、引风机等设施。

B.炭化焚烧法：病死及病害动物和相关动物产品投至热解炭化室，在无氧情况下经充分热解，产生的热解烟气进入二次燃烧室继续燃烧，产生的固体炭化物残渣经热解炭化室排出。

热解温度应≥600℃，二次燃烧室温度≥850℃，焚烧后烟气在850℃以上停留时间≥2秒。

烟气经过热解炭化室热能回收后，降至600℃左右，经烟气净化系统处理，达到GB 16297要求后排放。

操作时，应检查热解炭化系统的炉门密封性，以保证热解炭化室的隔氧状态；定期检查和清理热解气输出管道，以免发生阻塞；热解炭化室顶部需设置与大气相连的防爆口，热解炭化室内压力过大时可自动开启泄压；应根据处理物种类、体积等严格控制热解的温度、升温速度及物料在热解炭化室里的停留时间。

（2）化制法

①适用对象。不得用于患有炭疽等芽孢杆菌类疫病，以及牛海绵状脑病、痒病的染疫动物及产品、组织的处理。其他适用对象同焚烧法。

②化制方法。

A. 干化法：可视情况对病死及病害动物和相关动物产品进行破碎等预处理。

病死及病害动物和相关动物产品或破碎产物输送入高温高压灭菌容器。

处理物中心温度 ≥ 140℃，压力 ≥ 0.5 兆帕（绝对压力），时间 ≥ 4 小时（具体处理时间随处理物种类和体积大小而设定）。

加热烘干产生的热蒸汽经废气处理系统后排出。

加热烘干产生的动物尸体残渣传输至压榨系统处理。

操作时需要注意，搅拌系统的工作时间应以烘干剩余物基本不含水分为宜，根据处理物量的多少，适当延长或缩短搅拌时间；应使用合理的污水处理系统，有效去除有机物、氨氮，达到 GB 8978 要求；应使用合理的废气处理系统，有效吸收处理过程中动物尸体腐败产生的恶臭气体，达到 GB 16297 要求后排放；高温高压灭菌容器操作人员应符合相关专业要求，持证上岗；处理结束后，须对墙面、地面及其相关工具进行彻底清洗消毒。

B. 湿化法：可视情况对病死及病害动物和相关动物产品进行破碎预处理。

将病死及病害动物和相关动物产品或破碎产物送入高温高压容器，总质量不得超过容器总承受力的4/5。

处理物中心温度 ≥ 135℃，压力 ≥ 0.3 兆帕（绝对压力），时间 ≥ 30 分钟（具体处理时间随处理物种类和体积大小而设定）。

高温高压结束后，对处理产物进行初次固液分离。

固体物经破碎处理后，送入烘干系统；液体部分送入油水分离系统处理。

操作时，高温高压容器操作人员应符合相关专业要求，持证上岗；处理结束后，须对墙面、地面及其相关工具进行彻底清洗消毒；冷凝排放水应冷却后排放，产生的废水应经污水处理系统处理，达到 GB 8978 要求；处理车间废气应通过安装自动喷淋消毒系统、排风系统和高效微粒空气过滤器（HEPA 过滤器）等进行处理，达到 GB 16297 要求后排放。

（3）高温法

①适用对象。同焚烧法。

②技术工艺。可视情况对病死及病害动物和相关动物产品进行破碎等预处理。处理物或破碎产物体积（长 × 宽 × 高）≤ 125 厘米³（5 厘米 ×5 厘米 ×5 厘米）。

向容器内输入油脂，容器夹层经导热油或其他介质加热。

将病死及病害动物和相关动物产品或破碎产物输送入容器内，与油脂混合。常压状态下，维持容器内部温度 ≥ 180℃，持续时间 ≥ 2.5 小时（具体处理时间随处理物种类和体积大小而设定）。

加热产生的热蒸汽经废气处理系统后排出。

加热产生的动物尸体残渣传输至压榨系统处理。

操作时注意的问题同化制法的干化法。

（4）深埋法

①适用对象。发生动物疫情或自然灾害等突发事件时病死及病害动物的应急处理，以及边远和交通不便地区零星病死畜禽的处理。不得用于患有炭疽等芽孢杆菌类疫病，以及牛海绵状脑病、痒病的染疫动物及产品、组织的处理。

②深埋的方法。深埋地点应选择地势高燥，处于下风向的地方，并远离学校、公共场所、居民住宅区、村庄、动物饲养和屠宰场所、饮用水源地、河流等地区。

深埋坑体容积以实际处理动物尸体及相关动物产品数量确定；深埋坑底应高出地下水位 1.5 米以上，要防渗、防漏；坑底撒一层厚度为 2 ～ 5 厘米的生石灰或漂白粉等消毒药；将动物尸体及相关动物产品投入坑内，最上层距离地表 1.5 米以上；生石灰或漂白粉等消毒药消毒；覆盖距地表 20 ～ 30 厘米，厚度不少于 1 ～ 1.2 米的覆土。

操作时，深埋覆土不要太实，以免腐败产气造成气泡冒出和液体渗漏；深埋后，在深埋处设置警示标识；深埋后，第一周内应每日巡查 1 次，第二周起应每周巡查 1 次，连续巡查 3 个月，深埋坑塌陷处应及时加盖覆土；深埋后，立即用氯制剂、漂白粉或生石灰等消毒药对深埋场所进行 1 次彻底消毒。第一周内应每日消毒 1 次，第二周起应每周消毒 1 次，连续消毒 3 周以上。

（5）化学处理法

①硫酸分解法。适用对象同化制法。

技术工艺：可视情况对病死及病害动物和相关动物产品进行破碎等预

处理。

将病死及病害动物和相关动物产品或破碎产物，投至耐酸的水解罐中，按每吨处理物加入水 150～300 千克，后加入 98% 的浓硫酸 300～400 千克（具体加入水和浓硫酸量随处理物的含水量而设定）。

密闭水解罐，加热使水解罐内升至 100～108℃，维持压力 ≥ 0.15 兆帕，反应时间 ≥ 4 小时，至罐体内的病死及病害动物和相关动物产品完全分解为液态。

处理中使用的强酸应按国家危险化学品安全管理、易制毒化学品管理有关规定执行，操作人员应做好个人防护；水解过程中要先将水加入耐酸的水解罐中，然后加入浓硫酸；控制处理物总体积不得超过容器容量的 70%；酸解反应的容器及储存酸解液的容器均要求耐强酸。

②化学消毒法。适用于被病原微生物污染或可疑被污染的动物皮毛消毒。

化学消毒的主要方法有盐酸食盐溶液消毒法、过氧乙酸消毒法和碱盐液浸泡消毒法。

盐酸食盐溶液消毒法：用 2.5% 盐酸溶液和 15% 食盐水溶液等量混合，将皮张浸泡在此溶液中，并使溶液温度保持在 30℃左右，浸泡 40 小时，1 米^2 的皮张用 10 升消毒液（或按 100 毫升 25% 食盐水溶液中加入盐酸 1 毫升配制消毒液，在室温 15℃条件下浸泡 48 小时，皮张与消毒液之比为 1 : 4）。浸泡后捞出沥干，放入 2%（或 1%）氢氧化钠溶液中，以中和皮张上的酸，再用水冲洗后晾干。

过氧乙酸消毒法：将皮毛放入新鲜配制的 2% 过氧乙酸溶液中浸泡 30 分钟。将皮毛捞出，用水冲洗后晾干。

碱盐液浸泡消毒法：将皮毛浸入 5% 碱盐液（饱和盐水内加 5% 氢氧化钠）中，室温（18～25℃）浸泡 24 小时，并随时加以搅拌。取出皮毛挂起，待碱盐液流净，放入 5% 盐酸液内浸泡，使皮上的酸碱中和。将皮毛捞出，用水冲洗后晾干。

③发酵法。是指将动物尸体及相关动物产品与稻糠、木屑等辅料按要求摆放，利用动物尸体及相关动物产品产生的生物热或加入特定生物制剂，发酵或分解动物尸体及相关动物产品的方法。主要分为条垛式和发酵池式。

该法具有投资少、动物尸体处理速度快、运行管理方便等优点，但发酵过程产生恶臭气体，因重大动物疫病及人畜共患病死亡的动物尸体和相关动物产品不得使用此种方式进行处理。要有废气处理系统。

7. 对病死动物尸体处理记录有什么要求？

病死动物的收集、暂存、装运、无害化处理等环节应建有台账和记录。有条件的地方应保存运输车辆行车信息和相关环节视频记录。暂存环节的接收台账和记录应包括病死动物及相关动物产品来源场（户）、种类、数量、动物标识号、死亡原因、消毒方法、收集时间、经手人员等；运出台账和记录应包括运输人员、联系方式、运输时间、车牌号、病死动物及产品种类、数量、动物标识号、消毒方法、运输目的地以及经手人员等；处理环节的接收台账和记录应包括病死动物及相关动物产品来源、种类、数量、动物标识号、运输人员、联系方式、车牌号、接收时间及经手人员等；处理台账和记录应包括处理时间、处理方式、处理数量及操作人员等。涉及病死动物无害化处理的台账和记录至少要保存 2 年。

第四节　猪场粪污对生态环境的污染与治理

1. 猪场的粪污有什么危害？怎么进行粪污处理？

随着生猪养殖的规模化、集约化程度越来越高，粪便和污水排放引起的环境污染问题也越来越突出。猪的多种重要传染病均可利用猪只粪便及其排泄物作为载体进行传播。最常见的如非洲猪瘟病毒、猪瘟病毒、猪繁殖与呼吸综合征病毒、猪流行性腹泻病毒、猪丹毒丝菌、大肠杆菌、沙门氏菌和布鲁氏菌、钩端螺旋体、炭疽杆菌等，均有经粪污传播的风险。因此，猪场粪污处理不但是重要的环境问题，也是有机肥资源化利用和猪场生物安全控制的重要环节。

2. 如何做好粪污处理过程中的生物安全控制？

由于粪污具有传播病原体的巨大风险，处理过程如有不当，极易造成疫病的扩散和传播。因此，在粪污处理过程中应采取以下生物安全控制措施。

（1）污区与污道　粪污处理的区域应划定为污区，运输粪污的道路划定为污道。

（2）堆肥区域应远离生产区　每个猪场可根据场内干粪产生量、堆肥时间和外运频率设置多个堆粪场地，便于干粪的充分发酵产热杀灭病原体，避免不同批次新旧粪便交叉污染。

（3）车辆、人员管理　粪肥外运时，经猪场专用车辆运到场外一定距离后再交接给外场车辆，车辆经过彻底洗消后再返回猪场，不允许外场车辆、人员进场或靠近猪场。

（4）残留粪污清理与消毒　非洲猪瘟等重大疫病暴发之后或清群、重建群之前应对猪舍粪沟内残留粪污进行清理或进行有效消毒，以减少其传播疫病的风险。

（5）灭蚊蝇　在粪污处理区域定期喷洒灭蚊蝇药，避免蚊蝇过度滋生。

3. 规模化猪场的粪污处理有哪些技术方案？

粪污的处理方式多种多样。建议首先采用固液分离方式对固体粪便与液态粪水分别进行无害化处理。机械清粪机收集的干粪或固液分离的固体成分，宜采用好氧堆肥或机械加工技术进行无害化处理，可将干粪送到异位发酵床发酵腐熟。在猪粪腐熟的过程中，内部温度可达到 50～70℃，能够有效杀灭粪中绝大部分的微生物、寄生虫及其虫卵；液态粪水则可采用厌氧发酵进行无害化处理，规模化猪场可通过建设沼气工程或厌氧发酵池密闭贮存处理。大型养殖企业可建设粪污（包括病死猪）处理和有机肥生产厂。也可以采用下列处理方案。

（1）水冲粪法　即学习国外的方法，采用高压水枪、漏缝地板，在猪舍内将粪尿混合，排入污沟，进入集污池，然后，用固液分离机将猪粪残渣与液体污水分开，残渣运至专门加工厂加工成肥料，污水通过厌氧发酵、好氧发酵处理。在猪舍设计上的特点是地面采用漏缝地板，深排水沟，外建有大容量的污水处理设备；20 世纪 80 年代、90 年代，这种方案在我国特别是广州和深圳较为普遍，是我国学习国外集约化养猪经验的第一阶段；这种方案虽然可以节省人工劳力，但它的缺点是很明显的，主要如下。

①用水量大，一个 600 头母猪年出栏商品肉猪万头的大型猪场，其每天耗水在 100～150 吨，年排污水量 5 万～7 万吨。

②排出的污水 COD、BOD 值较高，由于粪尿在猪舍中先混合，再用固液分离机分离，其污水的 COD（化学耗氧量）在 13 000～14 000 毫克/升，BOD（生化需氧量）为 8 000～9 600 毫克/升，SS（悬浮物）达 134 640～140 000 毫克/升，污水难以处理。

③处理污水的日常维护费用大，污水泵要日夜工作，而且要有备用。

④污水处理池面积大，通常需要有 7～10 天的污水排放储存量。

⑤投资费用也相对较大，污水处理投资通常达到猪场投资的 40%～70%，即一个投资 500 万元的猪场，需要另加 200 万～350 万元投资去处理污水。显

然，这个技术路线不适合目前的节水、节能的要求，特别对我国中部和北方地区养猪场很不适合。

（2）干清粪法　即采用人工清粪，在猪舍内先把粪和尿分开，用手推车把粪集中运至堆粪场，加工处理，猪舍地面不用漏缝地板（或用微缝地板，缝隙5毫米宽），改用室内浅排污沟，减少冲洗地面用水。这种方案虽然增加了人工费，但它克服了"水冲粪法"的缺点，表现如下。

①猪场每天用水量可大大减少，一般可比"水冲粪法"减少2/3。

②排出污水的 COD 值只有水冲粪法的 75% 左右，BOD 值只有水冲粪法的40% ～ 50%，SS 只有水冲粪法的 50% ～ 70%，污水更容易处理。

③用本法生产的有机肥质量更高，有机肥的收入可以相当于支付清粪工人的工资。

④污水池的投资少，占地面积小，日常维持费用低；在猪舍设计上另一个重要之处是将污水道与雨水道分开，这样可大大减少污水量；雨水可直接排入河中。

对一个有 600 头母猪年产 10 000 头肉猪的场来说，干清粪法比水冲粪法平均每天可减少排污水量 100 吨左右，年减少污水 36 500 吨，每吨水价以 2.3 元计，一年可节省 8.4 万元，每吨污水的处理成本约 3 元（污水设备投资 100 万元，15 年折旧，每年运行费 10 万元，年污水量以 547 500 吨计），可节省污水处理成本 10.95 万元。两项合计约 20 万元，是一项不少的收入。

（3）采用"猪粪发酵处理"技术　近年来，一种模仿我国古代"填圈养猪"的"发酵养猪"技术正由日本的一些学者与商家传入我国南方一些地区试验。该法将切短的稻草、麦秆、木屑等秸秆和猪粪、特定的多种发酵菌混合搅拌，铺于地面，断奶仔猪或肉猪大群（40 ～ 80 头 / 群）散养于上，同时在猪的饲料中加入 0.1% 的特定菌种。猪的粪尿在该填料上经发酵菌自然分解，无臭味，填料发酵，产生热量，地面温软，保护猪蹄。以后不断加填料，1 ～ 2 年清理一次。所产生的填料是很好的肥料。只是在夏天，由于地面温度较高，猪不喜欢睡卧填料处，需另择他处睡卧，同时要喷水。这是一种正在研究的方法。如成功，可大大节省人工、投资和设备。

4. 猪粪尿的综合利用技术有哪些？

目前，国内外猪粪尿的综合利用工程技术主要有两大类：即物质循环利用型生态工程和健康与能源型综合系统。

（1）物质循环利用型生态工程　该工程技术是一种按照生态系统内能量流

和物质流的循环规律而设计的一种生态工程系统。其原理是某一生产环节的产出（如粪尿及废水）可作为另一生产环节的投入（如圈舍的冲洗），使系统中的物质在生产过程中得到充分的循环利用，从而提高资源的利用率，预防废弃污物等对环境的污染。

常用的物质循环利用型生态系统主要有种植业—养殖业—沼气工程三结合、养殖业—渔业—种植业三结合及养殖业—渔业—林业三结合的生态工程等类型。主要有以下几种。

①"果（林、茶）园养猪"。猪粪尿分离后，猪粪经发酵生产有机肥，猪尿等污水经沉淀用作附近果（林、茶）园肥料。此类模式的优点是养殖业和种植业均实现增产增效，缺点是土地配套量大，部分场污水处理不充分。

②"猪—沼—果"。猪粪污水经沼气池发酵产生沼气，沼液用于果树、蔬菜、农作物。此类模式以家庭养猪场应用为主。优点是实现了资源二次利用。

③"猪—湿地—鱼塘"。猪粪尿干湿分离，干粪堆积发酵后外卖，污水经厌氧发酵后进入氧化塘、人工湿地，最后流入鱼塘、虾池。优点是占地较少，投资省，缺点是干粪依赖外售，污水使用不当会影响鱼虾生产。

④"猪—蚯蚓—甲鱼"。猪粪尿进行干湿分离，干粪发酵后养殖蚯蚓，蚯蚓喂甲鱼，污水用于养鱼。优点是生态养殖，投资省，缺点是劳动强度大。

⑤"猪—生化池"。粪尿干湿分离后，干粪堆积发酵外售，污水经生化池逐级处理，或经过过滤膜过滤后外排。此类模式占地少，但运行费高。

在这些物质循环利用型生态系统中，种植业—养殖业（猪）—沼气工程三结合的物质循环利用型生态工程应用最为普遍，效果最好。下面以此为例作简要阐述。

种植业—养殖业（猪）—沼气工程三结合的物质循环利用型生态工程的基本内容：规模化猪场排出的粪便污水进入沼气池，经厌氧发酵产生沼气，供民用炊事、照明、采暖（如温室大棚等）乃至发电。沼液不仅作为优质饵料，用以养鱼、养虾等，还可以用来浸种、浸根、浇花，并对作物、果蔬叶面、根部施肥；沼气渣可用作培养食用菌、蚯蚓，解决饲养畜禽蛋白质饲料不足的问题，剩余的废渣还可以返田增加肥力，改良土壤，防止土地板结。此系统实际上是一个以生猪养殖为中心，沼气工程为纽带，集种、养、鱼、副、加工业于一体的生态系统，它具有与传统养殖业不同的经营模式。在这个系统中，生猪得到科学的饲养，物质和能量获得充分的利用，环境得到良好的保护，因此生产成本低，产品质量优，资源利用率高。

（2）健康与能源型综合系统　将猪粪尿先进行厌氧发酵，形成气体、液体和固体三种成分，然后利用气体分离装置把沼气中甲烷和二氧化碳分离出来，分离出来的甲烷可以作为燃料照明，也可进行沼气发电，获得再生能源；二氧化碳可用于培养螺旋藻等经济藻类。沼气池中的上层液体经过一系列的沼气能源加热管消毒处理后，可作为培养藻类的矿质营养成分。沼气池下层的泥浆与其他肥料混合后，作为有机肥料可改良土壤；用沼气发电产生的电能，可用来照明，还可带动藻类养殖池的搅拌设备，也可以给蓄电池充电。过滤后的螺旋藻等藻体含有丰富、齐全的营养元素，即可以直接加入鱼池中喂鱼、拌入猪饲料中喂猪，也可以经烘干、灭菌后作为廉价的蛋白质和维生素源，供人们食用，补充人体所需的必需氨基酸、稀有维生素等营养要素。该系统的其他重要环节还包括一整套的净水系统和植树措施。这一系统的实施、运用，可以有效地改善猪场周围的卫生和生态环境，提高人们的健康和营养水平。同时，猪场还可以从混合肥料、沼气燃料、沼气发电、鱼虾和螺旋藻体中获得经济收入。该系统的操作非常灵活，可随不同地区、不同猪场的具体情况而加以调整。

第五节　养猪场消毒制度

1. 养猪场常用消毒药有哪些？

（1）氢氧化钠（烧碱、火碱、苛性钠）　对细菌、病毒均有强大灭活力，对细菌芽孢、寄生虫卵也有杀灭作用。常配成 2% ～ 3% 的溶液，用于出入口、运输工具、空栏、料槽、墙壁、运动场等处的消毒。本品腐蚀性很强，使用时一定要小心，千万不要溅到身上，尤其是眼睛里和手上。

（2）生石灰　生石灰主要成分是氧化钙，遇水生成氢氧化钙，起到消毒作用。消毒作用不强，只对大部分繁殖型细菌有效，对芽孢无效。使用时，先将生石灰与水按 1∶1 的比例，制成熟石灰，再用水配成 10% ～ 20% 的混悬液用于消毒墙壁、地面和粪便。石灰乳宜现配现用。注意：生石灰本身没有消毒作用，必须与水混合后使用才有效。

（3）过氧乙酸　过氧乙酸为强氧化剂，对细菌、病毒、霉菌和芽孢均有杀灭作用，作用快而强。常用 0.3% ～ 0.5% 的溶液，用作地面、墙壁消毒，也可用于空栏熏蒸消毒，一般按每立方米 1 ～ 3 克，稀释成 3% ～ 5% 溶液，加热熏蒸（室内最适相对湿度为 60% ～ 80%），紧闭门窗 1 ～ 2 小时。过氧乙酸对皮肤、黏膜有腐蚀作用，高浓度时加热至 60℃能引起爆炸，使用时要当心。过氧乙酸很不稳定，配制好的溶液只能保存几天，宜现配现用。市售制品为

20%、40% 溶液，有效期为半年。

（4）福尔马林（40% 甲醛溶液）　福尔马林为强大的广谱杀菌剂，能迅速杀灭细菌、病毒、芽孢、霉菌。福尔马林在实际中广泛用于空猪舍熏蒸消毒，即每立方米空间用 30 毫升福尔马林加 15 克高锰酸钾熏蒸；也可用 2% ～ 4% 的福尔马林溶液进行地面、墙壁、用具消毒。由于熏蒸必须有较高的温度和湿度，故在熏蒸前要喷水增湿。福尔马林具有强烈刺激性气味，是蛋白质凝固剂，使用时要注意安全。

（5）菌毒灭　菌毒灭是我国生产的一种新型广谱、高效的复合酚类消毒剂，在有效稀释浓度内对人畜无毒、无害，主要用于带猪环境消毒，常用预防消毒浓度为 0.3% ～ 0.5%，病原污染的场地消毒浓度为 1%。使用时应注意严禁用喷洒农药的喷雾器，严禁与碱性药品或其他消毒液混合使用，以免降低消毒效果或引起意外。

（6）百毒杀　百毒杀为双链季铵盐类消毒剂，安全、高效、无腐蚀、无刺激，消毒力可持续 10 ～ 14 天。常用于有猪圈舍、环境、用具等的消毒（浓度 0.01% ～ 0.03%）和饮水消毒（0.005% ～ 0.01%）。

（7）新洁尔灭（苯扎溴铵）　新洁尔灭是最常用的表面活性剂，有较强的消毒作用，对多数革兰氏阴性菌和阳性菌，接触数分钟即能杀死，应用广泛。常用 0.1% 的溶液浸泡手指、皮肤、手术器械和玻璃用品，用 0.01% ～ 0.05% 的溶液进行黏膜及深部感染的创口消毒。本品不能与普通肥皂配伍。

（8）二氯异氰尿酸钠（优氯净）　本品含有效氯 60% ～ 64%。对细菌繁殖体、芽孢、病毒、真菌孢子均有较强的杀灭作用。可用于饮水、圈舍、用具、车辆消毒。按有效氯含量计算，饮水消毒可用 0.5 毫克 / 千克浓度，圈舍、用具、车辆消毒可用 50 ～ 100 毫克 / 千克浓度。本品正常使用对皮肤黏膜无明显刺激性，但其粉尘对眼和上呼吸道有中度的刺激，可引起眼和皮肤灼伤。

（9）漂白粉　漂白粉别名次氯酸钙，含有效氯 80% ～ 85%。遇水产生次氯酸，次氯酸又可释放出活性氯和初生态氧，从而呈现杀菌作用。作用强，但不持久。能杀灭细菌、芽孢、病毒及真菌。主要用于圈舍、料槽、地面及车辆的消毒。饮水消毒可在 50 升水中加入漂白粉 1 克。圈舍地面消毒可配成 5% ～ 20% 的混悬液喷洒，也可撒布干粉末。

（10）戊二醛　戊二醛对繁殖型革兰氏阳性菌和阴性菌作用迅速，对耐酸菌、芽孢、某些霉菌和病毒也有效果。在溶液 pH 值为 7.5 ～ 8.5 时作用最强。常用 2% 溶液（加入 0.3% 碳酸氢钠），用于不能加热灭菌的医疗器械（如温度计、橡胶塑料制品）消毒。

2. 选择消毒药的原则是什么？

（1）根据环境条件选用消毒药 醛类消毒剂，特别是甲醛有强烈的刺激性气味，毒性很大，既容易危害畜禽呼吸道，也容易损害使用者的健康，不能用其作带猪消毒，用作空气消毒后，也应留出1周左右的静置挥发期。戊二醛是新一代的醛类消毒剂，它没有甲醛的缺点，却有优于甲醛的消毒灭菌效果，已成为很受欢迎的主要消毒剂，广泛应用于墙壁、地面、空气的消毒，一般喷雾使用。

复合酚类消毒剂如菌毒敌、消毒灵、农乐、杀特灵等，也具有刺激性气味，可导致黏膜红肿和其他不良反应，且具有气味滞留性，适于用作空气消毒、粪便消毒或病菌污染地的临时消毒。

含氯消毒剂如优氯净、强力消毒净、速消净、84消毒液、消洗净、凯杰、超氯等，杀菌作用受pH影响很大，pH值越高，杀菌作用越弱，pH值越低，杀菌作用越强，pH值为4时，杀菌作用最强。可用作墙壁、地面、空气带猪消毒，也可用于饮水消毒，但用前应做好水质检测。

表面活性剂类消毒剂，如新洁尔灭、洗必泰、度米芬、百毒杀等，虽然消毒效果也易受水质影响，但因具有低腐蚀性、低刺激性的特点，且杀菌浓度较低，用药量小，也是比较受欢迎的消毒剂，既可用于空气带猪消毒，也可用于饲养员、技术员的皮肤消毒，还可用于墙壁、地面、笼箱、料槽、饮水器、运输工具的喷雾或浸泡消毒，以及用于不宜煮沸的塑料、橡胶制品的浸泡消毒。

复合碘类消毒剂包括碘伏和碘伏与不同表面活性剂配合形成的消毒剂，如强力碘、速效碘、威力碘等，过氧化物类消毒剂包括过氧化氢、臭氧、过氧乙酸等，这两类消毒剂因无刺激、无腐蚀、毒性低，很适合在养猪场内使用；特别是过氧化物类消毒剂，最适合于饮水消毒，过氧乙酸可以用于空气喷雾、熏蒸消毒，但必须在酸性环境中，使用者还需注意搞好防护，避免刺激眼、鼻黏膜；而复合碘类消毒剂则要求pH值为2～5范围内使用，pH值2以下会对金属有腐蚀作用，可用于环境喷雾消毒，也可用于皮肤涂抹消毒。

（2）根据疫情特点选用消毒剂 复合酚类消毒剂对细菌、真菌、有囊膜病毒、多种寄生虫卵都具有杀灭作用，但对无囊膜病毒（如细小病毒、腺病毒、疱疹病毒等）无效；季铵盐类消毒剂虽然对各种细菌（如大肠杆菌、金黄色葡萄球菌、链球菌、沙门氏菌、布鲁氏菌）和常见病毒（如猪瘟病毒、口蹄疫病毒）均有良好的效果，但对无囊膜病毒消毒效果也不好。除发生无囊膜病毒感染外，均可选用这两类消毒剂对环境、器具、分泌物、排泄物进行消毒。

醛类消毒剂可以有效杀灭细菌、真菌、病毒、芽孢，最适于疫源地的芽孢消毒。"安灭杀"是醛类与季铵盐类的复方制剂，两种成分有相乘的效果，除对大肠杆菌、溶血性链球菌、金黄色葡萄球菌有良好的杀灭作用外，还对猪细小病毒、猪繁殖与呼吸综合征病毒、猪伪狂犬病病毒、猪瘟病毒等有很好的杀灭效果，作用迅速，效力持久，最适合于养猪场的消毒池，应用1次，持久效力可达7天以上。

过氧化物类消毒剂对细菌繁殖体、病毒、真菌、某些芽孢具有较好的杀灭作用，对原虫及其卵囊也很有效。因此，受原虫威胁的养殖场，宜选用这类消毒剂，作环境、用具消毒用，用于空气消毒时，可以喷雾，也可熏蒸。

含氯消毒剂对金黄色葡萄球菌、口蹄疫病毒、猪传染性水疱病毒、猪轮状病毒、猪传染性胃肠炎病毒等都具有较强的杀灭作用。缺点是性质不稳定，受日光照射时易分解失效，较难贮存，消毒效果既易受pH值影响，也易受有机质和还原性物质的影响。

烧碱对各种细菌、真菌、病毒、芽孢、原虫都具有很强的杀灭作用，但烧碱腐蚀性很强，对人畜的毒性很大，应避免与皮肤接触。发生口蹄疫、猪瘟、布鲁氏菌病的疫源地可以选用2%～3%的烧碱溶液喷洒，作墙壁、地面、阴沟、粪便、运输工具的消毒。

（3）比较价格选用消毒剂 消毒药是养殖场内常规用药中比较大的一项投入，购买消毒药时，除仔细阅读生产厂家提供的说明书并比较药物的性质、特点、作用外，还需权衡药物的价格，尽量选择质优价廉的药物，尤其是同类产品中的价格低廉者，如消毒饮水时，在1千克水中滴加2%碘酊5～6滴，可杀灭水中的致病菌及原虫，15分钟后即可饮用；墙壁、地面、用具的临时消毒或紧急消毒，可以使用15千克新鲜草木灰，加水50千克，煮沸1小时后，过滤去渣，将滤液再加至原水量后喷洒，若加入1～1.5千克食盐，消毒效果会更好；栏舍、墙壁、地面、粪池、污水沟等处的消毒，也可用生石灰加水配成10%～20%的石灰乳后，泼洒或涂刷消毒，但石灰的消毒作用不强，只能用于平时消毒。

3. 消毒的种类有哪些？

消毒的目的是消灭被传染源散播于外界环境中的病原体，以切断传播途径，阻止疫病的蔓延。

（1）预防性消毒 对圈舍、场地、用具和饮水等进行定期消毒，以达到预防一般疫病的目的。

（2）临时消毒　是指在发生疫病后到解除封锁期间，疫源地内有传染源存在，为了及时消灭由传染源排出的病原体而进行的反复多次的消毒。消毒对象是患病猪及带菌（毒）猪的排泄物、分泌物以及被其污染的圈舍、用具、场地和物品等。

（3）终末消毒　是指疫源地内的患病猪解除隔离、痊愈或死亡后，或者疫区解除封锁时，为了消灭疫区内可能残存的病原体而进行的一次全面彻底的大消毒。消毒对象是传染源污染和可能污染的所有圈舍、饲料饮水、用具、场地及其他物品等。

4. 养猪常用消毒法有哪些？

（1）机械清除　主要是通过清扫、洗刷、通风、过滤等机械方法清除病原体。本法是一种普通而又常用的方法，但不能达到彻底消毒的目的，作为一种辅助方法，须与其他消毒方法配合进行。

（2）物理消毒　①日光消毒。是利用阳光光谱中的紫外线、热线及其他射线进行消毒的一种常用方法。其中紫外线具有较强的杀菌能力，阳光的灼热和蒸发水分造成的干燥也有杀菌作用。本法对于牧场、草地、运动场、猪栏、饲养用具及环境等的消毒很有实际意义。但日光消毒受季节、时间、地势、天气等很多条件的影响，因此必须掌握时机，灵活运用，才能收到明显的效果。一般病毒和非芽孢性病原菌在直射阳光下照射几分钟至几小时即可被杀灭；抵抗力强的细菌、芽孢在强烈的日光下反复暴晒，也可使之毒力减弱或被杀灭。

②焚烧、烧灼、烘烤。是一种简单易行可靠的消毒方法。常在发生烈性疫病，如炭疽、气肿疽时，对病畜尸体及其污染的垫草、草料等进行焚烧，对厩舍墙壁、地面可用喷灯进行喷火消毒。金属制品可用火焰烧灼和烘烤进行消毒。

③煮沸消毒。是日常最为常用而且效果确实的消毒方法。一般病原菌的繁殖体在60～70℃经30～60分钟或100℃的沸水中5分钟内即可死亡。多数芽孢在煮沸15～30分钟内即可死亡，煮沸1～2小时可以消灭绝大多数的病原体。常用于耐煮的金属器械、木质和玻璃器具、工作服等的消毒。在煮沸金属器械和玻璃器械时，可加1%～2%苏打或0.5%肥皂等碱性物质，以提高沸点，增强杀菌效果。塑料、皮革制品容易变形，不宜煮沸消毒。

④蒸汽消毒。相对湿度80%～100%的热空气，能携带许多能量，遇到消毒物品时凝集成水，并放出大量热能，从而达到消毒的作用。

（3）化学消毒　是用化学药物杀灭病原体的方法，常用化学药品的溶液或蒸气进行消毒，在防疫工作中最为常用。选用消毒药的标准：杀菌谱广，有效浓度低，作用快，效果好；对人畜无害；性质稳定，易溶于水，不易受有机物和其他理化因素影响；使用方便，价廉，易于推广；无味，无嗅，不损坏被消毒物品；使用后残留量少或副作用小。

5. 非洲猪瘟背景下，猪场应重视哪些方面的清洗消毒？

非洲猪瘟背景下，猪场全方位清洗消毒显得尤为重要。生产区（生猪饲养栋舍、死猪暂存间、饲料生产及存放间、出猪间/台、场区道路等）、生活区（办公室、食堂、宿舍、更衣室、淋浴间等）、场区外道路等，应全面彻底清洗消毒。总体上，应按照从里到外，即由猪舍内到猪舍外、生活区再到场区外的顺序，渐次消毒，防止交叉、反复污染。

（1）生产区的清扫　①表面消毒。用2%氢氧化钠全面喷洒生猪饲养栋舍、死猪暂存间、饲料生产及存放间、出猪间/台、场区道路等生产场所，至表面湿润，至少作用30分钟。

②污物处理。清除生产区内粪便、垫料、饲料及残渣等杂物，清空粪沟，粪尿池和沼气罐经发酵后清空。将清扫出来的垃圾、粪便等污物，以及可能被污染的饲料和垫料，选择适当位置（尽可能移出场区）进行隔离堆积发酵、深埋或焚烧处理。

尽量拆开栋舍内能拆卸的设备，如隔离栏、产床、地板、吊顶的棚顶、风机、空气循环系统、灯罩等，将拆卸的设备移出栋舍外消毒。拆除并销毁所有木质结构，销毁可能污染的工作衣物、工具、纸张、药品等物资。

③冲洗。用清水高压冲洗生猪饲养栋舍、死猪暂存间、饲料生产及存放间、出猪间/台、场区道路等生产区域，确保冲洗无死角。拐角、缝隙等边角部分可用刷子刷洗。严重污染的栋舍可用去污剂浸泡后，高压清水冲洗。

冲洗后，生产区内设施设备、工具上应当无可见污物残留，挡板上无粪渣和其他污染物，产床上无粪便、料块，漏粪地板缝隙无散料和粪渣，料槽死角无剩料残渣，粪沟内无粪便，料管及百叶无灰尘。冲洗后的污水应当集中收集，并加入适量氢氧化钠等消毒剂进行处理，经酸碱平衡后排放。

④晾干。通风透气，晾至表面无明显水滴。

【注意事项】初次消毒是非常关键的环节，要清理并无害化处理栋舍内的粪尿、污渍、污水和杂物，以及可能受污染的物品（包括挡猪板、扫帚、木制品、泡沫箱、饲料袋等），确保冲洗彻底，从而清除绝大多数病原。

（2）消灭生物学因素　经初步消毒后，应集中杀灭老鼠、蚊蝇等。

（3）生产区的消毒　①使用表 3-1 推荐的适当消毒剂（按照说明书配制和使用），对生猪饲养栋舍、死猪暂存间、出猪间 / 台、场区道路、饲料生产及存放间等进行消毒。推荐以下两种方案，供参考。

表 3-1　生猪生产不同场所的消毒药选择建议

生产场所	适用的消毒药物
生产线道路、疫区及疫点道路、出猪台、赶猪道	氢氧化钠、生石灰、戊二醛类
车辆及运输工具	酚类、戊二醛类、季铵盐类、复方含碘类（碘、磷酸、硫酸复合物）
大门口及更衣室消毒池、脚踏池	氢氧化钠
畜舍建筑物、围栏、木质结构、水泥表面、地面	氢氧化钠、生石灰、酚类、戊二醛类、二氧化氯类
生产、加工设备及器具	季铵盐类、复方含碘类（碘、磷酸、硫酸复合物）、过硫酸氢钾类、二氯异氰尿酸钠
环境及空气	过硫酸氢钾类、二氧化氯类
饮水	漂白粉、次氯酸钠等含氯消毒剂、柠檬酸、二氧化氯类、过硫酸氢钾类
衣、帽、鞋等可能被污染的物品	过硫酸氢钾类
办公室、饲养人员的宿舍、公共食堂等场所	过硫酸氢钾类、二氧化氯类、含氯类消毒剂
粪便、污水	氢氧化钠、盐酸、柠檬酸
电器设备	甲醛熏蒸
人员皮肤	含碘类、柠檬酸

注：消毒药可参照说明书标明的工作浓度使用，含碘类、含氯类、过硫酸氢钾类消毒剂，可参照说明书标明的高工作浓度使用。日常消毒中，尽可能少用生石灰。

方案一：喷洒消毒剂。选用 2% 氢氧化钠充分喷洒生猪饲养栋舍、死猪暂存间、饲料生产及存放间、出猪间 / 台、场区道路等，保持充分湿润 6～12 小时，然后用清水高压冲洗至表面干净，彻底干燥。必要时，可冲洗干净氢氧化钠后晾至表面无明显水滴，再喷洒附表推荐的其他消毒剂（如戊二醛），保持充分湿润 30 分钟，冲洗并彻底干燥。

有条件的，可在彻底干燥后对地面、墙面、金属栏杆等耐高温场所，进行火焰消毒。若养殖场墙面、棚顶等凹凸不平，可选用泡沫消毒剂。

【注意事项】应避免酸性和碱性消毒药同时使用，若先用酸性药物，应待酸性消毒药挥发或冲洗后再用碱性药，反之亦然。出猪台、赶猪道是病毒传入高风险区，产床、棚顶、栋舍设施接口和缝隙，以及漏粪地板的反面及粪污地沟、粪尿池，水帘水槽以及循环系统为消毒死角，应重点加强消毒。火焰消毒应缓慢进行，光滑物体表面以 3～5 秒为宜，粗糙物体表面适当延长火焰消毒时间。最后一次消毒后应彻底干燥。

方案二：石灰乳涂刷消毒。20% 石灰乳与 2% 氢氧化钠溶液制成碱石灰混悬液，对生猪饲养栋舍、死猪暂存间、饲料生产及存放间、出猪间 / 台、场区道路、栏杆、墙面以及养殖场外 100～500 米内的道路、粪尿沟和粪尿池进行粉刷。粉刷应做到墙角、缝隙不留死角。每间隔 2 天进行 1 次粉刷，至少粉刷3 次。

【注意事项】① 20% 石灰乳和 2% 氢氧化钠混悬液的配制方法：1 千克氢氧化钠，10 千克生石灰，加入 50 千克水，充分拌匀后粗纱网过滤。石灰乳必须即配即用，过久放置会变质导致失去灭菌消毒作用。

②熏蒸。按生产区消毒项目中消毒干燥后，对于相对密闭栋舍，可使用消毒剂密闭熏蒸，熏蒸后通风，熏蒸时注意做好人员防护。例如，空间较小时，可使用高锰酸钾与福尔马林混合，或使用其他烟熏消毒剂熏蒸栋舍，密闭24～48 小时；空间较大时，可使用臭氧等熏蒸栋舍，密闭 12 小时。

③空栏空舍。栋舍门口和生产区大门贴封条，严禁外来人员、车辆进入。同时，应防止生物学因素进入。建议空栏期为 4～6 个月。

（4）饮水设备的消毒 ①卸下所有饮水嘴、饮水器、接头等，洗刷干净后煮沸 15 分钟，之后放入含氯类消毒剂浸泡。

②水线管内部用洗洁精浸泡清洗，水池、水箱中添加含氯类消毒剂浸泡 2 小时。

③重新装好饮水嘴，用含氯类消毒剂浸泡管道 2 小时后，每个水嘴按压放干全部消毒水，再注入清水冲洗。

（5）生活区的消毒 ①清扫和处理。对生活区（办公室、食堂、宿舍、更衣室、淋浴间等）进行清扫，将剩余所有衣服、鞋、杂物进行消毒或无害化处理。

②熏蒸消毒。同生产区的熏蒸消毒。

③喷洒消毒。使用附表推荐的消毒液喷洒消毒，干燥。

④第二轮消毒。待整个养殖场彻底消毒后，对生活区进行第二轮清洗消毒。

（6）车辆的消毒 车辆洗消中心应注意污道、净道分开。运输车辆由污道驶入，经清洗消毒后，应从净道离开。现推荐两种方案如下。

方案一：洗消中心消毒。进出养殖场的所有车辆均应对车辆底部、轮胎、车身等进行彻底清洗、消毒和高温烘干。非本场车辆可先在其他地方进行预处理，喷洒戊二醛或复合酚作用30分钟后，用清水或清洗剂（去污剂）初步冲洗清除粪便等杂物，然后进入洗消中心消毒。流程如下。

①清扫和拆卸。车辆由污道驶入后，清扫残留污物、碎屑，移除所有可拆卸设备（隔板、挡板等）；取出驾驶室内地垫等所有物品；清扫残留污物、碎屑。

②浸润。将车辆底部、轮胎、车身、拆卸物品等进行全方位、无死角立体冲洗；使用泡沫清洗剂（去污剂）喷洒全车和相关物品，浸润15～20分钟。

③高压冲洗。使用冷水（夏季）或60～70℃热水（冬季），按照从顶部到底部、从内部到外部的顺序，冲洗至无可见的污物和污渍。包括隔板、过道、挡猪板、扫帚、铁铲及箱子，最后冲洗取出的驾驶室地垫等物品。

④车体消毒。沥干车内存水，使用新配制的消毒液喷洒车辆内外表面、底盘，保持30分钟；驾驶室地垫、其他工具浸泡在消毒液中，保持30分钟。必要时，可重复一次。

⑤驾驶室消毒。使用消毒液浸泡的抹布擦拭方向盘、仪表盘、油门和刹车踏板、把手、车窗、玻璃和门内侧等，地板使用消毒剂喷洒。

⑥烘干。洗消后车辆驶上30°斜坡，沥干水分（无滴水），进入烘干房，待车体温度达到60℃保持30分钟，或70℃保持20分钟。烘干过程中，循环气流。有条件的，可在烘干后对拉猪车等高风险车辆熏蒸消毒。

⑦由净区离开洗消中心后，车辆驶入指定洁净区域停放。必要时，到达养殖场大门前，门卫人员再次消毒，同时司机出示消毒证明方可进入生活区。

⑧洗消中心消毒。车辆离开后，立即高压冲洗地面和墙面，无滴水、积水后喷洒消毒液；清洗工具、干燥；抹布浸入戊二醛至少30分钟后清洗烘干；所有洗消工具放入指定位置。

方案二：固定地点集中消毒。没有洗消中心时，建议进行三次清洗消毒，重点消毒轮胎、底盘、车厢、驾驶室脚踏板等部位，有条件的可使用高压热水冲洗。每次消毒沥干水分（无滴水）后方可进行下一次消毒。具体流程如下。

①卸货后先喷洒戊二醛或复合酚，作用30分钟。

②在远离养殖场的位置进行第一次高压清水清洗，至无可见污物。

③在养殖场外1千米外进行第二次清洗消毒，按照泡沫清洁剂（去污剂）、冲洗、沥水、消毒剂消毒、冲洗流程处理后晾干。

④使用前进行第三次清洗消毒，喷洒消毒剂、冲洗后彻底晾干。

【注意事项】车辆消毒的同时，司乘人员应淋浴、更换衣服和鞋，并进行消毒。泡沫清洗剂（去污剂）包括肥皂、洗衣粉等，属于阴离子清洗剂（去污剂），应避免与季铵盐类等阳离子消毒剂同时使用。注意收集车辆洗消污水，无害化处理后排放。烘干过程中注意循环气流，防止对车体造成损伤。

（7）杂草垃圾的消毒及处理　①清除场外2.5～5米范围内和场内的杂草及垃圾，并无害化处理。

②对场外50米范围内和场内树木、草丛等，根据蚊蝇情况一般每3～7天喷洒一次除虫剂。

（8）引进生猪前消毒　引进生猪（哨兵猪）前7天，对生产区再次消毒。

（9）消毒效果评价　①养殖场消毒效果评价。可分别在养殖场彻底消毒干燥后、进猪前消毒干燥后，采集生产区、生活区、隔离区等各场所样品，重点采集栋舍内外地面、墙面、饮水管道、食槽、水嘴、栏杆、风机、员工生活区、场内杂物房等高风险场所样品，确保覆盖漏粪地板反面、粪坑、栋舍墙角、食槽底部等卫生死角，检测非洲猪瘟病毒。

②车辆消毒效果评价。车辆每次消毒烘干后对车厢内部、驾驶室全面采样，车辆外表面主要对轮胎、底盘、挡泥板、排尿口、后尾板、赶猪板等进行采样，检测非洲猪瘟病毒。此外，还应对洗车房、车辆出口定期检测非洲猪瘟病毒。

6. 如何进行粪便和用具的消毒？

（1）粪便消毒　患传染病和寄生虫病猪粪便的消毒，可用焚烧法、化学药品消毒法、掩埋法和生物热消毒法等。实践中最常用的是生物热消毒法（发酵），此法能使非芽孢病原微生物污染的粪便变为无害，且不丧失肥料的应用价值。掩埋法适合于烈性疫病病原体污染的少量粪便的处理，可将漂白粉（或生石灰）与粪便按1∶5的比例混合，然后深埋地下2米左右。少量带芽孢的粪便，可直接与垃圾、垫草和柴草混合焚烧消毒。

（2）用具消毒　①日常用具消毒。定期对保温箱、补料槽、饲料车、料箱等进行消毒。将用具冲洗干净后，用0.1%新洁尔灭或0.2%～0.5%过氧乙酸进行消毒，然后在密闭的室内进行熏蒸。

②医用器具消毒。对牙剪、耳缺钳、耳牌钳、断尾钳、手术剪、手术刀柄、持针钳、注射器、针头、消毒盘及体温计等器械和用具，在使用后要及时去除污物，用清水洗刷干净，然后按器具的不同性质、用途及材料，选择适宜的方法进行消毒。

常用方法有：70%～75% 酒精擦拭消毒；开水煮沸消毒；高温消毒柜消毒；消毒液（0.1% 新洁尔灭、0.2% 百毒杀、0.5% 络合碘等）浸泡消毒；高压蒸汽灭菌法。注射疫苗的注射器具，宜用高压蒸汽进行消毒。

7. 非洲猪瘟背景下，如何确保冬春季和雨季猪场消毒效果？

（1）确保冬季消毒效果　低温会影响消毒剂的稳定性和溶解性，使消毒效果明显减弱。冬春季，养殖场户在消毒剂配制和使用过程中要充分考虑温度影响。

①舍外消毒。若室外温度高于 −6℃时，可使用 0.5% 的戊二醛水溶液消毒。温度过低时，可选用低温消毒剂（二氯异氰尿酸钠／过硫酸氢钾复合物＋乙二醇、氯化钙等，其中，二氯异氰尿酸钠有效浓度为 0.2%～0.3%，过硫酸氢钾复合物有效浓度为 0.2%～0.5%）。可使用高温火焰对地面进行消毒。

②舍内消毒。冬春季不建议舍内带猪消毒，舍内环境消毒时可使用 0.2%～0.5% 的过硫酸氢钾复合物。

③饮水消毒。使用二氧化氯、漂白粉等对猪只饮用水进行消毒，可合理添加酸化剂。

④物资消毒。物资（疫苗和精液等温度敏感物品除外）到达养殖场后，应恢复至室温后再进行消毒处理。物资消毒宜在室内，避免露天消毒。优先选择烘干消毒，无法烘干消毒的物资可选择浸泡消毒。

烘干消毒：在 60～70℃保持 30 分钟，消毒过程中，物品之间留有空隙，避免堆叠，确保热空气流通。

浸泡消毒：宜使用 25℃左右的温水配制消毒剂，也可在室内安装供暖设备，将室温控制在 25℃左右。消毒液应完全浸没消毒物品 30 分钟以上，期间可轻微搅动，确保所有物品表面均充分接触消毒液。

⑤应急消毒。疫情风险较大时，可考虑每周进行一次全面、无死角的"白化"消毒（使用 15%～20% 的石灰乳加 2%～3% 的火碱溶液，配制成碱石灰混悬液），以便可视化消毒区域，并且延长消毒剂作用时间。也可使用 10% 戊二醛、苯扎溴铵溶液进行"泡沫白化"消毒。

（2）确保雨季消毒效果　雨季要科学清洗消毒。

①雨后对场内道路进行排水清污后再进行消毒。

②可在消毒池上搭建遮雨棚，保证有效的消毒浓度。

③适当增加消毒频次，污染严重时，可提高消毒剂使用浓度。

8. 洪涝灾害过后如何搞好猪场消毒?

洪涝灾区连续遭受强降雨,死亡畜禽和各种污物随水流动,水源等环境易受到污染。同时,土壤中的病原被雨水冲出来,也会引发疫病。为消灭环境中病原体,切断传播途径,预防和控制传染病流行,保障人畜健康,必须进行大消毒。灾区畜牧兽医部门要指导受灾养殖场(户)开展消毒工作,指导规模猪场、养殖小区落实卫生消毒措施,防止发生疫情。

(1)消毒范围　洪灾过后要指导灾区养殖场(户)做好圈舍及周围环境的清扫消毒工作。一要做好圈舍环境的清扫工作,防止野生动物侵入,消灭老鼠和蚊蝇;二要对所有圈舍进行一次全面消毒。消毒重点是畜禽舍、屠宰场(点)、畜禽及其产品加工、销售场地、仓库、中转场地、畜禽交易市场、饮水源、畜禽运输车辆、用具等;特别是对死亡动物的圈舍进行彻底、多次消毒。

①圈舍及环境消毒。灾后要对圈舍和周围环境进行彻底的清理消毒。一是对倒塌的圈舍进行消毒,重点是对死亡动物的和圈舍进行彻底消毒。二是对可继续使用的养殖场消毒,大型养殖场要定期清扫,定期用消毒剂消毒,保持圈舍清洁和环境卫生,防止野生动物侵入,消灭老鼠和蚊蝇。小型养殖场及散养户,重点是经常性地清扫圈舍和处理粪便,保持清洁。如发生疫情,要采用化学消毒药品或消毒剂进行消毒。三是对重建的圈舍消毒,除按常规消毒外,灾后还应根据疾病的流行情况增加消毒次数,选择合适的消毒药品。有条件的地方,建立沼气池,发酵处理粪便,防止蚊蝇滋生。

②活畜禽交易市场的消毒管理。用刺激性小的消毒剂,进行带猪等体表消毒,对畜禽交易场所、运输车辆和笼具等进行清扫消毒;要建立定期的休市消毒制度。

(2)常用消毒药品及使用方法　①生石灰。适用刷棚圈墙壁、桩柱及地面的铺撒消毒等。石灰水的配制方法:1千克生石灰加4～9千克水。先将生石灰放在桶内,加少量水使其溶解,然后加足水量。石灰水要现配现用,放置时间过长会失效。

②烧碱。2%烧碱溶液可用于消毒棚圈、场地、用具和车辆等。3%～5%的烧碱溶液,可消毒被炭疽芽孢污染的地面。消毒棚圈时,将家畜赶出栏圈,经半天时间,将消毒过的饲槽、水槽、水泥地或木板地用水冲洗后,再让家畜进圈。

③过氧乙酸。2%～5%的过氧乙酸溶液,可喷雾消毒棚圈、场地、墙壁、用具、车船、粪便等。

④复合酚。复合酚 100～300 倍液适用于消毒畜舍、场地、污物等。

⑤季铵盐类。用 3 000 倍稀释液喷洒、冲洗、浸渍，可用来消毒畜舍、环境、机械、器具、种蛋等。季铵盐类 2 000 倍液可用于紧急预防畜禽舍的消毒。季铵盐类 10 000～20 000 倍稀释液可预防储水塔、饮水器被污物堵塞，可以杀死微生物、除藻、除臭、改善水质。

此外，可选用氯制剂（灭毒杀、杀毒霸、杀毒先锋）、碘制剂、酸制剂等消毒剂，按说明书要求配制后对圈舍环境、器械等进行消毒。

（3）消毒次数　要保证消毒频率。灾后环境至少每周消毒两次，圈舍可带畜禽每周消毒 3～4 次。一旦发生疫情，应增加消毒次数，并对消毒效果进行监测。

要保证消毒药物的有效浓度；防止酸碱消毒剂混用，影响消毒效果。

（4）工作人员消毒　工作人员完成无害化处置工作和消毒工作后，应将脱下的防护服、手套、口罩等集中焚烧处理；接触污染物后，应使用免洗手消毒剂涂擦双手，消毒作用时间应不低于 1 分钟，然后用水清洗。

9. 感染非洲猪瘟猪场生产恢复时需注意哪些问题？

目前，全世界尚无有效疫苗和药物用于预防和治疗非洲猪瘟，清除已存在的非洲猪瘟病毒，并有效阻止非洲猪瘟病毒再次进入养殖场，是决定养殖场恢复生产成功的关键。恢复生产是一项基于生物安全的系统工程，涉及许多设施条件、防控技术和管理细节。不同养殖场规模及其生物安全情况不同，生产恢复方法无法完全统一。对于中小规模养殖场，可结合本场实际，参照下列要求恢复生产；对于种猪场、大型特别是超大型养殖场，可根据下列要求推荐的原则采取更严格的生物安全措施。

生产恢复是指养殖场发生非洲猪瘟疫情后，经全部清群、清洗消毒、设施改造、管理措施改进，并经适当时间空栏和综合评估后，再次引进生猪进行养殖的过程，也叫复养。

空栏期是指从发生非洲猪瘟疫情养殖场全部清群、第一次清洗消毒后，至再次引入生猪养殖的时间间隔。基于非洲猪瘟病毒的生物特性，空栏期以 4～6 个月为宜，具体时长可根据风险评估情况确定。

（1）切断传播途径　复养前，必须切断非洲猪瘟所有的传播途径。

（2）生产恢复计划的制订　①疫情传入途径的分析。生产恢复前，首先要分析本场疫情传入的具体途径，并重点防范。本场首个病例发病前 3～21 天，所有非洲猪瘟传播途径都可能是本场疫情传入的途径。对同一养殖场，病毒传入途径可能是其中一种或几种，制订生产恢复计划时应当充分考虑。

②病毒再次传入的风险评估。

养殖场规模和选址：养殖规模越大，病毒传入的途径和机会越多，疫情发生的概率越高。养殖场所处地势较低，与公路、城镇居民区等人口密集区距离近时，病毒传入风险较高。

周边疫情情况：养殖场周边疫情越重，病毒传入风险越高。

周边经济社会环境：养殖场周边养殖场户多、距离近、隔离条件差，屠宰场、无害化处理场、生猪交易市场分布不合理、防疫条件差，贩运人员多、防疫意识差，车辆清洗消毒不彻底，都会增加病毒传入风险。

③生产恢复计划的制订。按疫情传入途径的分析、病毒再次传入的风险评估后，若本场适合恢复生产，则应根据非洲猪瘟传入途径和当前疫情传入风险，查找本场生物安全漏洞，从车辆、人员、物流管理等方面改造生物安全设施，健全管理制度，做好恢复生产前的准备。具体可根据本场实际，有计划、有选择地做好清洗消毒、设施升级改造、完善生产管理制度等工作。若评估认为传入风险高，则应采取更为严格的生物安全措施。

（3）清洗消毒　按照非洲猪瘟背景下猪场常规消毒进行。

（4）设施设备的升级改造　对存在生物安全漏洞的养殖场，应进行升级改造，加强场区物理隔离、车辆、饲料、饮水等生物安全防护水平。

①优化养殖场整体布局。总体上，生产区与生活区分开，净道与污道分开，养殖场周边设置隔离区。例如，生产区与生活区之间建立实心围墙。空怀妊娠母猪舍、哺乳猪舍、保育猪舍、生长育肥猪舍、公猪舍各生产单元相对隔离，独立管理；硬化养殖场和栋舍地面；按照夏季主导风向，生活管理区应置于生产区和饲料加工区的上风口，兽医室、隔离舍和无害化处理场所处于下风口和场区最低处，各功能单位之间相对独立，避免人员、物品交叉。

②栋舍内部。所有的栋舍应能够做到封闭化管理，设备洞口或者进气口覆盖防蚊网，安装纱窗；修补栋舍内破损的地面、墙面、门、地沟、漏缝板等设施，修补所有建筑表面的孔洞、缝隙；对栋舍实施小单元化改造。例如，不同圈舍间用实体隔开；通槽公用饮水饲喂改为每个圈舍、栏位独立饮水饲喂；每栋配备单独的脚踏和洗手消毒盆（池）、专用水鞋；更换水帘纸、破损的卷帘布、进气口、百叶等设备。风机宜选用耐腐蚀易消毒的玻璃钢风管；更换破损的饮水设施；有条件的，可提高养殖场自动化水平。

③栋舍外部。防止外来动物进入。养殖场四周设围墙，围墙外深挖防疫沟，设置防猫狗、防鸟、防鼠、防野猪等装置，只留大门口、出猪台、粪尿池

等与外界连通。例如，养殖场围墙外 2.5 ～ 5 米，以及栋舍外 3 ～ 5 米，可铺设尖锐的碎石子（2 ～ 3 厘米宽）隔离带，防止老鼠等接近；或实体围墙底部安装 1 米高光滑铁皮用作挡鼠板，挡鼠板与围墙压紧无缝隙。

杜绝蚊蝇。场区内不栽种果蔬，不保留鱼塘等水体，粪尿池用蚊帐、黑膜等覆盖或密封。

完善排污管线。防止雨水倒流进场内，确保场内无积水、无卫生死角。例如，在养殖场围墙外挖排水沟（排水沟应用孔径 2 ～ 5 毫米铁丝网围栏）。

设置连廊。有条件的，可在各生产区间、生活区与生产区之间设置连廊防护，加强防蚊蝇、防鼠功能。简易连廊可用细密的铁丝网围成，上方覆盖铁板。

④完善门口消毒设施。养殖场大门口设置值班室、更衣消毒室和全车洗消的设施设备；进出生产区只留唯一专用通道，包括更衣间、淋浴间和消毒间，更衣和淋浴间布局须做好物理隔断，区分净区、污区。

⑤设置物品存放、消毒间。在养殖场门口设置物品消毒间。消毒间分净区、污区，可用多层镂空架子放置物品。

⑥完善出猪设施。分别建立淘汰母猪、育肥猪的出猪系统，包括出猪间（台）、赶猪通道、赶猪人员和车辆等。淘汰母猪和育肥猪的出猪系统应相互独立、不交叉；养殖场围墙边上分设淘汰母猪、育肥猪专用出猪间（台），出猪间（台）连接外部车辆的一侧，应向下具有一定坡度，防止粪尿向场内方向回流；出猪间（台）及附近区域、赶猪通道应硬化，方便冲洗、消毒，做好防鼠、防雨水倒流工作。例如，安装挡鼠板，出猪间（台）坡底部设置排水沟等；在远离养殖场的地方设置中转出猪间（台）时，人员和内外部车辆出现间接接触的风险较高，必须设计合理、完善清洗消毒设施，避免内外部车辆和人员直 / 间接接触而传播病毒。

⑦完善病死猪无害化处理设施。配备专用病死猪暂存间、病死猪转运工具等相关设施；有条件的，应配备焚烧炉、化尸池等病死猪无害化处理设施。病死猪无害化处理设施应建在养殖场下风口，地面全部做硬化防渗处理，增加防止老鼠、蚊蝇等动物进入此区域的设施。

⑧配备专用车辆和车辆洗消设施。养殖场应配备本场专用运猪车（场外、场内分设）、饲料运送车（场外、场内分设）、病死猪 / 猪粪运输车等；养殖场应设置固定的、独立密闭的车辆清洗消毒区域；有条件的，可配套本场专用的车辆洗消场所。

⑨完善饲料存放设施。袋装料房应相对密闭，具备防鼠、消毒功能。例

如，房屋围墙安装防鼠铁皮，窗户安装纱窗，门口配备水鞋、防护服、洗手和脚踏消毒盆等；有条件的，可在围墙周边设立料塔，饲料车在场外将饲料打入料塔内；检查所有的料线设备，更换或维修锈蚀漏水的料塔、磨损的链条以及料管、变形锈蚀的转角等部件。

⑩安装监控设备。养殖场应安装监控设备，覆盖栋舍及养殖场周边等场所，实现无死角、全覆盖，监控视频至少储存1个月。

必要时，可在升级改造结束后，再进行一遍清洗消毒以及消毒效果检测评价。

（5）生产管理制度的完善　①严格人员管理。养殖场实行封闭式管理，禁止外来人员（特别是生猪贩运人员或承运人员、保险理赔人员、兽医、技术顾问、兽药饲料销售人员等）进入养殖场。若必须进场，经同意后按程序严格消毒后进入；养殖人员不到其他养殖场串门，从高风险场所回来后应隔离（建议2～3天），隔离期间淋浴、更换衣服和鞋、消毒，注意清洗头发、剪指甲，方可进入生产区。养殖人员从生活区进入生产区时，应对手部彻底消毒并更换工作服；各生产单元的人员应相对独立，不能随意跨区活动，避免交叉；人员（包括兽医技术人员）进入养殖场和生产区应走专用通道，严格淋浴、更换衣服鞋、消毒；进入栋舍前应洗手消毒、换栋舍内专用水鞋、脚踏消毒，从栋舍出来时应冲净鞋上粪便，脚踏消毒池后，更换栋舍外专用水鞋，内外专用水鞋不交叉。

②严格进场物品管理。场外物资、物品按照附表推荐的消毒剂经严格消毒后，方可转移至场内。物品尽量选择浸泡消毒，不可浸泡的物品可选用喷淋、熏蒸、擦拭等方式消毒；严格禁止外来的猪肉及其制品进场。禁止养殖人员携带任何食品进养殖区。

③禁止使用餐厨废弃物（泔水）喂猪。全面禁止使用自家或外购餐厨废弃物（泔水）饲喂生猪。

④严格车辆管理。育肥猪运猪车、淘汰母猪运猪车、饲料运送车、病死猪/猪粪运输车等车辆专车专用，原则上不得交叉使用，本场配备的场内、场外活动车辆不混用。交叉使用的，执行上一任务后，需进行全面清洗消毒方可执行下一任务；根据使用情况，本场车辆可在每次或每天使用后，进行清洗消毒；外来车辆、生活车辆禁止进入养殖场；避免本场车辆与外来车辆接触；加强车辆司机管理，尤其是运猪车、病死动物运输车，应配备专门司机。原则上，禁止司机下车操作。

⑤严格养殖生产管理。猪群实行批次化生产管理，按计划全进全出，并确

保栋舍有足够时间彻底清洗、空栏、消毒、干燥；控制饲养密度；生产区净道供猪群周转、场内运送饲料等洁净物品出入，污道供粪污、废弃物、病死猪等非洁净物品运送；一旦发现临床疑似病例，禁止治疗和解剖病死猪，应立即采样进行非洲猪瘟检测；养殖场内禁止饲养其他畜禽。

⑥严格售猪管理。禁止生猪贩运人员、承运人员等外来人员，以及外来车辆进入养殖场；售猪前 30 分钟以及售猪后，应立即对出猪间（台）、停车处、装猪通道和装猪区域进行全面清洗消毒；避免内外人员交叉。本场赶猪人员严禁接触出猪间（台）靠近场外生猪车辆的一侧，外来人员禁止接触出猪间（台）靠近场内一侧；严禁将已转运出场或已进入出猪间（台）的生猪运回养殖场；外来人员以及本场赶猪人员在整个售猪过程中均应穿着消毒的干净工作服、工作靴；本场赶猪人员返回养殖区域前应淋浴、更换衣服和鞋、进行严格消毒；减少售猪频次。

⑦严格病死动物管理。原则上，病死动物应在本场病死动物无害化处理设施内处理。病死动物包裹后由专人专车、专用道路运送，其他人、车不得参与，沿途不撒漏。必要时，将病死动物运送至无害化处理设施后，应对无害化处理设施周围、人员、车辆、沿途道路等清洗消毒。运送人员应穿着防护服。

如需使用外来车辆将病死动物运送至无害化处理场，则应将病死动物包裹后由专人专车、专用道路运送至场外固定地点，但不能与外来无害化处理车辆和人员接触。该车辆返回前，车辆和沿途道路应予清洗消毒。外来车辆拉走病死动物后，应对该区域严格清洗消毒。消毒可喷洒 2% 氢氧化钠。外来病死动物运输车辆应事先进行严格的清洗消毒。本场车辆不得与外来车辆接触，且行驶轨迹不得交叉。

⑧严格饲料管理。向本场运送饲料的车辆，必须事先进行清洗消毒；外部运送饲料的车辆禁止进场；袋装饲料到场后，卸货人员工作前后均应淋浴、更换衣服鞋、严格消毒；袋装饲料入库前应拆至最小包装，进行臭氧等熏蒸消毒。

⑨严格人员培训。合理安排恢复生产人员，明确各岗位职责、具体操作规程，制定考核标准；定期进行系统的生产培训和生物安全培训、考核，确保所有人员自觉遵守生物安全准则，主动执行生物安全措施，积极纠正操作中的偏差。

（6）哨兵猪放置　在做好清洗消毒、设施设备升级改造、完善生产管理制度的基础上，进行养殖场环境非洲猪瘟病毒检测阴性，然后空栏 4～6 个月，综合评估合格后，方可引进哨兵猪。

①哨兵猪选择。哨兵猪应以后备母猪和架子猪为主，其中种猪场可引入后备母猪，育肥场引入架子猪。

②哨兵猪数量。育肥场每个栏位放置 1 ~ 2 头哨兵猪，饲养 21 天。种猪场可放置本场满负荷生产的 10% ~ 20% 哨兵猪数量，饲养 42 天。如有限位栏，应打开栏门，定时驱赶，确保哨兵猪行走覆盖所有限位栏。

③哨兵猪放置方案。隔离舍、配怀舍、产房、保育舍、育肥舍等各栋舍均应放置哨兵猪；在养殖场内栋舍外区域还应放置移动哨兵猪。

④哨兵猪监测。哨兵猪进场前经临床观察无异常、采样监测阴性，方可引进；育肥场哨兵猪饲养 21 天后，临床观察无异常、采样检测阴性的，可准备恢复生产；种猪场哨兵猪饲养 42 天后，临床观察无异常、采样检测阴性的，可准备恢复生产；若猪群无异常可以视情况混合多个样品（最多 10 个样品）检测。整个过程中如有异常随时检测，发病或异常死亡的单独检测。采样及检测方法按照农业农村部相关规定进行。

⑤准备恢复生产。将哨兵猪集中饲养，对放置哨兵猪的场所清洗、消毒、干燥后，准备进猪恢复生产。

（7）恢复生产　①引种猪群选择。引种应按照就近原则，尽量选择本市县引种、不跨省引种，禁止从正在发生非洲猪瘟疫情的地区（所在市县）引种。

确定来源猪场。至少提前 3 个月做好恢复生产引种计划。来源猪场应尽可能单一，信誉、资质和管理良好，系统开展重大动物疫病检测，近期未发生重大疫情。

引种前检测。来源猪场能够提供近 7 天内的非洲猪瘟检测证明，并能够按生猪调运相关规定申报检疫。

②运输管理。车辆要求。采用备案的专业运输车，装猪前进行过清洗消毒（有消毒证明）。运输路线较长的，应配备供水供料设施，并配足饲料饮水。

路线要求。合理规划引种运输路线，严格执行有关调运监管要求，禁止途经非洲猪瘟疫区所在市县，尽可能避开靠近养殖场、屠宰场、无害化处理厂、生猪交易市场的公路。

过程管理。运输途中尽量不停车、不进服务区，避免接触其他动物。司机不能携带和食用猪源性产品。派专业兽医押运，对运输途中出现的应激死亡猪只，应就近无害化处理。

③进猪后隔离监测。引进生猪进场后，应先在隔离舍或后备猪舍饲养 21 天。在此期间，该群生猪应由专人全封闭饲养、管理，不得与其他猪混群。确认无疫情后再转入生产栋舍。

④后期管理。严格执行关于生产管理等方面的要求，并不断完善生物安全管理设施和措施。

第六节　猪场免疫接种与猪病净化

1. 猪用疫苗有哪些种类?

疫苗免疫是预防和控制动物疫病的有效手段，也是目前我国养猪生产防控重要病毒性疾病和细菌性疾病的主要手段。然而，从事养猪生产和猪病防控的技术管理人员应清醒地认识到：疫苗免疫是猪场疫病防控的最后一道防线，构建和完善生物安全体系是猪场疫病防控的根本，也是保证所用疫苗充分发挥免疫效力的基础。

目前我国猪用疫苗仍然以传统的弱（减）毒活疫苗和灭活疫苗为主，少数疫病的基因缺失疫苗、基因工程亚单位疫苗、合成肽疫苗实现了商业化生产和应用。然而，猪用疫苗呈现一种疫病有不同毒株的疫苗、同一种疫苗有不同动保企业生产的制品这一现状，无疑会给养殖企业造成选择的难题，也不排除不同毒株的疫苗和不同企业生产的疫苗在质量和实际免疫效力上的差异。此外，一些疫苗的实际临床免疫效果难以令人满意，还有一些疫苗存在安全性问题。因此，猪场依据疫病流行和发生状况，合理选择疫苗和科学使用疫苗十分重要。

（1）弱毒活疫苗　弱毒活疫苗是一类应用广泛的疫苗，如猪瘟兔化弱毒疫苗、猪传染性胃肠炎、猪流行性腹泻二联活疫苗、猪繁殖与呼吸综合征活疫苗、猪乙型脑炎活疫苗、猪支原体肺炎活疫苗、猪伪狂犬病活疫苗等。弱毒活疫苗可刺激机体产生细胞免疫与体液免疫应答。一些减毒活疫苗毒株存在毒力返强或与野生型病毒发生重组产生新毒株的风险应予以关注和高度重视。

（2）灭活疫苗　灭活疫苗应用十分普遍，如口蹄疫灭活疫苗、猪圆环病毒2型灭活疫苗、猪流行性腹泻灭活疫苗、猪伪狂犬病灭活疫苗、猪细小病毒病灭活疫苗、猪支原体肺炎灭活疫苗、猪传染性胸膜肺炎灭活疫苗、副猪嗜血杆菌病灭活疫苗、猪大肠杆菌病灭活疫苗等。灭活疫苗的安全性好，主要诱导抗体产生，发挥体液免疫效应。

（3）基因缺失疫苗　猪伪狂犬病基因缺失疫苗已广泛使用，并在猪场伪狂犬病的净化中发挥了重要作用，配合抗体检测技术可以区分疫苗免疫猪和野毒感染猪的鉴别诊断。

（4）基因工程亚单位疫苗 近年来，一些猪病的基因工程亚单位疫苗已商业化应用，如猪圆环病毒2型Cap蛋白基因工程亚单位疫苗、猪瘟病毒E2蛋白基因工程亚单位疫苗等。

（5）合成肽疫苗 口蹄疫的合成肽疫苗已商业化应用。

2. 养猪场应该常备哪些疫苗?

（1）猪瘟活疫苗

【作用与用途】用于预防猪瘟。接种后4天产生免疫力。断奶后无母源抗体仔猪的免疫期，脾淋苗为18个月，乳兔苗为12个月。

【用法与用量】肌内或皮下注射。按瓶签注明头份，用生理盐水稀释成1头份/毫升，每头1毫升。

在没有猪瘟流行的地区，断奶后无母源抗体的仔猪，接种1次即可。有疫情威胁时，仔猪可在21～30日龄和65日龄左右时各接种1次。

断奶前仔猪可接种4头份疫苗，以防母源抗体干扰而导致免疫效果降低。

【注意事项】①应在8℃以下的冷藏条件下运输。

②使用单位收到冷藏包装的疫苗后，如保存环境超过8℃而在25℃以下时，从接到疫苗时算起。限10天内用完。

③接种时，应作局部消毒处理。

④接种后应注意观察，如出现过敏反应，应及时注射肾上腺素治疗。

⑤稀释后，如气温在15℃以下，6小时内用完，如气温在15～27℃，则应在3小时内用完。

⑥用过的疫苗瓶、器具和未用完的疫苗等应进行无害化处理。

（2）猪口蹄疫灭活疫苗

【作用与用途】用于预防猪口蹄疫。接种后15天产生免疫力，免疫期为6个月。

【用法与用量】耳根后部肌内注射。体重10～25千克猪，每头1毫升；体重25千克以上的猪，每头2毫升。

【注意事项】①切忌冻结，冻结后的疫苗严禁使用。

②应在2～8℃冷藏运输，运输和使用过程中，应避免阳光照射。

③使用前，应将疫苗恢复至室温，并充分摇匀，但不可剧烈振摇，防止产生气泡。

④炎热季节接种时，应选在清晨或者傍晚进行。

⑤开瓶后，限当日用完。

⑥仅用于接种健康猪。怀孕后期（临产前 1 个月）的母猪、未断奶仔猪禁用。接种怀孕母猪时，保定和注射动作应轻柔，以免影响胎儿，防止因粗暴操作导致母猪流产。

⑦接种时，应作局部消毒处理，进针应达到适当的深度。

⑧曾接触过病畜的人员，应更换衣服、鞋帽并经必要的消毒后，方可参与疫苗接种。

⑨注射后，可能会引起家畜产生不良反应：注射部位肿胀，体温升高，减食或停食 1 ～ 2 天，随着时间的延长，反应会逐渐减轻，直至消失。因品种、个体的差异，少数猪可能出现急性过敏反应（如焦躁不安、呼吸加快、肌肉震颤、口角出现白沫、鼻腔出血等），甚至因抢救不及时而死亡，部分妊娠母猪可能出现流产。建议及时使用肾上腺素等药物，同时采用适当的辅助治疗措施，以减少损失。因此，首次使用本疫苗的地区，应选择一定数量（约 30 头）猪进行小范围试用观察，确认无不良反应后，方可扩大接种面。

⑩用过的疫苗瓶、器具和未用完的疫苗等应进行无害化处理。屠宰前 28日内禁止使用。

（3）仔猪副伤寒活疫苗

【作用与用途】用于预防仔猪副伤寒。

【用法与用量】口服或耳后浅层肌内注射。适用于 1 月龄以上哺乳或断乳健康仔猪。按瓶签注明头份口服或注射，但瓶签注明限于口服者不得注射。

①口服按瓶签注明头份，临用前用冷开水稀释为每头份 5 ～ 10 毫升，给猪灌服，或稀释后均匀地拌入少量新鲜冷饲料中，让猪自行采食。

②注射按瓶签注明头份，用 20% 氢氧化铝胶生理盐水稀释为每头 1 毫升。

【注意事项】①疫苗稀释后，限 4 小时内用完。用时要随时振摇均匀。

②体弱有病的猪不宜接种。

③对经常发生仔猪副伤寒的猪场和地区，为了提高免疫效果，可在断乳前后各接种 1 次，间隔 21 ～ 28 天。

④口服时，最好在喂食前服用，以使每头猪都能吃到。

⑤注射时，应作局部消毒处理。

⑥注射接种时，有些猪反应较大，有的仔猪会出现体温升高、发抖、呕吐和减食等症状，一般 1 ～ 2 天后可自行恢复，重者可注射肾上腺素抢救。口服接种时，无上述反应或反应轻微。

⑦用过的疫苗瓶、器具和未用完的疫苗等应进行无害化处理。

（4）猪多杀性巴氏杆菌病活疫苗

【作用与用途】用于预防猪多杀性巴氏杆菌病（即猪肺疫）。免疫期为6个月。

【用法与用量】皮下或肌内注射。按瓶签注明头份，用20%氢氧化铝胶生理盐水稀释为每头份1毫升，每头注射1毫升。

【注意事项】①稀释后，限4小时内用完。

②接种时，应作局部消毒处理。

③用过的疫苗瓶、器具和未用完的疫苗等应进行无害化处理。

（5）猪多杀性巴氏杆菌病灭活疫苗

【作用与用途】用于预防猪多杀性巴氏杆菌病（即猪肺疫）。免疫期为6个月。

【用法与用量】皮下或肌内注射。断奶后的猪，不论大小，每头5毫升。

【注意事项】①切忌冻结，冻结后的疫苗严禁使用。

②使用前，应将疫苗恢复至室温，并充分摇匀。

③接种时，应作局部消毒处理。

④用过的疫苗瓶、器具和未用完的疫苗等应进行无害化处理。

（6）猪丹毒活疫苗

【作用与用途】用于预防猪丹毒。供断奶后的猪使用，免疫期为6个月。

【用法与用量】皮下注射。按瓶签注明头份，用20%氢氧化铝胶生理盐水稀释成1头份/毫升。每头1毫升。GC42株疫苗可用于口服，剂量加倍。

【注意事项】①疫苗稀释后应保存在阴暗处，限4小时内用完。

②注射时，应作局部消毒处理。

③口服时，在接种前应停食4小时，用冷水稀释疫苗，拌入少量新鲜凉饲料中，让猪自由采食。

④用过的疫苗瓶、器具和未用完的疫苗等应进行无害化处理。

（7）猪丹毒灭活疫苗

【作用与用途】用于预防猪丹毒。免疫期6个月。

【用法与用量】皮下或肌内注射。体重10千克以上的断奶猪，每头5毫升；未断奶仔猪，每头3毫升。间隔1个月后，再接种3毫升。

【注意事项】①切忌冻结，冻结后的疫苗严禁使用。

②使用前，应将疫苗恢复至室温，并充分摇匀。

③瘦弱、体温或食欲不正常的猪不宜接种。

④接种时，应作局部消毒处理。

⑤接种后一般无不良反应，但有时在注射部位出现微肿或硬结，以后会逐渐消失。

⑥用过的疫苗瓶、器具和未用完的疫苗等应进行无害化处理。

（8）猪败血性链球菌病活疫苗

【作用与用途】用于预防由兰氏 C 群兽疫链球菌引起的猪败血性链球菌病。免疫期为 6 个月。

【用法与用量】皮下注射或口服。按瓶签注明头份，加入 20% 氢氧化铝胶生理盐水或生理盐水稀释为 1 头份/毫升，每头皮下注射 1 毫升或口服 4 毫升。

【注意事项】①必须冷藏运输。

②疫苗稀释后，限 4 小时内用完。

③注射时，应作局部消毒处理。

④口服时拌入凉饲料中饲喂。口服前应停食、停水 3～4 小时。

⑤接种前后，不宜服用抗生素。

⑥用过的疫苗瓶、器具和未用完的疫苗等应进行无害化处理。

（9）猪细小病毒病灭活疫苗

【作用与用途】用于预防猪细小病毒病。免疫期为 6 个月。

【用法与用量】深部肌内注射。在疫区或非疫区均可使用，不受季节限制。在阳性猪场，对 5 月龄至配种前 14 天的后备母猪、后备公猪均可使用；在阴性猪场，配种前母猪在任何时候均可接种。每头猪 2 毫升。

【注意事项】①切忌冻结、冻结过的疫苗严禁使用。

②使用前，应将疫苗恢复至室温，并充分摇匀。

③接种时，应作局部消毒处理。

④怀孕母猪不宜接种。

⑤用过的疫苗瓶、器具和未用完的疫苗等应进行无害化处理。

⑥屠宰前 21 天内禁止使用。

（10）猪乙型脑炎活疫苗

【作用与用途】用于预防猪乙型脑炎。免疫期为 12 个月。

【用法与用量】肌内注射。按瓶签注明头份，用专用稀释液稀释成每头份 1 毫升。每头注射 1 毫升。6～7 月龄后备种母猪和种公猪配种前 20～30 天肌内注射 1 毫升，以后每年春季加强免疫 1 次。经产母猪和成年种公猪，每年春季免疫 1 次，肌内注射 1 毫升。在乙型脑炎流行区，仔猪和其他猪群也应接种。

【注意事项】①疫苗须冷藏保存与运输。

②疫苗应现用现配，稀释液使用前最好置于 2～8℃条件下预冷。

③疫苗接种最好选择在 4—5 月（蚊蝇滋生季节前）。

④接种猪要求健康无病，注射器具要严格消毒。

⑤用过的疫苗瓶、器具和未用完的疫苗等应进行无害化处理。

（11）猪传染性胸膜肺炎三价灭活疫苗

【作用与用途】用于预防 1、2、7 型胸膜肺炎放线杆菌引起的猪传染性胸膜肺炎。免疫期为 6 个月。

【用法与用量】①肌内注射。按瓶签注明头份，不论猪只大小，各种猪均每头份 2 毫升。

②推荐免疫程序仔猪 35～40 日龄进行第 1 次免疫接种，首免后 4 周加强免疫 1 次。母猪在产前 6 周和 2 周各注射 1 次，以后每 6 个月免疫 1 次。

【不良反应】注射局部可能出现肿胀，短期可消退。一般情况下有轻微体温反应，但不引起流产、死胎和畸胎等不良反应，由于个体差异或者其他原因（如营养不良、体弱发病、潜伏感染、感染寄生虫、运输或环境应激、免疫机能减退等），个别猪在注射后可能出现过敏反应，可用抗过敏药物（如地塞米松、肾上腺素等）进行治疗，同时采用适当的辅助治疗措施。

【注意事项】①本品适用于接种健康猪。

②疫苗瓶开封后应限当日用完。

③使用前应使疫苗达到室温；用前充分振摇；用于接种的工具应清洁无菌。

④对于暴发该病的猪场，应选用敏感药物拌料、饮水或注射，疫情控制后再全部注射疫苗。

⑤疫苗注射后，个别猪可能会出现体温升高、减食，注射部位红肿等不正常反应，一般很快自行恢复。

（12）猪繁殖与呼吸综合征灭活疫苗

【作用与用途】用于预防猪繁殖与呼吸综合征。免疫期为 6 个月。

【用法与用量】颈部肌内注射。母猪，在怀孕 40 日内进行初次免疫接种，间隔 20 日后进行第 2 次接种，以后每隔 6 个月接种 1 次，每次每头 4 毫升；种公猪，初次接种与母猪同时进行，间隔 20 日后进行第 2 次接种，以后每隔 6 个月接种 1 次，每次每头为 4 毫升；仔猪，21 日龄接种 1 次，每头 2 毫升。

【不良反应】一般无可见不良反应。

【注意事项】①疫苗使用前应恢复至室温，并摇匀。

②注射部位应严格消毒。

③对妊娠母猪进行接种时，要注意保定，避免引起机械性流产。

④本疫苗接种后，有少数猪接种部位出现轻度肿胀，21 日后基本消失。

⑤屠宰前 21 日不得进行接种。

⑥应在兽医的指导下使用。注射该疫苗时，有个别猪会出现局部肿胀，可在短时间内消失。

（13）猪传染性胃肠炎、猪流行性腹泻二联活疫苗

【作用与用途】用于预防猪传染性胃肠炎及猪流行性腹泻。主动免疫接种后 7 天产生免疫力，免疫期为 6 个月。仔猪被动免疫的免疫期至断奶后 7 天。

【用法与用量】后海穴位（即尾根与肛门中间凹陷的小窝部位）注射。对妊娠母猪，于产仔前 20 ～ 30 天接种，每头 1.5 毫升；对其所生仔猪，于断奶后 7 ～ 10 天接种，每头 0.5 毫升。对未免疫母猪所产 3 日龄以内仔猪，每头 0.2 毫升；对体重 25 ～ 50 千克的育成猪，每头 1 毫升；对体重 50 千克以上的成猪，每头 1.5 毫升。进针深度：3 日龄仔猪为 0.5 厘米，随猪龄增大而加深，成猪为 4 厘米。

【注意事项】①运输过程中应防止高温和阳光照射。

②对妊娠母猪接种疫苗时，要适当保定，以免引起机械性流产。

③疫苗稀释后，限 1 小时内用完。

④接种时，针头应保持与脊柱平行或稍偏上的方向，以免将疫苗注入直肠内。

⑤用过的疫苗瓶、器具和未用完的疫苗等应进行无害化处理。

（14）猪萎缩性鼻炎灭活疫苗

【作用与用途】用于接种母猪和后备母猪，通过母源抗体使子代获得被动保护力，预防由 D 型多杀性巴氏杆菌皮肤坏死毒素和支气管败血波氏杆菌引起的猪萎缩性鼻炎。

【用法与用量】各种年龄和体重的母猪和后备母猪，一律耳后深部肌内注射，每头 2 毫升。

推荐的接种程序：从未接种过的种猪群，应接种 2 次，间隔 6 周，第 2 次接种后 3 个月内无须再次接种，3 个月后，怀孕母猪应于分娩前 2 ～ 6 周接种 1 次；新引进的、未接种过的母猪，应立即进行基础接种。

【注意事项】①切忌冻结。

②仅用于接种健康猪。

③使用前应将疫苗恢复至室温，并充分摇匀。

④接种时，应执行常规无菌操作。

⑤疫苗瓶开启后限 3 小时内用完。

⑥本疫苗不得与其它疫苗混合使用。

⑦如误将疫苗注入人体，应立即就医，并告诉医生本疫苗含有矿物油乳剂。

⑧接种的最佳时间和方法在很大程度上取决于当地的具体情况。因此，接种前应征求当地兽医的意见。

⑨用过的疫苗瓶、器具和未用完的疫苗等应进行无害化处理。

（15）猪圆环病毒 2 型灭活疫苗

【作用与用途】用于预防由猪圆环病毒 2 型感染引起的疾病。免疫期为 3 个月。

【用法与用量】颈部皮下或肌内注射。仔猪 14 ～ 21 日龄首免，1 毫升 / 头，间隔两周后以同样剂量加强免疫 1 次。

【不良反应】一般无不良反应。个别猪接种疫苗后，于注射部位可能出现轻度肿胀，体温轻度升高，1 ～ 3 天后恢复正常。

【注意事项】①使用前和使用中应充分摇匀。

②使用前应使疫苗升至室温。

③一经开瓶启用，应尽快用完。

④本品严禁冻结，破乳后切勿使用。

⑤仅供健康猪只预防接种。

⑥接种工作完毕，应立即洗净双手并消毒，疫苗瓶及剩余的疫苗，应以燃烧或煮沸等方法做无害化处理。

（16）猪支原体肺炎活疫苗

【作用与用途】用于预防猪支原体肺炎（猪喘气病）。免疫期为 6 个月。

【用法与用量】猪肺内注射。按瓶签注明头份，用无菌生理盐水稀释后，由猪右侧肩胛后缘 2 厘米肋间隙进针注射接种，每头接种 1 头份。

【不良反应】一般无严重不良反应。

【注意事项】①稀释的疫苗应在 2 小时内用完，剩余疫苗液煮沸后废弃。

②在免疫接种前后 5 ～ 15 天内，不使用含有抗支原体的抗菌药物。可以使用青霉素、阿莫西林及磺胺类药物。

③疫苗注射后 1 ～ 3 天内少数猪可能有 40.5℃以下的轻微发热，以后恢复正常。无其他不良反应。

④本品仅供健康猪使用。对有猪传染性胸膜肺炎或副猪嗜血杆菌感染的猪场慎用。

（17）仔猪大肠埃希氏菌病三价灭活疫苗

【作用与用途】用于免疫妊娠母猪，新生仔猪通过吮吸母猪的初乳而获得被动免疫。预防仔猪大肠埃希氏菌病（即仔猪黄痢）。

【用法与用量】妊娠母猪在产仔前40天和15天各注射1次，每次肌内注射5毫升。

（18）仔猪水肿病灭活疫苗

【作用与用途】用于预防仔猪水肿病。免疫期3个月。

【用法与用量】颈部深层肌内注射，14～18日龄仔猪每头2毫升。

【不良反应】一般无可见的不良反应。

【注意事项】①疫苗恢复至室温（20±2）℃，摇匀后使用。

②凡疫苗瓶破裂、瓶盖松脱及内含异物者、严禁使用。

（19）猪丹毒、多杀性巴氏杆菌病二联灭活疫苗

【作用与用途】用于预防猪丹毒和猪多杀性巴氏杆菌病（即猪肺疫）。免疫期为6个月。

【用法与用量】皮下或肌内注射。体重10千克以上的断奶仔猪，每头5毫升；未断奶的仔猪，每头3毫升，间隔1个月后，再注射3毫升。

【注意事项】①切忌冻结，冻结后的疫苗严禁使用。

②使用前，应将疫苗恢复至室温，并充分摇匀。

③瘦弱、体温或食欲不正常的猪不宜接种。

④接种时，应作局部消毒处理。

⑤接种后一般无不良反应，但有时在注射部位出现微肿或硬结，以后会逐渐消失。

⑥用过的疫苗瓶、器具和未用完的疫苗等应进行无害化处理。

（20）猪瘟、猪丹毒、猪多杀性巴氏杆菌病三联活疫苗

【作用与用途】用于预防猪瘟、猪丹毒、猪多杀性巴氏杆菌病（即猪肺疫）。猪瘟免疫期为12个月，猪丹毒和猪肺疫免疫期为6个月。

【用法与用量】肌内注射。按瓶签注明头份，用生理盐水稀释成1头份/毫升。断奶半个月以上猪，每头1毫升；断奶半个月以内的仔猪，每头1毫升，但应在断奶后2个月左右再接种1次。

【注意事项】①疫苗应冷藏保存与运输。

②初生仔猪，体弱、有病猪均不应接种。

③稀释后，限4小时内用完。

④接种时，应作局部消毒处理。

⑤接种后可能出现过敏反应，应注意观察，必要时注射肾上腺素等脱敏措施抢救。

⑥用过的疫苗瓶、器具和未用完的疫苗等应进行无害化处理。

（21）猪伪狂犬病活疫苗

【作用与用途】用于预防猪伪狂犬病。接种后 7 天开始产生免疫力，免疫期为 112 天；仔猪被动免疫力的免疫期为 21 ～ 28 天。

【用法与用量】肌内注射。按瓶签注明头份，用 PBS（pH 值 =7.2）稀释，每头 1 毫升（含 1 头份）。

对于母猪，于配种前接种，对其所产仔猪，可在出生后 21 ～ 28 天接种；对非免疫母猪所产仔猪，可在出生后 7 天内接种；对种公猪，每年春、秋季各接种 1 次。

【不良反应】无。

【注意事项】①运输、保存、使用过程中应防止高温、消毒剂和阳光照射等。

②疫苗稀释后，限在 4 小时内用完。

③接种时，应作局部消毒处理。

④用过的疫苗瓶、器具和未用完的疫苗应进行无害化处理。

3. 如何制订猪场的免疫程序？

疫苗免疫须遵循一定的基本原则，但疫苗种类的选择、免疫时间和免疫频次的确定并非一成不变，应因地制宜、一场一策。依据猪场疫病状况以及周边疫病流行情况，选择安全有效的疫苗进行免疫，并制订科学合理的免疫程序。同时，应根据猪群健康与免疫状况、流行毒株的变化，及时调整和优化免疫程序。

制订免疫程序应考虑以下因素：①猪场疫病的种类与流行情况及严重程度、流行毒（菌）株类型以及不同疫病暴发的风险和所导致的经济损失大小。

②仔猪母源抗体水平与消长情况，以确定合适的首免时间。

③疫苗的免疫保护持续期。

④不同日龄猪只的免疫应答能力。

⑤疫苗的种类和特性、安全性、副作用，以及是否会引起免疫抑制、疫苗毒的病毒血症和排毒时间。

⑥免疫接种途径和方法对免疫效果的影响。

⑦不同疫苗接种次序、间隔时间对免疫效果的影响，以及是否可以联合

免疫。

⑧对猪群健康及生产的影响。

4. 猪病防控应贯彻什么原则？

猪病预防和控制应贯彻"预防为主，预防与控制、净化、消灭相结合"原则。规模化猪场疫病防控的重点应着眼于生物安全管理、动物健康管理和疫苗免疫接种，不要拘泥于个别患病猪的治疗。猪场一旦暴发疫情，应及时采取有效措施控制疫情扩散和蔓延，坚决淘汰和处置发病猪。但对于细菌性疾病而言，对患病猪必要的治疗仍是疫病防控中一项重要的措施，可降低发病率和死亡率，减少因疫病造成的经济损失。此外，针对一些具有明显感染和发病阶段的细菌性疾病，采取提前使用有效抗菌药物预防的策略也是十分必要的。

猪场应科学合理使用抗生素、抗菌类化学药物和抗寄生虫药物，杜绝盲目使用、大量使用和滥用以及非法添加禁用药物现象。依据病原菌的药敏特性和药敏试验结果，选择合适的抗菌药物，注意用药的剂量、频次、疗程以及配伍等。关注不同药物的休药期，避免药物残留、细菌耐药性增加等食品安全和公共卫生隐患。此外，可采取一些对症治疗的策略，辅以提高机体抵抗力、抗应激、补充能量、调节酸碱平衡等作用的药物。

5. 从哪些方面进行猪病净化？

动物疫病净化是实现动物疫病从有效控制到根除／消灭的必由之路，消灭动物疫病是终极目标。新修订的《中华人民共和国动物防疫法》第五条明确规定"动物防疫实行预防为主，预防与控制、净化、消灭相结合的方针"，一些重要猪病的净化与根除将会成为未来养猪生产和兽医工作的重要任务。

制定实施方案，以养殖企业为主体，从种畜禽场疫病净化过渡到区域净化，最终走向全国根除。非疫病净化与根除是一项系统工程，在构建全行业生物安全体系的基础上，进行顶层设计，非洲猪瘟严重影响我国生猪产业的健康稳定发展，必须实现根除。国内外已有的实践经验表明，猪伪狂犬病、猪瘟和猪繁殖与呼吸综合征等也是可以实现根除的疫病。近些年来，在国家生猪产业技术体系和中国动物疫病预防控制中心的推动下，种猪养殖企业在猪伪狂犬病、猪瘟和猪繁殖与呼吸综合征的净化工作中积累了可供借鉴的实践经验，而且有许多成功的实例，众多种猪场通过净化创建场和示范场的评估和认证。农业农村部颁布了《非洲猪瘟等重大动物疫病分区防控工作方案（试行）》，非洲猪瘟无疫小区建设和认证也在积极有序推进，规模化猪场的生物安全体系建设已初显成效，为非洲猪瘟等猪病的净化与根除创造了有利条件和奠定了必要基础。

规模化猪场应坚持预防为主，不断完善猪场生物安全体系，严格落实免疫预防、疫病监测、疫情应急处置、无害化处理等综合防控措施，主动开展和积极推进猪病净化工作。

第四章

猪高效饲养关键技术

第一节　种公猪高效饲养

1. 种公猪一般采用什么饲喂方式和饲喂技术？

（1）饲养方式　根据公猪一年内配种任务的集中和分散情况，分别采用以下两种饲喂方式。

①一贯加强的饲养方式。全年都要均衡地供给公猪配种所需的营养，饲养水平基本保持一致，使公猪保持良好的种用体况，适用于常年配种的公猪。

②配种季节加强的饲养方式。实行季节性产仔的猪场，种公猪的饲养管理分为配种期和非配种期，配种期饲料的营养水平和饲料喂量均高于非配种期。于配种前 20 ～ 30 天增加 20% ～ 30% 的饲料量，在日粮中可加喂鱼粉、鸡蛋等动物性饲料和多种维生素。配种季节保持高营养水平，配种季节过后逐渐降低营养水平。

（2）饲喂技术

①定时定量饲喂。公猪要定时定量饲喂，每顿不能吃得过饱，以八至九成饱为宜，在满足公猪营养需要的前提下，要采取限饲，定时定量。一天一次或两次投喂，体重 150 千克以下日喂量 2.3 ～ 2.5 千克的全价料，150 千克以上日喂量 2.5 ～ 3 千克的全价料。冬天要适当增加饲喂量，夏天提高营养浓度，适当减少饲喂量，使公猪保持七至八成膘情，处于理想膘情种公猪的比例应占全群的 90% 以上。

②宜采用湿拌料或生干料。以精料为主，体积不宜过大，精料用量应比其他类别的猪要多些，适当搭配青绿饲料，尽量少用碳水化合物饲料，保持中等腹部，避免造成垂腹，影响配种。

③公母猪采用不同的饲料类型，以增加生殖细胞差异。公猪宜采用生理酸

性饲料，而母猪采用生理碱性饲料。

2. 如何加强对种公猪的管理？

（1）建立良好的生活制度 对种公猪饲喂、采精或配种、运动、刷拭等各项作业都应在大体固定的时间内进行，利用条件反射养成规律性的生活制度，便于管理操作，增进健康，提高配种能力。

（2）单圈饲养 种公猪达到性成熟后，应单圈饲养在阳光充足、通风良好、环境安静的圈舍内，圈舍面积不低于5平方米，除保持圈舍干燥清洁外，还必须保持猪体干净干燥。单圈饲养、单栏运动可减少相互爬跨干扰，以保持生活环境的安宁，杜绝自淫恶习。

（3）适时运动 种公猪的适时运动可加强机体新陈代谢，促进食欲，增强体质，锻炼四肢，改善精液品质，从而提高公猪的配种质量。运动不足会使公猪贪睡、肥胖、四肢软弱、性欲低下，且多肢蹄病，会严重影响配种利用。所以除其自由运动外，还应坚持每天上下午各驱赶运动一次，每次约1小时，行程不少于1 000米。其方法为"先慢，后快，再慢"。夏天选在早晨和傍晚天气凉爽时进行运动，冬季选在中午或天气暖和时进行运动。当发现公猪自淫时，应加大运动量和运动时间，早上赶出运动后再喂料，做到喂养、休息、运动、配种规律化。配种任务大时应酌减运动量或暂停运动。

（4）定时刷拭和修蹄 每天按时给公猪刷拭、清洁皮肤1～2次（在每次驱赶运动前进行），保持体表清洁美观，消灭体表寄生虫，促进皮肤代谢和血液循环，提高性活动机能。夏季每天可让公猪洗澡1～2次，切忌采精后洗冷水澡。修蹄可使其保持规则，避免影响采精或妨碍运动。

（5）定期检查精液品质 公猪在配种前2周左右或配种期中，应进行精液品质检查，防止因精液品质低劣影响母猪受胎率和产仔数。尤其是实行人工授精的公猪，每次采精都要进行精液品质检查。如果采用本交，每月也要进行1～2次精液品质检查。对于精子活力在0.7以下、密度1亿个/毫升以下、畸形率18%以上的精液不宜进行人工授精，限期调整饲养管理规程，如果调整无效应将种公猪淘汰。

（6）注意观察膘情和称重 公猪的膘情是饲料、运动量以及配种量等是否正常的反映。正在生长的幼龄公猪，要求体重逐日增重，但不宜过肥，成年公猪的膘情应保持中上水平，切忌忽肥忽瘦或过肥过瘦。

公猪定期称量体重，可检查其生长发育和体况。根据其体重和体况变化来调整日粮的营养水平、运动量和配种量。

（7）防暑保暖 瘦肉型种公猪的适宜环境温度是 18 ～ 20℃。夏季要防暑降温，注意猪舍通风，气温高于 35℃时，可向猪舍房顶及猪体喷水降温，严禁直接冲头部；冬天应补栏圈，铺垫清洁干草，做到勤出勤垫勤晒，搞好防寒保暖。

（8）搞好疫病防治工作 搞好环境卫生，保持栏圈清洁，食槽、用具定期清洗消毒，同时加强粪便管理，防止内外寄生虫侵袭。用阿维菌素驱虫，每年 2 次，每次驱虫分两步进行，第一次用药后 10 天再用药一次。同时每月用 1.5% 的兽用敌百虫进行一次猪体表及环境驱虫。

每年分别进行 2 次猪瘟、猪肺疫、猪丹毒、蓝耳病等疾病的防疫，10 月底和 3 月各进行一次口蹄疫防疫；4 月进行一次乙脑防疫。公猪圈应设严格的防疫屏障，并进行经常性的消毒工作。

3. 怎样调教种公猪？

后备公猪达 8 ～ 9 月龄，体重达 125 千克时，可开始调教配种或采精。采精方法有以下几种。

（1）观摩法 将小公猪赶至待采精栏，让其旁观成年公猪交配或采精，激发小公猪性冲动，经旁观 2 ～ 3 次大公猪和母猪交配后，再让其试爬假母台畜试采。

（2）发情母猪引诱法 选择发情旺盛、发情明显的经产母猪，让小公猪爬跨，等小公猪阴茎伸出后用手握住螺旋阴茎头，有节奏地刺激阴茎螺旋体部可进行试采。

（3）外激素或类外激素喷洒假母台畜法 用发情母猪的尿液、大公猪的精液、包皮冲洗液喷涂在假母台畜背部和后躯，公猪进入采精室后，让其先熟悉环境。公猪很快会去嗅闻、啃咬假母台畜或在假母猪上蹭痒，然后就会爬跨假母猪。如果公猪比较胆小，可将发情旺盛母猪的分泌物或尿液涂在麻布上，使公猪嗅闻，并逐步引导其靠近和爬跨假母台畜。同时可轻轻敲击假母台畜以引起公猪的注意。必要时可录制发情母猪求偶时的叫声在采精室播放，以刺激公猪的性欲。

对于后备公猪，每次调教时间一般不超过 15 ～ 20 分钟，每天可练习一次，一周最好不要少于 3 次，直至爬跨成功。

4. 合理利用种公猪要注意哪几个问题？

（1）初配年龄和体重 公猪的初配年龄，随品种、生长发育状况和饲养管理等条件的不同而有所变化。一般来说，我国地方猪种公猪性成熟较早，引入的国外品种性成熟较晚。我国培育品种和杂种公猪性成熟居中，4～5月龄的公猪已性成熟，但并不意味着即可配种利用，如配种过早，会影响公猪本身的生长发育，缩短利用年限，还会降低与配母猪的繁殖成绩。最适宜的初配年龄，在生产中一般要求小型早熟品种在7～8月龄，体重75千克左右；大中型品种在9～10月龄，体重100千克左右。

（2）利用强度　经训练调教后的公猪，一般一周采精一次，12月龄后，每周可增加至2次/日，成年后每周2～3次。青年公猪每周可配2～3次，2岁以上的成年公猪1次/日为宜，必要时也可2次/日，但具体次数要看公猪的体质、性欲、营养供应等。如果连续使用，应每周休息1天。使用过度，精液品质下降，母猪受胎率下降，减少使用寿命；使用过少则增加成本，公猪性欲不旺，附睾内精子衰老，受胎率下降。

（3）配种比例　配种的方式不同，每头公猪一年所负担的母猪头数也不同。本交时公母性别比为1:（29～30）；人工授精理论上可达1:300，实际按1:100配备。公母比例不当，负担过重或过轻，都会影响公猪的繁殖力。

（4）利用年限　公猪繁殖停止期为10～15岁，一般使用6～8年，以青壮年2～4岁最佳。生产中公猪的使用年限，一般控制在2年左右。

5. 种公猪常见问题如何解决？

（1）无精与死精　种公猪交配或采精频率过高，会引起突然无精或死精。治疗时使用丙酸睾丸素（每毫升含丙酸睾丸素25毫克）一次颈部注射3～4毫升，每2天1次，4次为一个疗程，同时加强种公猪的饲养管理，1周后可恢复正常。

（2）公猪阳痿　公猪无性欲，经诱情也无性欲表现。可用甲基睾丸素片口服治疗，日用量100毫克，分两次拌入饲料中喂服，连续10天，性欲即可恢复。

（3）蹄底部角质增生物可进行手术切除，用烙铁烧烙止血，同时服用一个疗程的土霉素，预防感染，7～10日后患病猪的蹄部可以着地站立，投入使用。

（4）应激危害　各种应激因素容易诱发种公猪的配种能力下降，如炎热季节的高热、运输、免疫接种及各种传染病等多种因素会引起应激危害，影响公猪睾丸的生精能力。及时消除应激因素，部分种公猪可恢复功能，若消除不及时，部分种公猪可能永久丧失生殖能力。

（5）睾丸疾病　种公猪的睾丸常常因疾病等因素，导致睾丸肿胀或萎缩，失去配种能力。如感染日本乙型脑炎病毒，可引起睾丸双侧肿大或萎缩，如不及时治疗，则会使公猪丧失种用价值。每年春、秋两季分别预防注射一次猪乙型脑炎疫苗，改善环境，减少蚊虫叮咬，防止猪乙型脑炎的发生。

第二节　种母猪高效饲养

1. 选留后备母猪时，如何进行母体性状的选择和测定？

后备母猪的本场选留，是根据本场的繁育需要确定的，有纯种繁育和杂交繁育。如果是商品性的规模猪场，还应根据本场的杂交组合来确定，通常以杂交一代母猪为主（如长大一代母猪或大长一代母猪）。

挑选后备母猪，首先要进行母体繁殖性状的选择和测定，要从具备本品种特征外貌（毛色、头型、耳型等）的母猪及仔猪中挑选，还需测定每头母猪每胎的产活仔数、壮仔数、窝断奶仔猪数、断奶窝重及年产仔胎数。因为这些性状确定时间较早，一般在仔猪断奶时即可确定，因此要首先考虑，为以后的挑选打下基础。

（1）生长速度　后备母猪应该从同窝或同期出生、生长最快的50%～60%的猪中选出。足够的生长速度提高了获得适当遗传进展的可能性。生长速度慢的母猪（同一批次）会耽搁初次配种的时间，也可能终生都会成为问题母猪。

（2）外貌特征　毛色和耳形符合品种特征，头面清秀、下颌平滑；应注意体况正常，体型匀称，躯体前、中、后三部分过渡连接自然，结实度好，前躯宽深，后躯结实，肌肉紧凑，有充分的体长；被毛光泽度好、柔软、有韧性；皮肤有弹性、无皱纹、不过薄、不松弛；体质健康，性情活泼，对外界刺激反应敏捷；口、眼、鼻、生殖孔、排泄孔无异常排泄物粘连；无瞎眼、跛行、外伤；无脓肿、疤痕、无癣虱、疝气和异嗜癖。

从两侧看，鼻子和下颌需平直，全身无脓包，鬃毛卷曲或不平整一般不作为种猪淘汰依据。身体腰背如有弓状、塌陷的，应予以淘汰；如有应激颤抖表现的也应予以淘汰。目前新法系大白及丹系种猪基本都有6.25%的梅山猪血统，所以母猪或者公猪身上有少量的铜钱大小的黑斑其实并不是什么品种不纯，属于正常。

耳皱折一般不作为淘汰依据。若两只耳朵都是皱折或耳部已经感染的应予淘汰。

若咬耳不严重且耳部已愈合的猪只应选择。但是咬耳严重的，且为近期所咬的不予选择。

耳刺不清的，如果是原种场要纯繁，不要选择，因为种猪的谱系可能不清楚；如果挑选回来只是用来杂交，可以选择。

（3）躯体特征　①头部。面目清秀。②背部。胸宽而且要深，背线平直。③腰部。背腰平直，忌有弓形背或凹背的现象。④荐部。腰荐结合部要自然平顺。臀宽的母猪骨盆发达，产仔容易且产仔数多。⑤尾部。尾根要求大、粗且生长在较高及结构合理的位置上。母猪最佳的尾长为刚好能盖住阴户。尾长并不作为选择依据，无尾的猪可能看起来丑陋，可最大限度地减少无尾猪只，但可作种用。另外，许多咬尾的猪即使是愈合后还表现出感染迹象。只有没有感染的咬尾猪可被选择。

当凭借外貌体型来选择猪只后，再看其母性性状。

（4）乳头　乳头的数量和分布是判断母猪是否发育良好的评判标准。现代后备母猪理想有效乳头数应该在7对及7对以上，对于6对的只作为备选后备母猪，仅在配种目标达不到的情况下才会配种。乳头分布要均匀，间距匀称，发育良好。没有瞎乳头、凹陷乳头或内翻乳头，乳头所在位置没有过多的脂肪沉积，而且至少要有2～3对乳头分布在脐部以前且发育良好，因为前2～3对乳头的发育状况很大程度上决定了母猪的哺乳能力。

母猪的乳头分为几种类型：正常型、翻转型、扁平型、光滑型等。只有正常型和部分光滑型可作为有效乳头。

①正常型。正常乳头为充分发育且无外组织损伤，分布均匀，大小一致，长度合理，钟状，可用手抓住而不从手指间滑掉。

②翻转型。有全部翻转和部分翻转。全部翻转通常为乳头贴在腹部且翻转到皮肤里面，形成凹陷型。用手抓时感觉像纤维状的扣子。这种类型应算为瞎乳头。部分翻转乳头外形有皱折，它们不如全部翻转严重，突出于腹部外且能找到其具体位置。

③扁平型。外形扁平，主要影响前部乳头，第1和第2对最为明显的。它们主要是由于出生不久受到磨损引起。后部的乳头也应仔细检查。由于这种乳头的损伤为永久性的，所以它们为无效乳头。

④光滑型。此类乳头在其周围有一个小环。如果乳头的顶部能清楚地看到从环状组织里凸出来，应作为有效乳头。不确定时，应尽力用手指去抓乳头，若能抓住并能拉起，算作有效乳头；若滑过手指，算作无效乳头。

（5）外阴　包括肛门和生殖器。母猪的生殖器非常重要，是决定母猪人工授精和生产难易的关键。一般以阴户发育好且不上翘的为评判标准。小阴户、上翘阴户、受伤阴户或幼稚阴户不适合留作后备母猪，因为小阴户可能会给配种尤其是自然交配带来困难，或者在产房造成难产，上翘阴户可能会增加母猪感染子宫炎的概率，而受伤阴户即使伤口能愈合仍可能会在配种或分娩过程中造成伤疤撕裂，为生产带来困难，幼稚阴户多数是体内激素分泌不正常所致，这样的猪多数不能繁殖或繁殖性能很差。

仔细检查猪只的阴户，确保母猪有两个开口。有些猪只的肛门找不到，且有时能看到猪只从阴户大便，必须淘汰。

雌雄同体的猪一般很难检查到。一般是阴户向上翻起，腹下长一个小鞘，如果检查阴户内部，能同时发现一个小阴茎。应淘汰。

（6）肢蹄　后备母猪腿部状况是影响母猪使用年限的重要因素。因此后备母猪应腿部结构正常、坚实有力。要求四肢有合适的弯曲度，肢蹄粗壮、端正。母猪每年因运动问题导致的淘汰率高达 20%～45%，运动问题包括一系列现象，如跛腿、骨折、后肢瘫痪、受伤、卧地综合征等。引起跛腿的原因有软骨病、烂蹄、传染性关节炎、溶骨病、骨折等。

肢蹄评分系统中，不可接受（1分）：存在严重结构问题，限制动物的配种能力；好（2～3分）：存在轻微的结构问题和／或行走问题：优秀（4～5分），没有明显的结构或行走问题，包括趾大小均匀，步幅较大，跗关节弹性较好；系部支撑强，行走自如。上述肢蹄评分系统中，分数越高越好。蹄部关节结构良好是使母猪起立躺下，行走自如，站立自然，少患关节疾病和以后顺利配种的原始动力。

①前肢。前肢应无损伤，无关节肿胀，趾大小均匀，行走时步幅较大，弹性好的跗关节，有支撑强的系部。

②后肢。后肢站立时膝关节弯曲自然，避免严重的弯曲和跗关节的软弱，但从以往实际生产上的业绩看，对膝关节正常的，有"卧系"现象的也可选用。

如果有以下几种典型问题之一的不可选为后备母猪。

①前腿弯曲。由于前腿弯曲或脚扁平，使猪走路时表现出"翻转"的趋势。

②后腿弱。后腿走姿呈外"八"字，通常是较大臀部的猪走路摇晃，且容易滑倒。

③走路姿态僵硬。通常是前腿有问题造成的。

④腿部结节。腿部结节中明显有积液，表明已被感染；结节发炎或红肿；结节过大或外观难看；结节上有空洞等情况的应予以淘汰。

⑤脓包。通常出现在前腿中。若脓包柔软、红肿、形状比葡萄大时应予淘汰。

⑥内侧小脚趾。尤其对后脚带来不便，猪走路时摇晃一般是由脚趾参差不齐引起的。

⑦前蹄悬垂。若前腿与蹄部结合不紧密，或出现塌蹄、悬蹄现象时应淘汰。

（7）足 挑选后备母猪时，对足的要求要注意以下几个方面。

足的大小合适，位置合理；单个足趾尺寸（密切注意足内小足趾）；检查蹄匣破裂、足垫膜磨损以及其他的外伤状况；腿的结构与足的形状、尺寸的适应程度；足趾尺寸分布均匀，足趾间分离岔开，没有多趾、并趾现象。关节肿胀、足趾损伤、悬蹄损伤、蹄匣过小、足壁尺寸过大、足壁断裂、足底垫膜损伤等，都是有问题的足。

（8）具有以下性状的猪也不能选作后备母猪 阴囊疝——俗称疝气；锁肛——肛门被皮肤所封闭而无肛门孔；隐睾——至少有一个睾丸没有从上代遗传过来；两性体——同时具有雌性（阴户）和雄性（阴茎）生殖器官；战栗——无法控制的抖动；"八"字腿——出生时，腿偏向两侧，动物不能用其后腿站立。

2. 选留后备母猪还要看哪些特征？

（1）审查母猪系谱 种猪的系谱要清楚，并符合所要引进品种的外貌特征。引种的同时，对引进种猪进行编号，可以根据猪的耳号和产仔记录找出母亲和父亲，并进一步找出系谱亲缘关系。同时要保证耳号和种猪编号对应。

（2）看断奶窝重和品种特征 仔猪在30～40日龄断奶时，将断奶窝重由大到小逐一排队，把断奶窝重大的当作第一次选留对象。凡外貌如毛色、头型等品种特性明显，发育良好，乳头总数在6对以上且排列整齐，没有瞎乳头、副乳的仔猪，肢蹄结实，无蹄裂和跛行；生殖器官发育良好，外阴较大且下垂等，均可作为第二次留种的标准。同一窝仔猪中，如发现个别有疝气（赫尔尼亚）、隐睾、副乳等遗传缺陷的仔猪，即使断奶窝重大，也不能从中选留。

（3）看后备母猪的生长发育和初情期 4月龄育成母猪表现为身体发育匀称、四肢健壮、中上等膘、毛色光泽。除有缺陷、发育不良或患病的仔猪，如窄胸、扁肋、凹背、尖尻、不正姿势（X状后肢）、腿拐、副乳、阴户小或上翘、毛长而粗糙等不应选留外，其他健康的均可留作种用。后备母猪达到第一个发情期的月龄叫初情期，同一品种（含一代母猪），初情期越早，母性越好。

进入初情期，表明母猪的生殖器官发育良好，具备做母猪的条件。初情期在 7 月龄以上的母猪不应选留作后备种用。

（4）看母猪初产（第一次产仔）后的表现　初产母猪中乳房丰满、间隔明显、乳头不沾草屑、排乳时间长，温驯者宜留种；产后掉膘显著，怀孕时复膘迅速，增重快，哺乳期间食欲旺盛、消化吸收好的宜留种。对产仔头数少、泌乳性能差、护仔性能不好，有压死仔猪行为的母猪，坚决予以淘汰。

3. 后备母猪的培育目标是什么？

后备母猪的培育目标是：到 7 ～ 8 月龄，90% 以上的后备母猪能正常发情，第二次或第三次发情期体重达到 135 ～ 150 千克，P_2 背膘厚 18 ～ 22 毫米，且肢蹄、乳房、乳头及生殖系统无缺陷、无损伤，无泌尿生殖道感染。

4. 饲养后备母猪要把握哪些要点？

（1）营养要求　后备母猪由初情期至初次配种时间一般为 21 ～ 42 天，不仅时间长，而且自身尚未发育成熟。因此，后备母猪营养供给的总体原则是，蛋白质、氨基酸、主要矿物质供给水平上应略高于经产母猪，以满足其自身生长发育和繁殖的需要（表 4-1）。营养物质需要量参照美国 NRC（1998）标准。

表 4-1　后备母猪与经产母猪日粮中主要营养物质含量比较

类别	能量 （兆焦 / 千克）	蛋白质 （%）	钙 （%）	磷 （%）	赖氨酸 （%）
后备母猪	14.21	14 ～ 16	0.95	0.80	0.70
经产母猪	14.21	12 ～ 13	0.75	0.60	0.5 ～ 0.55

在实际生产中，后备母猪应饲喂全价日粮，按照后备猪不同的生长发育阶段配合饲料。注意按照表 4-1 中所提供的能量、蛋白质、必需氨基酸及矿物质元素比例进行搭配，同时也要注意维生素的补充及水的供应。为了使后备猪更好地生长发育，有条件的猪场可饲喂优质的青绿饲料。

（2）饲养方式　分三个阶段饲养：体重达 15 ～ 30 千克充分饲养；体重达 30 ～ 40 千克后限制饲养，每天喂全价料 1 ～ 1.5 千克，青绿多汁饲料 0.5 千克；配种前的 10 天至配种结束，要提高日粮的能量和蛋白质水平，可以对后备母猪实施短期优饲，增加日粮供给量 2 ～ 3 千克，不仅可以增加排卵数 1 ～ 2 枚，而且可以提高卵子质量。

5. 后备母猪的高效管理应该主要考虑哪些方面?

（1）公母猪分开小群饲养 后备种猪刚转入后备培育舍时，公母猪要分开，并且按体重大小、强弱进行分群饲养，每个小群内猪只体重差异最好不要超过 2.5～4 千克，否则将会影响种猪的育成率。每头饲养面积不少于 2 平方米，饲养密度适当，以保证后备母猪的发育均匀和较好的整齐度。避免出现因饲养密度过大，影响生长发育，出现咬尾、咬耳等恶癖。

（2）良好生活习惯和适应性的调教与驯化 要加强对后备母猪的调教，让后备母猪从小就要养成在指定地点吃食、睡觉和排泄粪尿的良好生活习惯，以保持其后躯清洁，减少泌尿生殖道感染的机会；在后备母猪培育的后期，让其接触本场老母猪的新鲜粪便 1～2 个月，以适应本场微生物区系环境，保证健康。同样的，对外购的种用后备母猪，在规定的隔离观察期满（40 天以上）断定安全后，也用同样的方法进行驯化培育。

（3）适时调整猪群，及时转栏投产 为了保证后备母猪均衡发育，提高后备母猪的整齐度和育成率，要对转入后备培育舍的猪群适时进行调整，特别是要把那些在群体内受排挤、竞争力又差的猪单独隔离到事先留出的空栏舍内，单独饲养。当后备母猪培育到 7 月龄，体重达到 110～120 千克时，就可转入配种舍，单只单栏饲养，准备投产。

（4）保护好肢蹄 后备母猪要求体质健康，体格健壮，四肢灵活结实，平时饲养管理工作中，一般采用带运动场的半开放式猪舍作为后备母猪的培育舍，并要加强对后备母猪的驱赶运动；也可以设置户外运动场，晴暖天气把猪赶进运动场活动。为了更好地保护肢蹄，可在猪舍地面和运动场上铺设软质垫料，加厚垫草，也可以直接使用生物发酵垫料饲养后备母猪。

（5）加强对后备母猪的保健、免疫和驱虫工作 在后备母猪在转栏或混群前后 1 周，气候发生急剧变化，猪群存在重大疫情威胁或发生群体疾病风险等情况时，猪的应激性增强，须做好各种保健和免疫，可在饲料中有针对性的添加药物或具有抗应激作用的饲料添加剂。

后备母猪在培育过程中，特别是在参加配种前需要进行必要的免疫注射，预防猪瘟、伪狂犬病、口蹄疫以及蓝耳病、细小病毒病、乙型脑炎、圆环病毒感染等疫病的发生。每种疫苗根据抗体产生的时间需要注射 2 次，不同的疫苗注射时间间隔至少 1 周。同时，对后备母猪每半年要进行一次有针对性的抗体监测，以检测体内抗体水平，确保免疫的有效性。

在后备母猪转入后备舍或体重达到 80 千克时，要进行 1 次驱虫，以后每隔 1～2 个月驱虫一次。驱虫时，可在饲料中添加伊维菌素与阿苯达唑的复方制剂（0.2% 伊维菌素 +10% 阿苯达唑），每吨饲料添加 1 千克，连用 7 天。

（6）后备母猪的发情调教　后备母猪转入后备舍以后，就可以设法促进尽快发情。具体措施是：近距离接触成年母猪，观摩成年母猪交配过程，不间断地用成年、性欲旺盛的公猪轮番试情，每天 2 次，每次 10～15 分钟，直至观察到有反应为止。为了防止后备母猪被配种，试情时要加强监督，如果有条件，可以把后备母猪赶到公猪处，这样能更有效地促进后备母猪发情。同时，可以加强对后备母猪耳根、腹侧、乳房等敏感部位的按摩训练，这样既有利于以后的管理、免疫注射，还可促进乳房发育。

（7）初配适龄　母猪性成熟时身体尚未成熟，还需继续生长发育，此时不宜进行配种。配种过早会影响母猪的产仔数及其本身的生长发育，配种过迟会降低母猪的有效利用年限，相对增加种猪成本。后备母猪适宜的初配年龄和体重因品种和饲养管理条件不同而异。一般适宜配种时间为：地方品种猪 6 月龄左右，体重 60～70 千克时开始配种；引入品种或含引进品种血液较多的猪种（系）7～8 月龄，体重 90～110 千克，在第 2 个或第 3 个发情期实施配种。

（8）不合格后备母猪的淘汰　对培育过程中出现的病、弱、残母猪，经药物催情处理 3 次后仍未受孕的后备母猪，要及时淘汰。

6. 如何养好空怀母猪？

空怀母猪是指未配种或配种未孕的母猪，包括青年后备母猪和经产母猪。饲养空怀母猪的目的是促使青年母猪早发情、多排卵、早配种，达到多胎高产的目的；对断奶母猪或未孕母猪，积极采取措施组织配种，缩短空怀时间。

空怀母猪配种前的饲养十分重要，因为后备母猪正处在生长发育阶段，经产母猪常年处于紧张的生产状态，所以必须供给营养水平较高的日粮（一般与妊娠期相同），使之保持适度膘情。母猪过肥会出现不发情、排卵少、卵子活力弱和空怀等现象；母猪太瘦会造成产后发情推迟等不良后果。

（1）短期优饲　配种前为促进发情排卵，要求适时提高饲料喂量，对提高配种受胎率和产仔数大有好处，尤其是对头胎母猪更为重要。对产仔多、泌乳量高或哺乳后体况差的经产母猪，配种前采用"短期优饲"办法，即在维持需要的基础上提高 50%～100%，喂量达每天 3～3.5 千克，可促使排卵；对后备母猪，在准备配种前 10～14 天加料，可促使发情，多排卵，喂量可达每天 2.5～3 千克，但具体应根据猪的体况增减，配种后应逐步减少喂量。

（2）饲养水平　断奶到再配种期间，应给予空怀母猪适宜的日粮水平，促使母猪尽快发情，释放足够的卵子，受精并成功着床。初产青年母猪产后不易再发情，主要是体况较弱造成的。因此，要为体况差的青年母猪提供充足的饲料，以缩短配种时间，提高受胎率。配种后，立即减少饲喂量到维持水平。对于正常体况的空怀母猪每天的饲喂量为 1.8 千克。

在炎热季节，母猪的受胎率常常下降。一些研究表明，在日粮中添加一些维生素，可以提高受胎率。

仔猪断奶前后，母猪的给料方法是：断奶前，母猪仍在泌乳期，经 3 天连续减料后仔猪断奶，再经连续 3 天减料，进入干奶期，而后开始 4 ～ 7 天的连续加料饲喂，让母猪发情。

泌乳后期母猪膘情较差、过度消瘦的，特别是那些泌乳力高的个体失重更多。乳腺炎发生概率不大，断奶前后可少减料或不减料，干乳后适当增加营养，使其尽快恢复体况，及时发情配种。断奶前膘情相当好，泌乳期间食欲好，带仔头数少或泌乳力差，泌乳期间掉膘少的母猪，断奶前后都要少喂配合饲料，多喂青粗饲料，加强运动，使其恢复到适度膘情，及时发情配种。"空怀母猪七八成膘，容易怀胎产仔高"。

目前，许多国家把沿母猪最后肋骨在背中线下 6.5 厘米的 P_2 点的脂肪厚度作为判定母猪标准体况的基准。高产母猪应具备的标准体况为，母猪断奶后标准体况得分应在 2.5，在妊娠中期应为 3，产仔期应为 3.5（表 4-2）。

表 4-2　母猪标准体况的判定

得分	体况	P_2 点的脂肪厚度（毫米）	髋骨突起的感触	体型
5	明显肥胖	25 以上	用手触摸不到	圆形
4	肥	21	用手触摸不到	近乎圆形
3.5	略肥	19 ～ 21	用手触摸不明显	长筒形
3	理想	18	用手能够摸到	长筒形
2.5	略瘦	15 ～ 18	手摸明显，可观察到	狭长形
1 ～ 2	瘦	15 以下	能明显观察到	骨骼明显突出

注：P_2 点在母猪最后肋骨背正中线下 6.5 厘米处。

7. 空怀母猪管理的要点有哪些？

（1）创造适宜的环境条件　阳光、运动和新鲜空气对促进母猪发情和排卵有很大影响，因此应创造一个清洁、干燥、温度适宜、采光良好、空气新鲜的环境条件。体况良好的母猪在配种准备期应加强运动和增加舍外活动时间，有条件时可进行放牧。

（2）合群饲养　有单栏饲养和小群饲养两种方式。单栏饲养空怀母猪是工厂化养猪中采用较多的一种形式。在生产实践中，包括工厂化、规模化养猪场在内的各种猪场，空怀母猪通常实行小群饲养，一般是将4～6头同时断奶的母猪养在同一栏内，可自由运动，特别是设有舍外运动场的圈舍，可促进发情。

（3）做好发情观察和健康记录　每天早晚两次观察记录空怀母猪的发情状况。喂食时观察其健康状况，必要时用试情公猪试情，以免失配。从配种准备开始，所有空怀母猪应进行健康检查，及时发现和治疗病猪。

8. 促进空怀母猪发情排卵的措施有哪些？

（1）短期优饲　配种前对体况瘦弱不发情的母猪，可采用短期优饲催情，效果较为明显。短期优饲的时间可在配种前10～14天开始，加料的时间一般为1周左右。优饲期间，可在平时喂料量的基础上增加50%～100%，每头每天大致增加1.5～2千克。短期优饲主要是提高日粮的总能量水平，而蛋白质水平则不必提高。

（2）公猪诱导法　一是利用试情公猪去追爬不发情母猪，可促使其发情排卵；二是把公、母猪关在一个圈内，通过公猪的接触爬跨刺激，促使母猪发情排卵；三是播放公猪求偶录音带，其效果也很好。

（3）合群并圈　将不发情空怀母猪合并到有发情母猪圈内，通过发情母猪的爬跨等刺激，促进其发情排卵。

（4）加强运动　对不发情母猪，通过户外运动，接受日光浴，呼吸新鲜空气，促进新陈代谢，改善膘情。与此同时，限制饲养、减少精料喂量或不喂精料、多喂青绿饲料能有效促进母猪发情排卵，如能与放牧相结合效果更好。

（5）按摩乳房　对不发情母猪，每天早晨按摩乳房10分钟，可促进其发情排卵。

（6）药物治疗　对不发情母猪利用孕马血清（PMSG）、绒毛膜促性腺激素（HCG）、PG-600、雌激素、前列腺素等治疗（按说明书使用），有促进母猪发情排卵的效果。

需要说明的是，对于母猪不能正常发情或不受孕，应针对不同情况采用相应技术措施，人工催情只能在做好饲养管理的前提下，才能获得良好的效果。对于那些长期不发情或屡配不孕的母猪，如果采取一切措施都无效时，应立即予以淘汰。

9. 母猪早期妊娠诊断的方法有哪些？

为了缩短母猪的繁殖周期，增加年产仔窝数，需要对配种后的母猪进行早期妊娠诊断。主要方法有以下几种。

（1）外部观察法 外部观察法是根据母猪配种后的外观和行为的变化来进行妊娠诊断。但这种方法只能作为其他诊断方法的辅助手段，以便印证其他方法诊断的结果。而且，外部观察法诊断一般只能在配种后4周以上才能进行。

①食欲与膘情。母猪妊娠后，往往食欲会明显增加。另外，在孕激素的作用下，妊娠前期的代谢增强，而基础代谢较低，因此，怀孕后的母猪即使按维持其基本需要进行饲喂，其膘情也会提高。

②外观。如前所述，由于处于妊娠代谢状态下的母猪代谢旺盛，膘情提高，其外观的营养状况会有明显改善，被毛光亮，皮肤润滑。受孕激素作用的影响，母猪外生殖器的血液循环明显减弱，外阴苍白、皱缩，阴门紧缩。出现上述变化，是判定母猪受孕的依据之一。

但某些饲料成分会影响这种变化，饲喂含有被镰孢霉污染的饲料，妊娠母猪外阴的干缩状况并不明显，甚至有些妊娠母猪的外阴还有轻度肿胀。外阴部的变化也受品种的影响。随着胎儿的增大，母猪的腹围会增大，通常在妊娠60天左右时，腹部隆起较为明显；75天以后，部分母猪有胎动，随着临产期的接近，胎动会越来越明显。

③行为。母猪妊娠后，性情会变得温和，行动小心，与其他母猪群养时，会小心避开其他母猪。用外部观察法进行早期妊娠诊断的可靠性虽然不高，但日常观察经验的积累会提高判断的准确性。因此，在生产过程中对母猪外观行为变化的观察，有助于及时发现未孕母猪，减少母猪的非生产期的长度。饲养妊娠母猪的任务是保证胚胎和胎儿在母体内的正常发育，防止化胎、流产和死胎的发生，使母猪每窝都能生产出数量多、初生体重大、体质健壮和均匀整齐的仔猪，同时使母猪有适度的膘情和良好的泌乳性能。

（2）超声波测定法 利用超声波妊娠诊断仪诊断是工厂化养猪常用的方法，它是利用超声波感应效果测定动物胎儿心跳数，从而进行早期妊娠诊断。测定时，在母猪腹底部后侧的腹壁上（最后乳头上方5～8厘米处）涂上一些植物油，然后将超声波诊断仪的探头紧贴在测量部位，如果诊断仪发出连续响声，说明该母猪已妊娠。如果诊断仪发出间断响声，并且经几次调整探头方向和方位均无连续响声，说明该母猪还没有妊娠。配种后20～29天的诊断准确率为80%，40天以后的准确率为100%。

（3）尿中雌激素测定法　孕酮与硫酸接触会出现豆绿色荧光化合物，此种反应随妊娠期延长而增强。其操作方法是将母猪尿 15 毫升放入大试管中，加浓硫酸 5 毫升，加温至 100℃，保持 10 分钟，冷却至室温，加入 18 毫升苯，加塞后振荡，分离出有激素的层，加 10 毫升浓硫酸，再加塞振荡，并加热至 80℃，保持 25 分钟，借日光或紫外线灯观察，若在硫酸层出现荧光，则是阳性反应。母猪配种后 26 ～ 30 天，每 100 毫升尿液中含有孕酮 5 微克时，即为阳性反应。这种方法准确率可达 95%，对母猪无任何危害。

（4）诱导发情检查法　在发情结束后第 16 ～ 18 天注射 1 毫克己烯雌酚，未孕母猪在 2 ～ 3 天内表现发情；孕猪无反应。

（5）阴道活组织检查法　以阴道前端黏膜上皮、细胞层数和上皮厚度作为妊娠诊断的依据。超过三层者为未孕，2 ～ 3 层者定为妊娠。注意，使用该方法一定要慎重，如果使用不当会造成流产或繁殖障碍。

除上述方法外，还有 X 光透视法和血清沉降速度检查法等。

10. 怎样推算母猪的预产期？

母猪配种时要详细记录配种日期和与配公猪的品种及耳号。一旦认定母猪妊娠就要推算出预产期，便于饲养管理，做好接产准备。母猪的妊娠期为 110 ～ 120 天，平均为 114 天。推算母猪预产期均按 114 天进行，常用以下几种方法推算。

（1）"333" 推算法　此法是常用的推算方法，用母猪交配受孕的具体时间（月数和日数）加 "3 个月 3 周 3 天" 即 3 个月为 30 天，3 周为 21 天，另加 3 天，正好是 114 天，得数即妊娠母猪的预产大约日期。例如配种期为 12 月 20 日，12 月加 3 个月，20 日加 3 周（21 天），再加 3 天，则母猪分娩日期在 4 月 14 日前后。

（2）"月减 8，日减 7" 推算法　即用母猪交配受孕的月份减 8，交配受孕日期减 7，不分大月、小月、平月，平均每月按 30 日计算，所得数字即母猪妊娠的大约分娩日期。用此法也较简便易记。例如，配种期 12 月 20 日，12 月减 8 月为 4 月，再把配种日期 20 日减 7 日是 13 日，所以母猪分娩日期大约在 4 月 13 日。

（3）"月加 4，日减 8" 推算法　即用母猪交配本受孕后的月份加 4，交配受孕日期减 8，其得出的数就是母猪的大致预产日期。用这种方法推算时，不分大月、小月和平月，但日要按大月、小月和平月日数计算。用此推算法要比 "333" 推算法更为简便，可用于推算大群母猪的预产期。

例如配种日期为 12 月 20 日，12 月加 4 月为 4 月，20 日减 8 日为 12 日，即母猪的妊娠日期大致在 4 月 12 日。使用上述推算法时，如月不够减，可借 1 年（即 12 个月），日不够减可借 1 个月（按 30 天计算）；如超过 30 天，则进 1 个月，超过 12 个月，则进 1 年。

11. 母猪胎儿的生长发育有何规律？

胚胎生长发育大致分为附植前、胚期和胎儿期 3 个阶段。猪的受精卵只有 0.4 毫克，初生仔猪重为 1.2 千克左右，整个胚胎期的重量增加 200 多万倍。胚胎在妊娠前期生长缓慢，30 天时胎重仅 2 克，胎龄 60 天仅占不到初生重 10%；妊娠的中期 1/3 时间里，胎儿的增重为初生重的 20%～22%，妊娠的后期 1/3 时间里，胎儿的增重达到初生重的 76%～78%。因此加强母猪妊娠后期的饲养管理是保证仔猪初生重较大的关键。

12. 如何加强母猪胚胎发育过程中死亡高峰期的护理？

胚胎在母猪体内存在三个死亡高峰期，需要加强这三个时期的护理。

（1）胚胎着床期 又叫胚胎的第一死亡高峰，在母猪配种后 9～13 天，精子与卵子在输卵管的壶腹部受精形成受精卵，受精卵呈游离状态，不断向子宫游动，到达子宫系膜的对侧上，在它周围形成胎盘。这个过程 12～24 天。胚胎着床期主要是做好母猪的饲养管理，尽可能降低应激。

（2）胚胎器官形成期 孕后第 21～35 天，胚胎处于器官和身体各部分形成期，先天畸形大都形成于此期，胚胎在争夺胎盘分泌物中强存弱亡，是胚胎死亡的高峰期。

（3）胎儿迅速生长期 妊娠 60～70 天，由于胚胎在争夺胎盘分泌的某种有利于其发育的蛋白质类物质而造成营养供应不均，致使一部分胚胎死亡或发育不良。此外，粗暴地对待母猪，如鞭打、追赶等以及母猪间互相拥挤、咬架等，都能通过神经刺激而干扰子宫血液循环，减少对胚胎的营养供应，增加死亡。

13. 如何加强妊娠母猪的饲养？

（1）妊娠母猪的营养需求 妊娠母猪日粮营养要求：消化能 12.0～12.3 兆焦/千克，粗蛋白质 13%～14%，赖氨酸 0.5%，钙为 0.6%，磷为 0.5%。维生素对妊娠母猪的繁殖性能及胎儿的生长发育非常重要，每千克饲料中要提供充足的维生素，尤其是维生素 A、维生素 D 和维生素 E。

（2）妊娠母猪的高效饲养　妊娠母猪饲养中最大的特点是保持母猪合适的体况，防止母猪过肥或过瘦，保证胎儿的正常生长发育。母猪在妊娠期间一般采取限制饲喂的方式饲养。

①妊娠母猪体况评分。可以根据母猪标准体况的判定对母猪进行体况评分，妊娠中期母猪适中的体况为 3 分。

②妊娠母猪的饲养方式。主要是根据妊娠母猪的体况来确定。

如果妊娠母猪的营养状况不好，应按妊娠的前、中、后三个阶段，以高 - 低 - 高的营养水平进行饲养。母猪经过分娩和一个哺乳期后，营养消耗很大，为使其担负下一阶段的繁殖任务，必须在妊娠初期加强营养，使它迅速恢复繁殖体况，这个时期连同配种前 7 ～ 10 天共计一个月左右，应加喂精料，特别是富含维生素的饲料，待体况恢复后加喂青粗饲料或减少精料，并按饲养标准饲喂，直至妊娠 80 天后，再加喂精料，以增加营养供给。这就是"抓两头，顾中间"的饲养方式。

妊娠母猪的体况良好，采取前低后高的饲养方式。对配种前体况较好的经产母猪可采用此方式。因为妊娠初期胚胎体重增加很少，加之母猪膘情良好，这时按照配种前期营养需要在饲粮中多喂青粗饲料或控制精料给量，使营养水平基本上能满足胚胎生长发育的需要。到妊娠后期，由于胎儿生长发育加快，营养需要量加大，故应加喂精料，以满足胎儿生长发育的营养需要。

初产繁殖力高的母猪，采取营养步步登高的饲养方式进行饲养。因为初产母猪本身还处于生长发育阶段，胎儿又在不断生长发育，因此，在整个妊娠期间的营养水平，是根据母猪自身的生长发育需要及胚胎体重的增长而逐步提高的，至分娩前一个月左右达到最高峰。这种饲喂方法是随着妊娠期的延长，逐渐增加精料比例，并增加蛋白质和矿物质饲料，到产前 3 ～ 5 天逐渐减少饲料日喂量。

③妊娠母猪的饲养要点。配后 3 天、8 ～ 25 天及中期的 70 ～ 90 天是三个严防高能量饲喂的时期，因为高营养的摄入将导致受精卵早期死亡，胚胎附植失败和乳腺发育不良，前两段的高营养摄入，使空怀比例升高，产仔数减少，后一段的高营养则使产后乳腺发育不良，泌乳性能下降。

引起死胎、木乃伊胎数量增多，除和疾病有关外，还和怀孕期间母猪运动不足，体内血流不畅有关，这在一些定位栏和小群圈养的对比中得到证实。生产中，定位栏便于控制饲料，保持猪体膘情，流产比例小，但却易出现死胎；产木乃伊胎和弱仔比例大，难产率高，淘汰率高；而小圈饲养却不易控料，因此易造成前期空怀率高，后期流产比例大的弊端。

如何达到上述二者的和谐统一，以下方法可供参考：①前后各 20 天定位栏饲养，中期小圈混养；②全期小圈混养，前中期采用隔天饲喂方式，后期自由采食；③全期定位栏，中期定时放出舍外活动。上面几种方法，既考虑了猪控料的需要，也考虑了猪活动的需要。

14. 从哪些方面加强妊娠母猪的管理？

妊娠母猪的管理水平好坏直接会影响怀孕率的高低、活仔数及所占比例、初生前窝重及产后母猪泌乳性能。妊娠母猪在管理上的中心任务是，做好保胎促进胎儿正常发育，防止机械性流产。妊娠初期应适当运动，让母猪吃好睡好。30 天后，每天可运动 1～2 小时，促进食欲和血液循环，转弯不急、防跌倒。妊娠后期减少运动，自己运动。临产半月停止运动，饲养人员经常对初产母猪刷拭和乳房按摩，达到人畜亲和、便于分娩护产管理。妊娠母猪有三种饲养方式，但各有优缺点。

（1）定位栏饲养　一头母猪一个限位栏，整个妊娠期间一直让母猪待在限位栏中。优点：能根据猪体况、阶段合理供给日粮，能有效地保证胎儿生长发育，又能尽可能地节省饲料，降低成本。缺点：由于缺乏运动，会出现死胎比例大，难产率高，使用年限缩短等。

（2）小群圈养　3～5 头母猪一栏，猪栏标准 2.5 米 ×3.6 米。小群饲养的优点为便于活动，死胎比例降低，难产率低，使用年限长。缺点是无法控制每头猪的采食量，从而出现肥瘦不均，为保证瘦弱猪有足够的采食量，为不影响正常妊娠，只好加大群体喂料量，造成饲料浪费，增加饲料成本，甚至由于拥挤、争食及返情母猪爬跨等造成后期母猪流产。

（3）前期小群饲养，后期定位栏饲养　在妊娠前期，大约一个月，采用小群饲养的方式，这样可以让母猪多运动，恢复母猪体力，增强母猪体质，保持旺盛的食欲。一个月后转入限位栏中饲养，这样可以节省栏舍，节约饲料，精确控制母猪饲喂量，使母猪保持合理体况。此种方法前期仍然难避免前中期采食不均的问题，有人研究妊娠小群饲养时采用隔天饲喂方式，将两天的饲料一次性添加给母猪，让其自由采食，直到吃完为止，这一方法经试验验证是可行的，生产效果与定位栏相近。

在妊娠母猪饲养期间，除了控制母猪体况和增加运动外，要减少和防止各种有害刺激对妊娠母猪粗暴、鞭打、强烈追赶、跨沟、咬架以及挤撞等容易造成母猪的机械性流产。做好防暑降温及防寒保温的工作，在气候炎热的夏季，应做好防暑降温工作，减少驱赶运动。冬季则应加强防寒保温工作，防止母猪感冒发烧引起胚胎的死亡或流产。在整个妊娠期间，要保持栏舍的卫生，注意栏舍的消毒。在分娩前1周要转入产房，转舍前如果气温合适，要用水将母猪体表洗净，并用合适的消毒液对猪体进行消毒，然后按照预产期顺序赶入产房。

（4）避免环境高温　高温对母猪的影响在配后3周和产前3周的影响最大，配后3周高温会增加影响胚胎在子宫的附殖，而产前3周，由于仔猪生长过快，猪为对抗热应激会减少子宫的血液供应，造成仔猪血液供应不足，衰弱甚至死亡。其他时期，母猪对高温有一定的抵抗能力，但任何时期的长时间高温都不利于妊娠，孕期降温是炎热季节必不可少的管理措施。

（5）怀孕检查　怀孕检查是一项细致而重要的工作，每一个空怀猪的出现，不仅是饲料浪费的问题，同时还会打乱产仔计划及畜群周转计划。如果空怀猪后期返情，还会由于发情猪的爬跨、乱拱引起其他母猪流产。

15. 母猪分娩前应做好哪些准备？

母猪一般在产前1周转入产房，产房要实行全进全出制度，现代养猪生产都要在高床上产仔哺乳，产床四周的围栏大概为2.2米×1.8米，实用面积为3.5平方米，栏高0.5米。产床内设有钢管拼装成的分娩护仔栏，栏高1.1米、宽0.6米，呈长方形，以限制母猪的活动范围，防止踏压仔猪，栏的两侧为仔猪活动区，一侧放有仔猪保温箱和仔猪补料槽，箱上设有采暖用灯泡或红外线加热器，箱的一侧有仔猪出入口，便于仔猪出入活动。

待产母猪转入前要做好一系列的准备工作，第一，空栏要认真冲洗干净，检修产房设备，之后用消毒药连续消毒两次，晾干后备用。第二次消毒最好采用熏蒸消毒。第二，产房温度保持适宜，以20～22℃为佳，相对湿度65%～75%，夏季要防暑降温，避免热应激；冬季要防寒保暖。第三，母猪转入前应将母猪全身洗刷干净，并选用适当的消毒液喷洒全身，经洗刷消毒后，方可允许进入产房。第四，当母猪有临产征兆时要做到"一洗一拖三准备"。一洗：即用5%～10%来苏儿溶液或0.1%高锰酸钾溶液给临产母猪乳房和后臀部擦洗干净；一拖：即用3%火碱溶液给临产母猪产栏拖擦消毒，然后用水冲洗干净备用；三准备：准备接产用的器械有剪子、打牙钳、止血钳、干燥的毛巾、扎脐用的手术线等；准备接产用的药物：包括催产素、碘酊以及猪瘟疫苗，预防仔猪下痢用的药物和消炎药等；准备好保温箱、保温灯和铺垫的麻袋，并检查保温灯是否会亮，保温箱内应垫保暖材料，保证箱内干燥、温度适宜。

16. 母猪分娩前有什么征兆?

母猪的妊娠期平均为 114 天，范围在 110～120 天，母猪的实际产仔日期可能出现在预产期的前后。母猪临产前在生理上和行为上都发生一系列变化（产前征兆），在母猪的预产期前后几天要时刻注意母猪的行为变化，以防漏产。母猪的临产征状主要如下。

（1）乳房乳汁的变化　母猪产前 15～20 天，乳房开始由后部向前部逐渐下垂膨大，其基部在腹部隆起呈两条带状，向外扩张，从后面看最后一对乳头呈"八"字形，乳房的皮肤发紫而红亮。当可挤出清亮乳汁时，在 2～3 天内即可分娩；若挤出黏稠黄白色乳汁，则 12～24 小时内分娩。前边一对乳头能挤出乳白色乳汁，一般不超过 12 小时就要分娩；当最后一对乳头能挤出乳汁时，一般不超过 4 小时就要分娩。但是也有个别母猪产后才有乳汁，所以要综合其他临产前的表现确定临产时间。

（2）外阴部的变化　母猪临产前 3～5 天，外阴部开始肿大、充血，颜色由红变紫，尾根两侧出现凹陷，这是骨盆开张的标志。在母猪分娩前会频频排尿，阴部流出稀薄黏液，母猪侧卧，四肢伸直，阵缩时间逐渐缩短，呼吸急促，表明即将分娩。

（3）神经症状　母猪出现筑巢行为（叼草絮窝）。当表现突然停食，呼吸加快，烦躁不安，用嘴不时拱咬栏杆，时起时卧，排粪尿次数增加，吃食不好。一般出现这种现象后 6～12 小时产仔。

17. 如何掌握母猪"产前护乳"技巧?

分娩是母猪围产期最重要的环节，是一个体力消耗大、极度疲劳、剧烈疼痛、子宫和产道损伤、感染风险大的过程，是母猪生殖周期里的"生死关"。专业接生员须加强临产母猪的护理，掌握"产前护乳"技巧。

当前母猪乳房发育不良现象比较普遍，乳腺组织不发达或没发育，表现乳房太平，只见乳头，没有形成乳丘。猪场选留后备母猪时，只注重数乳头的数目，要求 7 对以上，但大部分猪场忽视了对乳房的专业护理，乳房发育不良，通常一头母猪总有 1～2 个乳房形成了盲乳房，根本没有泌乳功能。因此，专业接生员应加强母猪乳房的专业护理，要做到"形成乳丘""疏通乳道"和"增加羊水"等。

（1）加强乳房护理、促进乳腺发育，产后奶水才充足　乳房护理要从"娃娃"抓起：第 1 个情期，170 天，100～115 千克；第 2 个情期，195 天，

120～125千克；第3个情期，220天，135～150千克，即开始进行乳房按摩促进乳腺发育；第1胎：妊娠75～95天是乳腺发育最关键时期；特别是配怀舍转到分娩舍，每天可以对进行乳房按摩或热敷，促进乳房的血液供应，促进乳腺组织的发育，促进乳丘的形成，为产后泌乳创造有利条件；产后也要加强乳房护理，避免乳腺炎的发生。

（2）产仔当天母猪要有"滴奶"现象，避免乳道堵塞、肿胀 由于母猪乳房不像奶牛一样有乳池，一旦乳道堵塞就可引起急性乳腺炎，产后3天内乳腺"铁板一块"。母猪乳腺的这种结构特点，就要求接生员加强乳房护理，疏通乳道。在分娩护理的当天，专业接生员要挤压母猪的每个乳头，要能从每个乳头中挤出一点奶水，达到疏通乳道的目的，避免母猪产后3天之内由于急性乳腺炎引起乳房急性肿胀，"铁板一块"。

18. 怎样进行"产中护娩"？

母猪分娩是一个非常复杂过程，是一个极度疲劳、剧烈疼痛和代谢紊乱的过程，产程的长短至少与分娩产力和分娩阻力密切相关。分娩产力主要由子宫的阵缩力、产道的蠕动力、辅助分娩肌肉如腹壁肌肉的收缩力等构成；产道阻力与产道状态（如产道狭窄、畸形、水肿、粗糙）、胎儿大小和羊水多少等有关。

（1）增加产力的方法和技巧 母猪分娩是非常疼痛，要通过较温和的方式来增加产力、缩短产程，以减轻母猪分娩的痛苦，降低对母猪产道和产道内胎儿的挤压时间和损伤。因此，在分娩时输液缓解疲劳、补充能量外，还可以使用（诸如按摩乳房、热敷乳房或将已经产出的仔猪放出来喂奶等）刺激乳房的方式诱导垂体后叶释放催产素增强子宫和产道的收缩的方法，同时配合当母猪腹部鼓起、积极努责时用一条腿固定在产床上、另一条腿在肷部均匀用力踩下去增加腹压的方法，来增加产力、缩短产程。这些温和的增加产力的方式，既不会增加母猪的痛苦，也不会对母猪造成伤害，同时也能加快胎儿的产出。

（2）降低阻力的方法和技巧 增加羊水、润滑和软化产道、保护脐带。当前，母猪普遍出现延后分娩现象，这与胎儿发育不良、胎衣变薄、羊水减少等密切相关。羊水的主要作用：保护胎儿脐带、避免胎儿在分娩过程中受到意外挤压而被憋坏或窒息；保持胎儿皮肤表面不被粪染、保持胎儿肠道通畅、避免胎便秘结，有效降低产后仔猪腹泻；润滑产道、降低分娩阻力，有效缩短产程。因此，建议在预产期前一天使用围产康1瓶，用2倍水稀释后拌少量饲料饲喂母猪一次即可实现增加羊水的目的。

（3）胎儿护理的方法和技巧　胎儿分娩时需要精细化的管理，产出后首先是要把口鼻处的羊水擦干净，再把全身皮肤上的羊水擦干，放入保温箱中注意保温、防止受凉，搞好断脐、剪牙、饲喂初乳及其他工作。

①断脐。断脐带时先将脐血向胎儿方向挤入胎儿体内，在距脐孔 3 ～ 5 厘米处断脐，不要留太短也不能太长。注意不能将胎儿脐带直接用剪刀剪断，否则血流不止，最好用手指掐断，使其断面不整齐有利于止血。脐带中有三条血管，一条脐静脉和二条脐动脉被脐带的浆膜包裹在一起，脐静脉是将母猪富含营养物质的动脉血运送到胎儿供胎儿生长发育的血管，是由母体流向胎儿的血管，而脐动脉是将胎儿体内的混合血运送到胎盘排泄代谢产物的血管，是由胎儿流向母体的血管，为了确保脐带不向外渗血，在断脐时一定要结扎脐带。

②剪牙。剪牙的目的是防止较尖的牙齿刮伤乳房，造成乳房外伤而引发乳腺炎。当前，有一部分猪场剪牙操作不规范：有不知道要剪多少颗的，如有剪 4 颗牙齿的、有剪 8 颗牙齿的，也有把小猪满口牙齿都剪掉的；有不明白剪牙目的的，以为只要剪了就是了，把牙齿剪得比不剪还尖的，甚至剪得满口是血的都有，要知道"牙痛不是病、痛起来真要命"。其实乳猪生下来只有 4 颗最尖的牙齿，即上下左右 4 颗犬齿，这就是我们要剪钝的牙齿。剪掉这 4 颗牙齿既达到了剪牙的目的，其他牙齿不需要剪。

③初乳。新生仔猪没有免疫力，必须吸收初乳中的免疫球蛋白，获得可靠的被动免疫来防止仔猪腹泻和发生其他疾病。初乳是仔猪最重要的物质，比任何药物和营养都要重要。作为接产员一定要非常珍惜和保护初乳。母猪分娩 3 天内的奶水都可以称为初乳，但分娩后 1 天内特别是产后 6 小时内的初乳最重要。在分娩过程中要时刻关注初乳的情况，如果发现有初乳丢失的现象，一定要用杯子接起来保存在 8℃的恒温冰箱中待用，饲喂初生重低于 0.75 千克的仔猪还可以让它存活下来。浪费初乳是一种犯罪，接生员要确保每一个初生仔猪尽快吃到初乳，要做到所有初生仔猪在 1 小时内吃到初乳，在 6 小时内吃够初乳。超过 1.5 小时吃初乳的话，就有一部分出生胎儿变成弱仔，超过 6 小时仔猪的小肠免疫球蛋白通道就关闭，就不能完整的吸收初乳中的免疫球蛋白进入体内和肠黏膜中。

④假死仔猪救助。生产中常常遇到分娩出的仔猪，全身松软，不呼吸，但心脏及脐带基部仍在跳动，这样的仔猪称为假死仔猪。其原因是脐带在产道内即拉断；胎位不正，产时胎儿脐带受到压迫或扭转；或因产程过长，羊水呛到肺里，或黏液堵住鼻孔，无法正常喘气造成。为此，首先要用毛巾将口鼻部黏液擦干净，然后进行人工呼吸。人工呼吸有几种方法，一是左手倒提仔猪后

腿，右手有节奏轻轻拍打其胸部，使黏液从肺中排出。二是让仔猪四肢朝上，一手托住肩部，一手托住臀部，一屈一伸，反复进行，直到出现叫声和呼吸为止，屈伸动作应与猪的呼吸频率相近，每分钟 50～60 次。

⑤胎衣处理。母猪在产后半小时左右排出胎衣，母猪排出胎衣，表明分娩已结束，此时应立即清除胎衣。若不及时清除胎衣，被母猪吃掉，可能会引起母猪食仔的恶习。污染的垫草等也应清除，换上新垫草，同时将母猪阴部、后躯等处血污清洗干净、擦干。胎衣也可利用，将其切碎煮汤，分数次喂给母猪，以利母猪恢复和泌乳。

（4）加强分娩监控，及时发现分娩障碍 产仔过程中，加强分娩护理非常关键，可有效缩短产程、减少分娩疼痛、缓解疲劳、纠正代谢紊乱和避免难产，同时加强对胎儿的护理，降低死产、弱产，搞好断脐、哺乳、剪牙、断尾、保温、补铁、阉割等胎儿护理工作，减少仔猪腹泻的发生。

缓解母猪分娩疲劳、缓解疼痛应激和纠正代谢紊乱的最有效方法是加强对分娩母猪的输液。在对母猪进行输液时首先要掌握输液的原则：先盐后糖、先晶后胶、先快后慢、宁酸勿碱、见尿补钾、惊跳补钙。根据静脉输液的原则，正确选择药物，合理组方，当母猪分娩睡下时就可进行输液。同时产后在饮水中加入口服补液盐，连续饲喂 1 周。

19. 怎样进行"产后护宫"？

母猪产后最大的问题是产后感染、高热、便秘和厌食，产后有胎衣或胎儿滞留在子宫，产道恶性水肿、出血、恶露得不到有效控制。确保母猪产后子宫内没有胎儿、胎衣、恶露滞留，确保母猪产后不痛、舒适感增强，确保母猪产后恢复快，精力、食欲、奶水迅速恢复，是母猪产后管理的关键。可每头母猪产后使用宫炎净 50～100 毫升进行子宫灌注。同时还可以考虑在宫炎净中直接溶解 3 支青霉素、2 支链霉素一同灌入子宫，就可以完全实现产后彻底清宫、强力镇痛、消肿止血和彻底消炎的目的。所以，专业接生员需要掌握产后子宫灌注的方法。

具体操作时要做到：母猪站立时才能进行子宫灌注操作，确保宫炎净进入子宫内；缓慢灌注（3～5 分钟灌完一瓶），进得越快出来得越快；灌完后要向子宫内吹一管空气，确保输精管内的药液完全进入子宫；灌完后不能立即将输精管拔出，要停留 15～20 分钟；灌完后要让母猪继续站立 15 分钟左右，不能立即躺下。

20. 哺乳母猪应如何饲养管理?

分娩之后,经过一段时间后母体(主要是生殖器官)在解剖和生理上恢复原状,一般称此为产后期。在分娩和产后期中,母猪整个机体,特别是生殖器官发生着迅速而剧烈的变化,机体的抵抗力下降。产出胎儿时,子宫颈张开,产道黏膜表层可能造成损伤,产后子宫内又存有恶露,都为病原微生物的侵入和繁殖创造了条件。因此,对产后期的母猪应进行妥善的饲养管理,以促进母猪尽快恢复正常。

(1)饮水 分娩过程中,母猪的体力消耗很大,体液损失多,常表现疲劳和口渴,所以在母猪产后,最好立即给母猪饮少量含盐的温水,或饮热的麸皮盐汤,补充体液。

(2)饲养 母猪产后8～10小时内原则上可不喂料,只喂给温盐水或稀粥状的饲料。分娩后2～3天内,由于母猪体质较虚弱,代谢机能较差,饲料不能喂得过多,且饲料的品质应该是营养丰富、容易消化的。从产后第三天起,视母猪膘情、消化能力及泌乳情况逐渐增加饲料给量,至一周左右按哺乳期饲喂量投给或者采用自由采食的饲养方式。对个别体质较虚弱的母猪,过早大量补料反而会造成消化不良,使乳质发生变化引发仔猪下痢。对产后体况较好、消化能力强、哺育仔猪头数多的母猪,可提前加料,以促进泌乳。为促进母猪消化,改善乳质,防止仔猪下痢,可在母猪产后一周内每天喂给25克左右的小苏打,分2～3次于饮水时投给。对粪便干硬有便秘趋势的母猪,应多给饮水或喂给有轻泻作用的饲料,如增加小麦麸的喂量或添加镁盐添加剂。

(3)保持产房温暖、干燥、卫生和安静 产房小气候条件恶劣、产栏不卫生均可能造成母猪产后感染,表现恶露多、发热、食欲降低、泌乳量下降或无乳,如不及时治疗,轻者导致仔猪发育缓慢,重者导致仔猪全部饿死。

因此,要搞好产房卫生,经常更换垫草,注意舍内通风,保证舍内空气新鲜。母猪上床前彻底清理消毒产仔舍,并空舍5天以上;上床母猪应先洗澡,后消毒,洗去身上污物,不让任何东西带上产床,特别注意的是蹄部的冲洗消毒;母猪排便后,立即清除,产床上不留粪便。如母猪沾上粪便,应立即用消毒抹布擦净;创造适合仔猪生存的适宜条件,最大限度地满足仔猪所需的小范围的环境条件。

产后母猪的外阴部要保持清洁,如尾根、外阴周围有恶露时,应及时洗净、消毒,夏季应防止蚊蝇飞落。必要时给母猪注射抗生素,并用2%～3%温热盐水或0.1%高锰酸钾溶液冲洗子宫。初生后当天,必须保证每个仔猪都吃上初乳，并采取合理的并窝、寄养。观察仔猪温度是否合适，不能单纯信赖温度计，而是看小猪躺卧姿势，热时喘气急促，冷时扎堆，适宜时均匀散开，躺姿舒适。

（4）运动　从产后第三天起，若天气晴好，可让母猪带仔或单独到户外自由活动，这对母猪恢复体力、促进消化和泌乳等均有益处，但要防止着凉和受惊，运动量不要过大。

第三节　仔猪的高效饲养

1. 哺乳仔猪有哪些生理特点？

哺乳仔猪是指从出生后到断奶的仔猪，此阶段仔猪相对难养，成活率较低，是目前养猪生产的一大难关，为了养好哺乳仔猪，首先要了解其生理特点，以便采取适宜的饲养管理措施，使其顺利断奶。

（1）生长发育快，物质代谢旺盛　仔猪初生体重小，还不到成年时体重的1%，但出生后生长发育快，尤其在60日龄内生长强度最大，以后随年龄增长生长强度逐渐减弱。仔猪由于生长发育快，需要充足的营养供给，并且在数量和质量上要求都较高。而母猪的泌乳量一般在分娩后20天左右达到高峰，而后逐渐下降，这就造成母乳供给不足和仔猪快速生长所需营养较多的矛盾。此阶段的仔猪对于营养不全又极为敏感，所以除了进行正常的哺乳外，应补饲高质量的乳猪料，尽早使仔猪从饲料中获取营养。

（2）胃肠功能差，消化机能不完善　表现为胃肠容积小，运动机能微弱，酶系统发育不完善。20日龄前的哺乳仔猪胃液中有胃蛋白酶原，但因无盐酸而不能活化胃蛋白酶，因此在胃中不能消化蛋白质。此时只有消化母乳的酶系－凝乳酶，能使乳汁凝固，凝固后的乳汁可在小肠内消化。仔猪一般从20日龄开始才有少量游离盐酸出现，以后随着日龄增加，到30～40日龄胃酸才具有抑菌和杀菌作用，此时胃蛋白酶才具有一定的消化能力。因此，在仔猪料中应该添加酸化剂，以利于胃蛋白酶原的激活和促进饲料的消化。同时，乳猪中的饲料蛋白质不能过高，一般不要超过20%，当仔猪日粮中含蛋白质过高时会出现消化不良现象，易造成营养性腹泻。

（3）免疫功能不完善　母猪的免疫抗体不能通过胎盘向胎儿传递，仔猪只有靠吃初乳才能获得母源抗体并过渡到自身产生抗体。仔猪出生后24小时内对初乳中的抗体吸收量最大，出生36～48小时后吸收率逐渐下降。因此母猪分娩后应立即让仔猪吃到初乳，这是防止仔猪患病和提高其成活率的关键所在。仔猪在 10 日龄以后逐渐产生抗体，主动免疫体系开始行使功能。至 3 周龄时，自身产生的抗体数量仍然很少，是最关键的免疫临界期，此时母猪泌乳量开始下降，乳中抗体也开始减少，仔猪处于抗体转换期，极易得病，如患仔猪白痢等肠道疾病。为此，在饲养管理上除了增加泌乳母猪饲料中的蛋白质外，还应加强哺乳仔猪的营养，在饲料中加入酶制剂和微生态制剂等防止疾病发生，维护仔猪的健康。

（4）体温调节机能不健全，对寒冷应激的抵抗力差　仔猪初生时，体温调节及适应环境的能力很差，特别是生后第一天，在寒冷的环境中不能维持正常体温，易被冻僵、冻死。初生仔猪主要靠皮毛、肌肉颤抖、竖毛运动和挤堆共暖等行为来调节体温，但仔猪的被毛稀疏，皮下脂肪又很少，达不到体重的 1%，保温、隔热能力很差，因此，早期保持仔猪所在环境适宜的温度是降低仔猪死亡率的关键措施，尤其在冬春季节外界环境温度偏低时，保持圈舍环境适宜温度更具有现实意义。另外，乳中的乳脂和乳糖是仔猪哺育早期从母乳中获取能量的重要方式，尽早使初生仔猪吃到初乳，也是提高仔猪成活率，对抗寒冷应激的又一措施。

2. 0 ~ 3 日龄哺乳仔猪的饲养管理要点有哪些？

（1）断脐　妊娠期间，胎儿经由脐带获得营养，仔猪脱离产道后，脐带将成为细菌侵入新生仔猪的一条通道，若操作不当，会造成细菌感染。为防止感染，剪断脐带后须用 2% 碘酒消毒。如发生脐部出血，可用一根线将脐带结扎。

断脐方法：先将脐带内血液挤向仔猪腹部，重复几次，然后距腹部 5 厘米处用结扎线剪断，断端放到 5% 碘酒浸泡 5 ~ 10 秒，以防感染破伤风或其他疾病。

（2）称重　仔猪出生后，如果有条件，仔猪擦拭干净以后，应该立即进行称重，仔猪的初生重及整体出生窝重是衡量母猪繁殖力的重要指标，也可以据其判断母猪在妊娠期间的饲喂情况，以便进行增减日饲喂量。同时，可以根据仔猪的初生重判断整窝的弱仔率，一般将初生重低于 0.6 千克的仔猪判定为弱仔。弱仔率越大，仔猪的成活率越低。初生体重大的仔猪，生长发育快、哺育率高、肥育期短。常言说：出生差 1 两[①]，断奶差 1 斤[②]，出栏差 10 斤，可见仔

① 1 两为 50 克。

② 1 斤为 500 克。

猪的初生重对猪后续的生长起着多么重要的作用。通常种猪场必须称量初生仔猪的个体重，商品猪场可称量窝重（计算平均个体重）。

（3）打耳号　猪的编号就是猪的名字，在规模化种猪场要想识别不同的猪只，光靠观察很难做到。为了随时查找猪只的血缘关系并便于管理记录，必须给每头猪进行编号，编号是在生后称量初生体重的同时进行。编号的方法很多，以剪耳法最简便易行。剪耳法是利用耳号钳在猪的耳朵上打号，每剪一个耳缺代表一个数字，把两个耳朵上所有的数字相加，即得出所要的编号。以猪的左右而言，一般多采用左大右小，上1下3、公单母双（公仔猪打单号、母仔猪打双号）或公母统一连续排列的方法。即仔猪右耳，上部一个缺口代表1，下部一个缺口代表3，耳尖缺口代表100，耳中圆孔代表400。左耳，上部一个缺口代表10，下部一个缺口代表30，耳尖缺口代表200，耳中圆孔代表800，如图4-1所示。

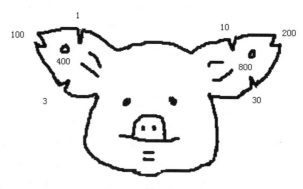

图4-1　猪的耳号编制规则

（4）吃初乳　仔猪出生以后，应该尽快使其吃到初乳（进行超前免疫的仔猪除外）。初乳有以下几个特点。

①仔猪出生时缺乏先天性免疫力，而母猪初乳中富含免疫球蛋白等物质，可以使仔猪获得被动免疫力。

②初乳中蛋白质含量高，且含有轻泻作用的镁盐，可促进胎粪排出。

③初乳酸度较高，可弥补初生仔猪消化道不发达和消化腺机能不完善的缺陷。

④初乳的各种营养物质，在小肠内几乎全被吸收，有利于增强体力和御寒。

因此，仔猪应早吃初乳，出生到首次吃初乳的间隔时间最好不超过2小时。初生仔猪由于某些原因吃不到初乳，很难成活，即使勉强活下来，往往发育不良而形成僵猪。所以，初乳是仔猪不可缺少和取代的。

（5）断尾　断尾可以安排在仔猪出生后的第二天进行。断尾的目的是防止处在高密度生长环境的仔猪互相咬尾。断尾用专用断尾钳直接在离尾根 3～5 厘米处断掉，然后用碘酒在断尾处消毒。或用钝性钢丝钳在尾的下 1/3 处连续钳两次，两钳的距离为 0.3～0.5 厘米，把尾骨和尾肌都钳断，血管和神经压扁压断，皮肤压成沟，钳后 7～10 天尾巴即会干脱。

（6）剪牙　为了防止仔猪打斗时相互咬伤或咬伤母猪乳头，可在出生时或第二天把仔猪的两对犬齿和两对臼齿剪掉，每边两个犬齿剪净或剪短 1/2，注意切面平整，勿伤及齿龈部位。

（7）固定乳头　仔猪有专门吃固定奶头的习性，为使全窝仔猪生长发育均匀健壮，提高成活率，应在仔猪生后 2～3 天内，进行人工辅助固定乳头。固定乳头是项细致的工作，宜让仔猪自选为主，人工控制为辅，特别是要控制个别好抢乳头的强壮仔猪。一般可把它放在一边，待其他仔猪都已找好乳头，母猪放奶时再立即把它放在指定的奶头上吃奶。这样，每次吃奶时，都坚持人工辅助固定，经过 3～4 天即可建立起吃奶的位次，固定奶头吃奶。

（8）补铁　铁是血液中合成血红蛋白的必要元素，缺铁会造成贫血。仔猪在 2～3 日龄肌内注射补铁 150 毫克，以防止贫血、下痢，提高仔猪生长速度和成活率。

（9）寄养　初产母猪以带仔 8～10 头为宜，经产母猪可带仔 10～12 头。由于母猪产仔有多有少，经常需要匀窝寄养。仔猪寄养时要注意以下几方面的问题。

①母猪产期接近。实行寄养时产期应尽量接近，最好不超过 4 天。后产的仔猪向先产的窝里寄养时，要挑体重大的寄养，而先产的仔猪向后产的窝里寄养时，则要挑体重小的寄养，以避免仔猪体重相差较大，影响体重小的仔猪发育。

②被寄养的仔猪一定要吃初乳。仔猪吃到初乳才容易成活，如因特殊原因仔猪没吃到生母的初乳时，可吃养母的初乳。这必须将先产的仔猪向后产的窝里寄养，这称为顺寄。

③寄养母猪必须是泌乳量高、性情温顺、哺育性能强的母猪，只有这样的母猪才能哺育好多头仔猪。

④使被寄养仔猪与养母仔猪有相同的气味。猪的嗅觉特别灵敏，母仔相认主要靠嗅觉来识别。多数母猪追咬别窝仔猪（严重的可将仔猪咬死），不给哺乳。为了使寄养顺利，可将被寄养的仔猪涂抹上养母猪奶或尿，也可将被寄

仔猪和养母所生仔猪合关在同一个仔猪箱内，经过一定时间后同时放到母猪身边，使母猪分不出被寄养仔猪的气味。

（10）环境温度控制　哺乳仔猪调节体温的能力差、怕冷，寒冷季节必须防寒保温，同时注意防止贼风。尽可能限制仔猪卧处的气流速度，空气流速为9米/分钟的贼风相当于气温下降4℃，28米/分钟相当于下降10℃。在无风环境中生长的仔猪比在贼风环境的仔猪生长速度提高6%，饲料消耗减少26%。

仔猪的适宜温度因日龄长短而异。哺乳仔猪适宜的温度，1～3日龄为30～32℃，4～7日龄为28～30℃，7～15日龄为25～28℃，15～30日龄为22～25℃；产房温度应保持在20～24℃，此时母猪最适宜。

防寒取暖的措施很多。一是可以加厚垫料。加厚垫料属传统保温方式，多在家庭养猪中使用。其方法是：第一天铺10厘米厚的垫草，第二天再添加10～20厘米垫草，使垫草厚度达30～40厘米，外侧钉上挡草板，防止垫草四散。在舍温10～15℃时，垫草的温度可达21℃以上。这种方法经济易行，既省工又省草（垫草），既保温又防潮。采用此法时，应及时更换垫草，添加干燥新鲜的垫草，保持栏内干燥。二是火源加热。其方式有烟道和炭炉两种，烟道又有地上烟道和地下烟道两种。在用煤炭等燃料供温时，不论采用哪种供温方式，除要防止火灾外，还应及时排除栏舍内的有害气体，防止中毒。三是使用红外线保温灯。目前红外线保温灯被广泛采用。方法是：用红外线灯泡吊挂在仔猪躺卧的护仔架上面或保温间内给仔猪保温取暖，并可根据仔猪所需的温度随时调整红外线保温灯的吊挂高度。此法设备简单，保温效果好，并有防治皮肤病的作用。如用木栏或铁栏为隔墙时，两窝仔猪不可共用一只红外线保温灯。四是使用仔猪保温板。电热恒温保暖板板面温度26～32℃。产品结构合理，安全省电，使用方便，调温灵活，恒温准确，适用大型工厂化养猪场。五是使用远红外加热仔猪保温箱。保温箱大小为长100厘米、高60厘米、宽50～60厘米，用远红外线发热板接上可控温度元件平放在箱盖上。保温箱的温度根据仔猪的日龄来进行调节。为便于消毒清洗，箱盖可拿开，箱体材料使用防水的材料。

3. 仔猪出生第3天到断奶应如何饲养管理？

（1）去势　去势应在7～10日龄进行为宜，去势日龄过早，睾丸小且易碎，不易操作。去势过晚，不但出血多，伤口不易愈合，而且表现疼痛症状，应激反应剧烈，影响仔猪的正常采食和生长。注意防疫和去势不能同日进行。在去势的前1天，对猪舍进行彻底消毒，以减少环境中病原微生物的数量，减少病原微生物与刀口的接触机会。去势时先用5%的碘酒消毒入刀部位皮肤，防止刀口部位病原的侵入，术后刀口部位同样用碘酒消毒，以防止感染发炎。应选择纵向上下切割，碘酒消毒手术部位皮肤后，在靠近阴囊底部，纵向（上下）划开1～2厘米的切口，睾丸即可顺利挤出。此处切口小、位置低，外界异物及粪便不易侵入刀口而引起感染。注意止血及术后的观察，在睾丸挤出时，用手指捻搓精索和血管，有一定的止血作用。待操作完毕后，应仔细检查有无隐性腹股沟疝所致的肠管脱出，以便及时采取措施。

（2）开食　母猪泌乳高峰在产后3周左右，3周以后泌乳逐渐减少，而乳猪的生长速度越来越快，为了保证3周龄后仔猪能大量采食饲料以满足快速生长所需的营养，必须给仔猪尽早开食补料。6～7日龄的仔猪开始长白齿，牙床发痒，常离开母猪单独行动，特别喜欢啃咬垫草、木屑等硬物，并有模仿母猪的行为，此时开始补料效果较好。在仔猪出生后7～10日龄开始用代乳料进行诱食补料，补料的目的在于训练仔猪认料，锻炼仔猪咀嚼和消化能力，并促进胃酸的分泌，避免仔猪啃食异物，防止下痢。

仔猪诱食可以采用下列方法。

①诱食时间。应选择仔猪精神活跃的时候，一般是在8:00—11:00，14:00—16:00。此时仔猪活动较频繁，利于诱食。

②促进开食。将乳猪料调成糊状，在小猪开食前两天，饲养员将乳猪料涂在母猪乳房上，小猪吮奶时便接触到饲料，促进开食。或者将饲料塞到小猪嘴里，反复几次可以使小猪开食。

③少给勤添。仔猪具有"料少则抢，料多则厌"的特点。所以，少给勤添便会造成一个互相争食的气氛，有利进食。

④以大带小。仔猪有模仿和争食的习性，可让已会吃料的仔猪和不会吃料的仔猪放在一起吃料。仔猪经过模仿和争食，很快便能学会吃料。

⑤以母教仔。在仔猪拥有补饲间的情况下，可将母猪料槽放低，让仔猪在母猪采食时拣食饲料，训练仔猪开食。但母猪料槽内沿的高度不能超过10厘米，日粮中搭配仔猪喜食的饲料。

⑥滚筒诱食。将炒熟的香甜粒料放在一个周身有孔两端封好的滚筒内，作为玩具，让仔猪拱着滚动，拣食从筒中落到地上的粒料，促进开食。

诱食也可采取强制的办法：每天3～4次将仔猪关进补料栏，限制吃奶，强制吃饲料，这样3～5天后就会慢慢学会采食；将代乳料调成糊状，抹到猪的嘴里，同时要装设自动饮水器，让仔猪自由饮用清洁水。因为母乳中含脂肪量高，仔猪容易口渴，如没有饮水器仔猪会喝脏水或尿液，引起仔猪下痢。要定期检查饮水器是否堵塞以及出水量是否减少等。

（3）断奶　仔猪断奶时，是在母猪强烈抗拒和仔猪的阵阵哀鸣中进行母仔的断然分开，离乳仔猪不但要承受母仔分开所带来的精神痛苦，还要快速适应从产房到保育舍的环境变化；在采食上，要快速适应从母乳到教槽料，从高消化率、以乳糖乳蛋白为主的液态母乳，到不易消化的复杂固态日粮的改变；要不断地迎接即将来临的转群、分群、并群等群体重组带来的环境、伙伴的变化；生活在高密度环境下，还要接受高强度免疫等许多考验，因此，断奶关关山重重，是猪一生中面临的最大挑战，是乳仔猪真正的大劫难，也是制约养猪业生产水平快速提升的最关键控制点。

当前，随着猪品种改良、饲料营养水平的改善和饲养管理水平的提高，仔猪断奶日龄逐渐从 60 天、45 天、35 天、30 天、28 天、24 天、21 天、18 天，甚至出现了低于 18 天的超早期断奶，母猪的利用率得到了提高。实践证明，仔猪 25～28 日龄是最合适的断奶日龄。要设法使断奶后的仔猪尽快吃上饲料。选择优质教槽料，或选择优质脱脂奶粉、乳清粉、血浆蛋白粉、乳糖、喷雾干燥血浆粉、优质鱼粉、膨化大豆、去皮高蛋白豆粕等原料自己配制教槽料，从 12 日龄左右开始补饲。为提高消化率，有必要在断奶饲料中添加酶制剂（非淀粉多糖酶、植酸酶、蛋白酶、淀粉酶）、酸化剂。断奶 2 周后，仔猪的消化能力明显提高，就没有必要配制如此昂贵的饲料了，少用或者不用乳清粉、血浆蛋白粉等昂贵的原料，以降低成本。

仔猪断奶可采取一次性断奶、分批断奶、逐渐断奶和间隔断奶的方法。

①一次性断奶法。即到断奶日龄时，一次性将母仔分开。具体可采用将母猪赶出原栏，留全部仔猪在原栏饲养。此法简便，并能促使母猪在断奶后迅速发情。其不足之处是突然断奶后，母猪容易发生乳房炎，仔猪也会因突然受到断奶刺激，影响生长发育。因此，断奶前应注意调整母猪的饲料，降低泌乳量；细心护理仔猪，使之适应新的生活环境。

②分批断奶法。将体重大、发育好、食欲强的仔猪及时断奶，而让体弱、个体小、食欲差的仔猪继续留在母猪身边，适当延长其哺乳期，以利于弱小仔猪的生长发育。采用该方法可使整窝仔猪都能正常生长发育，避免出现僵猪。但断奶期拖得较长，影响母猪发情配种。

③逐渐断奶法。在仔猪断奶前 4～6 天，把母猪赶到离原圈较远的地方，然后每天将母猪放回原圈数次，并逐日减少放回哺乳的次数，第 1 天 4～5 次，第 2 天 3～4 次，第 3～5 天停止哺育。这种方法可避免引起母猪乳房炎或仔猪胃肠疾病，对母、仔猪均较有利，但较费时、费工。

④间隔断奶法。仔猪达到断奶日龄后，白天将母猪赶出原饲养栏，让仔猪适应独立采食；晚上将母猪赶进原饲养栏（圈），让仔猪吸食部分乳汁，到一定时间全部断奶。这样，不会使仔猪因改变环境而惊惶不安，影响生长发育，既可达到断奶目的，也能防止母猪发生乳房炎。

（4）防病　断奶时实行赶母留仔，仔猪留在原圈饲养舍内待1周左右后再转入保育舍，以减少应激；断奶仔猪转入保育舍前，就应将保育舍温度提升到26～28℃，不要等到已经转入保育舍后再提温；断奶后第1周，日温差不要超过2℃，以防发生腹泻和生长不良；保持仔猪舍清洁干燥，避免贼风侵袭，严防着凉感冒。

4. 怎样养好断奶仔猪？

断奶仔猪是指从仔猪断奶到70日龄的仔猪，也叫保育猪。仔猪断奶阶段是猪场能否取得经济效益的一个关键时期，该阶段不但要保证仔猪安全稳定地完成断奶转群，还要为育成育肥打下良好的基础，同时也是猪群易患易感病的高发期。

为了使断奶仔猪尽快适应断奶后的饲料，减少断奶应激，除对哺乳仔猪进行早期强制性补料和断奶前减少母乳（断奶前给母猪减料）的供给，迫使仔猪在断奶前就能采食较多补料外，还要进行饲料过渡和饲喂方法过渡。

饲料过渡就是仔猪断奶2周以内应保持饲料不变（仍然饲喂哺乳期补料），2周以后逐渐过渡到吃断奶仔猪饲料，以减轻应激反应。饲喂方法过渡是指仔猪断奶后3～5天最好限量饲喂，平均日采食量160克。5天以后再实行自由采食。否则，仔猪往往因为过食而发生腹泻，生产上应引起注意。

稳定的生活制度和适宜的饲料调制是提高仔猪食欲、增加采食量、促进仔猪增重的保证。仔猪断奶后15天内，应按哺乳期的饲喂方法和次数进行饲喂，每次喂量不宜过多。夜间应坚持饲喂，以免停食过长，使仔猪饥饿不安。此后，可适当减少饲喂次数。

饲料的适口性是增进仔猪采食量的一个重要因素，仔猪对颗粒料和粗粉料的喜好超过细粉料。仔猪采食饲料后，经常感到口渴，应经常供给清洁的饮水，对仔猪的饲养管理是否适宜，可从其粪便和体况加以判断。断奶仔猪粪便软而表面光泽，长8～12厘米，直径2～2.5厘米，呈串状，4月龄时呈块状；饲养不当则粪便无形状，稀稠，色泽不同；如饲养不足，则粪成粒，干硬而小；精料过多则粪稀软或不成块；青草过多则粪便稀，色泽绿且有草味。如粪过稀且有未消化的剩料粒，则为消化不良，可减少进食量，1天后如仍不改变，可用药物进行治疗。

目前主要采取仔猪提前训料、缓慢过渡的方法来解决仔猪的断奶应激问题，可以使仔猪断奶后立刻适应饲料的变化。

（1）断奶后的饲料过渡　断奶前 3 天减少母乳的供给（给母猪减料），迫使仔猪进食较多的乳猪料。断奶后 2 周内保持饲料不变，并适量添加抗生素、维生素，以减少应激反应。断奶后 3 ～ 5 天内采取限量饲喂，日采食量以 160 克为宜，逐渐增加，5 天后自由采食。2 周后饲料中逐渐增加仔猪料量减少乳猪料。3 周后全部采用仔猪料。仔猪食槽口 4 个以上，保证每头猪的日饲喂量均衡，避免因突然食入大量干料造成腹泻。最好安装自动饮水器，保证供给仔猪清洁的饮水、断奶仔猪采食大量干料，常会感到口渴，如供水不足会影响仔猪的正常生长发育，

（2）控制仔猪的采食量　在断奶一段时间限制仔猪采食量可缓减断奶后腹泻。但是，该阶段是仔猪生长较快的阶段，断奶一定时间后，要提高仔猪的采食量。提高仔猪断奶后采食量最成功的一种办法是采用湿料和糊状料。对刚断奶后采食量极低的仔猪和轻体重的仔猪来说，湿喂有好处，采用湿料时采食量提高，原因可能是行为性的，即仔猪不必在刚断奶后学习分别采食和饮水的新行为；采用湿料时，水和养分都可获自同一个来源，这与吸吮母乳有许多相似之处；湿喂可以极大地提高断奶后仔猪的采食量和幼猪的性能，但是湿喂时如采用自动系统则成本太高，且有实际困难，而采用手工操作则对劳力要求又太大，这些原因阻碍了其目前在商品猪生产上的广泛应用。但湿喂的上述优点将促使人们生产出在经济上可接受的湿喂系统。

5. 从哪些方面加强对断奶仔猪的管理？

（1）环境过渡　仔猪断奶后头几天很不安定，经常嘶叫，寻找母猪。为减轻应激，最好在原圈原窝饲养一段时间，待仔猪适应后再转入仔猪培育舍。此法的缺点是降低了产房的利用率，建场时需加大产房产栏数量。断奶仔猪转群时一般采取原窝培育，即将原窝仔猪（剔除个别发育不良个体）转入仔猪培育舍，关入同一栏内饲养。如果原窝仔猪过多或过少时，需重新分群，可按体重大小、强弱进行分群分栏，同栏仔猪体重差异不应超过 1 ～ 2 千克。

为了避免并圈分群后的不安和互相咬斗，应在分群前 3 ～ 5 天使仔猪同槽进食或一起运动。然后，根据仔猪的性别、个体大小、吃食快慢进行分群。同群内体重差异以不超过 2 ～ 3 千克为宜，

对体弱的仔猪宜另组一群，精心护理以促进其发育。每群的头数视猪圈面

积大小而定，一般可为 4～6 头一圈或 10～12 头一圈。

（2）控制环境条件

①温度。断奶仔猪适宜的环境温度是：30～40 日龄 21～22℃，41～60 日龄 21℃，60～90 日龄 20℃。为了能保持上述温度，冬季要采取保温措施，除注意猪舍防风保温和增加舍内养猪头数外，最好安装取暖设备，如暖气、热风炉或煤火炉等，也可采取火墙供暖。在炎热的夏季则要防暑降温，可采取喷雾、淋浴、通风等降温方法。近年来，许多猪舍采取纵向通风降温，效果较好。

②湿度。仔猪舍内湿度过大，可增加寒冷或炎热的程度，对仔猪的成长不利。断奶仔猪适宜的环境湿度是 65%～75%。

（3）调教管理 猪有定点采食、排粪尿、睡觉的习惯，这样既可保持栏内卫生。又便于清扫，但新断奶转群的仔猪需人为引导、调教才能养成这些习惯。仔猪培育栏最好为长方形（便于训练分区），在中间走道一端设自动食槽，另一端安装自动饮水器，靠近食槽一侧为睡卧区，另一侧为排泄区。训练的方法是：排泄区的粪便暂时不清扫，诱导仔猪来排泄。其他区的粪便及时清除干净。当仔猪活动时，对不到指定地点排泄的仔猪用小棍轰赶。当仔猪睡卧时可定时要赶到固定区排泄，经过 1 周的训练可形成定位。

（4）疾病防治 断奶仔猪由于没有了母乳这个天然抗原，又没有形成完整的免疫机制，很容易被病菌感染而患病。除了搞好环境卫生以外，使用药物饲料及疾病诊断防治是非常重要的。对于新断奶仔猪可在饲料中添加维生素、饮水中加入补液盐。对于仔猪常见疾病，如水肿病、流行性腹泻、仔猪副伤寒等病需要特别重视。

（5）断奶仔猪的网床培育 断奶仔猪网床培育是集约化养猪场实行的一项科学的仔猪培育技术。与地面培育相比，网床培育有许多优点，首先是粪尿、污水可随时通过漏缝地板漏到网下，减少了仔猪接触污染源的机会，床面既可保持清洁、干燥，又能有效地预防和遏制仔猪腹泻病的发生和传播。其次是仔猪离开地面，减少冬季地面传导散热的损失，提高了饲养温度。

断奶仔猪在产房内经过渡期饲养后，再转移到培育猪舍网床培养，可提高仔猪日增重，生长发育均匀，仔猪成活率和饲料转化率提高，减少了疾病的发生，为提高养猪生产水平、降低生产成本奠定了良好的基础。网床培育已在我国大部分地区试验并推广应用，取得了良好的效果，对推动我国养猪业发展和养猪现代化生产起到了巨大的推动作用。

第四节　生长育肥猪高效饲养

1. 生长育肥猪有哪些生理特点?

（1）不同体重阶段的生理特点　从猪的体重看，生长育肥猪的生长过程可分为生长期和育肥期两个阶段。

①生长期的生理特点。体重 20 ~ 60 千克为生长期。此阶段猪的机体各组织、器官的生长发育功能不很完善，尤其是刚刚 20 千克体重的猪，其消化系统的功能较弱，消化液中某些有效成分不能满足猪的需要，影响了营养物质的吸收和利用，并且此时猪只胃的容积较小，神经系统和机体对外界环境的抵抗力也正处于逐步完善阶段。这个阶段主要是骨骼和肌肉的生长，而脂肪的增长比较缓慢。

②肥育期的生理特点。体重 60 千克到出栏为肥育期。此阶段猪的各器官、系统的功能都逐渐完善，尤其是消化系统有了很大发展，对各种饲料的消化吸收能力都有很大改善；神经系统和机体对外界的抵抗力也逐步提高，逐渐能够快速适应周围温度、湿度等环境因素的变化。此阶段猪的脂肪组织生长旺盛，肌肉和骨骼的生长较为缓慢。

（2）不同生长阶段的增重规律及组织生长特点　猪在生长发育过程中，各阶段的增重及组织的生长是不同的，也是有规律的。

①体重的增长规律。在正常的饲料条件、饲养管理条件下，猪体的每月绝对增重，是随着年龄的增长而增长，而每月的相对增重（当月增重 ÷ 月初增重 ×100），是随着年龄的增长而下降，到了成年则稳定在一定的水平。就是说，小猪的生长速度比大猪快，一般猪在 100 千克前，猪的日增重由少到多，而在 100 千克以后，猪的日增重由多到少，至成年时停止生长。也就是说，猪的绝对增长呈现慢—快—慢的增长趋势，而相对生长率则以幼年时最高，然后逐渐下降。

②猪体内组织的增长规律。猪体骨骼、肌肉、脂肪、皮肤的生长强度也是不平衡的。一般骨骼是最先发育，也是最先停止的。骨骼是先向纵行方向长（即向长度长），后向横行方向长。肌肉继骨骼的生长之后而生长。脂肪在幼年沉积很少，而后期加强，直至成年。如初生仔猪体内脂肪含量只有2.5%，到体重 100 千克时含量高达 30% 左右。脂肪先长网油，再长板油。小肠生长强度随年龄增长而下降，大肠则随着年龄的增长而提高，胃则随年龄的增长而提

高。总的来说，育肥期 20～60 千克为骨骼发育的高峰期，60～90 千克肌肉发育高峰期，100 千克以后为脂肪发育的高峰期。所以，一般杂交商品猪应于 90～110 千克屠宰较为适宜。

③猪体内化学成分的变化规律。猪体内蛋白质在 20～100 千克这个主要生长阶段沉积，实际变化不大，每日沉积蛋白质 80～120 克；水分则随年龄的增长而减少；矿物质从小到大一直保持比较稳定的水平。如体重 10 千克时，猪体组织内水分含量为 73% 左右，蛋白质含量为 17%；到体重 100 千克时，猪体组织内水分含量只有 49%，蛋白质含量只有 12%。

2. 如何选择生长育肥猪的育肥方式？

（1）一贯育肥法　就是从 25～100 千克均给予丰富营养，中期不减料，使之充分生长，以获得较高的日增重，要求在 4 个月龄体重达到 90～100 千克。

饲养方法：将生长育肥猪整个饲养期分成两个阶段，即前期 25～60 千克，后期 60～100 千克；或分成三个阶段，即前期 25～35 千克，中期 35～60 千克，后期 60～100 千克。各期采用不同营养水平和饲喂技术，但整个饲养期始终采用较高的营养水平，而在后期采用限量饲喂或降低日粮能量浓度方法，可达到增重速度快，饲养期短，生长育肥猪等级高，出栏率高和经济效益好的目的。

①肥育小猪一定是选择二品种或三品种杂交仔猪，要求发育正常，70 日龄转群体重达到 25 千克以上，身体健康、无病。

②肥育开始前 7～10 天，按品种、体重、强弱分栏、阉割、驱虫、防疫。

③正式肥育期 3～4 个月，要求日增重达 1.2～1.4 千克。

④日粮营养水平，要求前期（25～60 千克），每千克日粮含粗蛋白质 15%～16%，消化能 13.0～13.5 兆焦 / 千克，后期 60～100 千克，粗蛋白质 13%～15%，消化能 12.2～12.9 兆焦 / 千克，同时注意饲料多种搭配和氨基酸、矿物质、维生素的补充。

⑤每天喂 2～3 餐，自由采食，前期每天喂料 1.2～2.0 千克，后期 2.1～3.0 千克。精料采用干湿喂，青料生喂，自由饮水，保持猪栏干燥、清洁，夏天要防暑、降温、驱蚊，冬天要关好门窗保暖，保持猪舍安静。

（2）前攻后限育肥法　过去养肉猪，多在出栏前 1～2 个月进行加料猛攻，结果使猪生产大量脂肪。这种育肥不能满足当今人们对瘦肉的需要。必须采用前攻后限的育肥法，以增加瘦肉生产。前攻后限的饲喂方法：仔猪在 60 千克前，采用高能量、高蛋白日粮，每千克混合料粗蛋白质 15%～17%，消化能 13.0～13.5 兆焦，日喂 2～3 餐，每餐自由采食，以饱和度，尽量发挥小猪早期生长快的优势，要求日增重达 1～1.2 千克。在 60～100 千克阶段，采用中能量、中蛋白，每千克饲料含粗蛋白质 13%～14%，消化能 2.2～12.9 兆焦，日喂 2 餐，采用限量饲喂，每天只吃 80% 的营养量，以减少脂肪沉积，要求日增重 0.6～0.7 千克。为了不使猪挨饿，在饲料中可增加粗料比例，使猪既能吃饱，又不会过肥。

（3）生长育肥猪原窝饲养　猪是群居动物，来源不同的猪并群时，往往出现剧烈的咬斗，相互攻击，强行争食，分群躺卧，各据一方，这一行为严重影响了猪群生产性能的发挥，个体间增重差异可达 13%。而原窝猪在哺乳期就已经形成的群居秩序，生长育肥猪期仍保持不变，这对生长育肥猪生产极为有利。但在同窝猪整齐度稍差的情况下，难免出现些弱猪或体重轻的猪，可把来源、体重、体质、性格和吃食等方面相近似的猪合群饲养，同一群猪个体间体重差异不能过大，在小猪（前期）阶段群体内体重差异不宜超过 2～3 千克，分群后要保持群体的相对稳定。

3. 怎样选择适当的喂法及餐数？

（1）饲喂的方式　通常育肥的饲养方式，有"自由采食"和"定餐喂料"两种方式。这两种饲养方式各有优缺点。自由采食大家知道，省时省工，给料充足，猪的发育也比较整齐。但是缺点是容易导致猪的"厌食"；该方法还很容易造成饲料的浪费，因为料充足，猪有事儿没事儿到处拱，造成浪费比较大；也容易造成霉变，因为，以前添加的饲料如果没有清理干净，很容易在料槽底存积发生霉变。自由采食再一个缺点是：猪只不是同时采食，也不是同时睡觉，所以很难观察猪群的异常变化；也容易使部分饲养员养成懒惰的作风，因为把料槽以后就没事儿，根本不进猪栏，不去观察猪群。

定餐喂料也有它的优点：可以提高猪的采食量，促进生长，缩短出栏时间。从做过的试验中可以看出，同批次进行自由采食的猪和定餐喂料的猪相比，如果定餐喂料做得好，可以提前 7～10 天上市。定餐喂料的过程中，更易于观察猪群的健康状况。定餐喂料的缺点是：每天要分 3～4 餐喂料，这样饲养员工作量加大了。另外，对饲养员的素质要求高了，每餐喂料要做到准确，难以控制；如果饲养员素质不高，责任心不强，很容易造成饲料浪费或者喂料不足的情况。喂料的原则就是：保证猪只充分喂养。充分喂养，就是让猪每餐吃饱、睡好，猪能吃多少就给它吃多少。

育肥猪一般每天喂料量是猪体重的 3%～5%。比如，20 千克的猪，按 5% 计算，那么一天大概要喂 1 千克料。以后每周在此基础上增加 150 克，这样慢慢添加，那么到了大猪 80 千克后，每天饲料的用量就按其体重的 3% 计算。当然这个估计方法也不是绝对的，要根据天气、猪群的健康状况来定。

三餐喂料量是不一样的，提倡"早晚多，中午少"。一般晚餐占全天耗料量的 40%，早餐占 35%，中餐占 25%，因为晚上的时间比较长，采食的时间也长；早晨，因为猪经过一晚上的消化后，肠胃已经排空，采食量也增加了；中午因为时间比较短，且此时的饲喂以调节为主，如早上喂料多了，中午就少喂一点。相反，早上喂少了，中午就喂多一点。

（2）改熟料喂为生喂　青饲料、谷实类饲料、糠麸类饲料，含有维生素和有助于猪消化的酶，这些饲料煮熟后，破坏了维生素和酶，引起蛋白质变性，降低了赖氨酸的利用率，有人总结 26 个系统试验的结果，谷实饲料由于煮熟过程的耗损和营养物质的破坏，利用率比生喂的降低了 10%。同时熟喂还增加设备、增加投资、增加劳动强度、耗损燃料。所以一定要改熟喂为生喂。

（3）改稀喂为干湿喂　有些人认为稀喂料，可以节约饲料。其实并非如此。猪是否快长，不是以猪肚子胀不胀为标准的，而是以猪吃了多少饲料，这些饲料中含有多少蛋白质、多少能量及其利用率为标准的。

稀料喂猪缺点很多。第一，水分多，营养干物质少，特别是煮熟的饲料再加水，干物质更少，影响猪对营养的采食量，造成营养的缺乏，必然长得慢。第二，水不等于饲料，因它缺乏营养干物质，如在日粮中多加水，喝到肚子里，时间不久，几泡尿就排出体外，猪就感到很饿，但又吃不着东西，结果情绪不安、跳栏、撬墙。第三，影响饲料营养的消化率。饲料的消化，依赖口腔、胃、肠、胰分泌的各种蛋白酶、淀粉酶、脂肪酶等酶系统，把营养物质消化、吸收。喂的饲料太稀，猪来不及咀嚼，连水带料进入胃、肠，影响消化，也影响胃、肠消化酶的活性，酶与饲料没有充分接触，即使接触，由于水把消化液冲淡，猪对饲料的利用率必然降低。第四，喂料过稀，易造成肚大下垂，屠宰率必然下降。

采用干湿喂是改善饲料的饲养效果的重要措施，应先喂干湿料，后喂青料，自由饮水。这样既可增加猪对营养物质的采食量，又可减少因屙尿多造成的能量损耗。

（4）喂料要注意"先远后近"的原则，以提高猪的整齐度　有这样一个现象，越是靠近猪栏进门和靠近饲料间的这些猪栏里，猪都长得很快，越到后面猪栏猪越小，这是为什么？肯定是喂料不充足。所以要求饲养员喂料，并不是从前往后喂，而是反过来，要从后面往前面喂，为什么？因为，有些饲养员推一车料，从前往后喂，看到料快完了，就慢慢减少喂料量，最后就没有了，他也懒得再加料了。如果从远往近喂的话，最后离饲料间近，饲养员补料也方便了，所以整齐度也提高了。

（5）保证猪抢食　养肥猪就要让它多吃，吃得越多长得越快。怎么让猪多吃？得让它去抢。如果喂料都是均衡的话，它就没有"抢"的意识了。如果每餐料供应都很充裕的话，猪就不会去抢了。所以，平时要求饲养员，每个星期，尽量让猪把槽里的料吃尽吃空两次。比如，星期一本来这一栋栏这餐应该喂四包饲料的，就只给喂三包，让猪只有一种饥饿感，到下一餐时，因为有些猪没吃饱，要抢料，采食量提高了；抢了几天以后，因喂料正常，"抢"的意识又淡化了。那么，到了星期四的中午，又进行控料一次，这样一来，这些猪又抢料。这样始终让猪处于一种"抢料"的状况，提高采食量和生长速度，进而即可提前出栏，增加效益。

（6）用料管理　育肥猪在不同阶段的营养要求不一样。某些猪场的育肥猪饲料始终只有一种料。

①要减少换料应激。饲料的种类和精、粗、青比例要保持相对稳定，不可变动太大，转群以后要进行换料。在变换饲料时，要逐渐进行，使猪有个适应和习惯的过程，这样有利于提高猪的食欲以及饲料的消化利用率。为了减少因换料给仔猪造成的应激，转入生长育肥舍后由保育料换生长料时应该过渡，实行"三天换料"或"五天换料"的方法。实行"三天换料"时，第一天，保育猪料和育肥料按2∶1配比饲喂；第二天，保育猪和育肥料按1∶1；第三天保育猪料和育肥料按1∶2。这样三天就过渡了。"五天换料"时，在转入生长育肥舍后第一天继续饲喂保育料，第二天开始过渡饲喂生长料，生长料：保育料为7∶3；第三天，生长料：保育料为5∶5，第四天，生长料：保育料为3∶7，第五天开始全部饲喂生长料。

②要减少饲料的无形浪费。有的人讲：饲料多喂是浪费，那就少给。其实，少给料同样也是一种浪费；因为，少给料以后，猪饥饿不安，到处游荡，消耗体能。猪不安以后，到处游荡，就消耗体能，这个"体能"从饲料中来，要通过饲料的转化。这样，饲料的利用率就无形中降低了，料肉比就高了。另外猪饥饿嚎叫，也是消耗能量，也要通过饲料来转化，所以喂料要做到投料均匀，不能多，也不能少。

（7）合理饮水　水是调节体温、饲料营养的消化吸收和剩余物排泄过程不可缺少的物质，水质不良会带入许多病原体，因此既要保证水量充足，又要保证水质。实际生产中，切忌以稀料代替饮水，否则造成不必要的饲料浪费。

生长育肥猪的饮水量随体重、环境温度、日粮性质和采食量等而变化。一般在冬季，生长育肥猪饮水量为采食风干饲料量的 2～3 倍或体重的 10% 左右；春秋季为 4 倍或 16% 左右；夏季为 5 倍或 23% 左右。饮水的设备以自动饮水器最佳。

4. 生长育肥猪的管理要点有哪些？

（1）做好入栏前的准备工作　有的饲养员可能经验不足，猪卖完以后，马上进行冲栏、消毒，这当然不错，但是方法不对。猪群走完以后，首先我们要把猪栏进行浸泡，用水将猪栏地板、围栏打潮，每次间隔 1～2 小时，把粪便软化，再进行冲洗，这样冲洗就快了，可节省时间，提高效率。还有的饲养员冲完栏以后，立即就进行消毒，这个方法不对。按正常的程序，是浸泡—冲洗干净—干燥—消毒—再干燥—再消毒，这样达到很好的效果。

育肥猪入栏前，要做好各项准备工作，包括对猪栏进行修补、计划和人员安排等。比方说，育肥猪每栋计划进多少，哪个饲养员来饲养，这些都要提前做好安排，包括明天要转猪，天气是晴天还是雨天，都要有所了解。对设备、水电路进行检查，饮水器是否漏水？有没有堵塞？冬天入栏前猪舍内保暖怎样？都要考虑。

猪群入栏以后，首要的工作就是要进行合理的分群，要把公母猪进行分群，大小强弱要进行分群，为什么要进行分群？目的就是提高猪群的整齐度，保证"全进全出"。实际上，公母分群时间不应是在育肥阶段，在保育阶段已经完成。

①清洗。首先将空出的猪舍或圈栏彻底清扫干净，确保冲洗到边到头，到顶到底，任何部位无粪迹、无污垢等。

②检修。检查饮水器是否被堵塞；围栏、料槽有无损坏；电灯、温度计是否完好，及时修理。

③消毒。对于多数消毒剂来说，如果不先将欲消毒表面清洗干净，消毒剂是无法起到消毒效果的。一般来说粪便通常会使消毒剂丧失活性，从而保护其中的细菌和病毒不被消毒剂杀死；消毒剂需要与病原亲密接触并有足够时间才有效果。

先用 2%～3% 的火碱水喷洒、冲洗，刷洗墙壁、料槽、地面、门窗。消毒 1～2 小时，再用清水冲洗干净。舍内干燥后，再用其他消毒剂，如戊二醛、碘制剂等消毒液消毒 1 次。

④调温。将温度控制在 20℃左右。夏季准备好风扇、湿帘等，采取相应的降温措施；冬季采用双层吊顶，北窗用塑料薄膜封好，生炉子、通暖气等方法升温，温度要大于 18℃。

（2）转栏与分群调群　在仔猪 11 周龄始由保育舍转入生长育肥舍，可以采取大栏饲养，每圈 18 头左右。圈长 7.8 米、宽 2.2 米，栏高 1 米，每圈实用面积 17 平方米，每头生长育肥猪占用 0.85 平方米。为了提高仔猪的均匀整齐度，保证全进全出工艺流程的顺利运作，从仔猪转入开始根据其性别、体重、体质等进行合理组群，每栏中的仔猪体重要均匀，同时做到公母分开饲养。注意观察，以减少仔猪争斗现象的发生，对于个别病弱猪只要进行单独饲养特殊护理。

要根据猪的品种、性别、体重和吃食情况进行合理分群，以保证猪的生长发育均匀。分群时，一般应遵守"留弱不留强，拆多不拆少，夜并昼不并"的原则。分群后经过一段时间饲养，要随时进行调整分群。

刚转入猪与出栏猪使用同样的空间，会使猪舍利用率降低，而且猪在生长过程中出现的大小不均在出栏时体现出来。采用不同阶段猪舍养猪数量不同，既合理利用了猪舍空间，又使每批猪出栏时体重接近。保育转育肥一个栏可放 18～20 头；换中料时，将栏内体重相对较小的两头挑出重新组群；换大料时，再将每栏挑出一头体重小的猪，重新组群。挑出来的猪要精心照顾。有利于做到全进全出。每天巡栏时发现病僵、脱肛、咬尾时，及时调出，放入隔离栏；有疑似传染病的，及时隔离或扑杀。

（3）调教　①限量饲喂要防止强夺弱食。当调入生长育肥猪时，要注意所有猪都能均匀采食，除了要有足够长度的料槽外，对喜争食的猪要勤赶，使不敢采食的猪能得到采食，帮助建立群居秩序，分开排列，同时采食。

②采食、睡觉、排便"三定位"，保持猪栏干燥清洁。从仔猪转入之日起就应加强卫生定位工作。此项工作一般在仔猪转入 1～3 天内完成，越早越好，训练猪群吃料、睡觉、排便的"三定位"。

通常运用守候、勤赶、积粪、垫草等方法单独或几种同时使用进行调教。例如，当小生长育肥猪调入新猪栏时，已消毒好的猪床铺上少量垫草，料槽放入饲料，并在指定排便处堆放少量粪便，然后将小生长育肥猪赶入新猪栏。发现有的猪不在指定地点排便，应将其散拉的粪便铲到粪堆上，并结合守候和勤赶，这样，很快就会养成"三定位"的习惯，这样不仅能够保持猪圈清洁卫生，还有利于垫土积肥，减轻饲养员的劳动强度。猪圈应每天打扫，猪体要经常刷拭，这样既减少猪病，又有利于提高猪的日增重和饲料利用率。做好调教工作，关键在于抓得早、抓得勤。

（4）去势、防疫和驱虫　①去势。我国猪种性成熟早，一般多在生后35日龄左右，体重5～7千克时进行去势。近年来提倡仔猪生后早期（7日龄左右）去势，以利术后恢复。猪目前我国集约化养猪生产多数母猪不去势，公猪采用早期去势，这是有利生长育肥猪生产的措施。国外瘦肉型猪性成熟晚，幼母猪一般不去势生产生长育肥猪，但公猪因含有雄性激素，有难闻的膻气味，影响肉的品质，通常是将公猪去势用作生长育肥猪生产。

②防疫。预防猪瘟、猪丹毒、猪肺疫、仔猪副伤寒和病毒性痢疾等传染病，必须制定科学的免疫程序进行预防接种。

③驱虫。生长育肥猪的寄生虫主要有蛔虫、姜片吸虫、疥螨和虱子等体内外寄生虫，通常在90日龄进行第一次驱虫，必要时在135日龄左右时再进行第二次驱虫。服用驱虫药后，应注意观察，若出现副作用时要及时解救。驱虫后排出的粪便，要及时清除并堆制发酵，以杀死虫卵防再度感染。

（5）防止育肥猪过度运动和惊恐　生长猪在育肥过程中，应防止过度的运动，特别是激烈的争斗或追赶，过度运动不仅消耗体内能量，更严重的是容易使猪患上一种应激综合征，突然出现痉挛，四肢僵硬严重时会造成猪只死亡。

（6）巡舍　坚持每天两次巡舍。主要检查棚内温度、湿度、通风情况，细致观察每头猪只的各项活动，及时发现异常猪只。当猪安静时，听呼吸有无异常如喘、咳等；全部轰起时，听咳嗽判断有无深部咳嗽的现象，猪只采食时，有无异常如呕吐、采食量下降等，粪便有无异常如下痢或便秘，育肥舍采用自由采食的方法，无法确定猪只是否停食，可根据每头猪的精神状态判断猪只健康状况。

5. 生长育肥猪的环境管理主要有哪些内容?

（1）保温与通风　温度可能会引起了很多管理者的关注。育肥阶段的最适温度在20～25℃，那么每低于最适温度1℃，100千克体重的猪每天要多消耗30克饲料。这也是为什么每到冬季，料肉比高的原因。如果温度高于25℃，那么它散热困难，"体增热"增加。体增热一增加，就会耗能，因呼吸、循环、排泄这些相应地都要增加，料肉比就要升高。为什么经过寒冷的冬天和炎热的夏天，育肥猪的出栏时间往往会推迟，就是这个道理。平时还要做好高—低温之间的平稳过渡，舍内温度不要忽高忽低。温度骤变，很容易造成猪的应激。所以，一个合格的标准化猪场的场长，每天应关注天气的变化。

猪舍要保持干燥，就需要进行强制通风。为什么？现在大部分猪场没有强制通风，靠自然通风，但自然通风往往不能达到通风换气的要求，所以我们必须进行强制通风。据观察，90% 以上的猪场，通风换气工作没做好。到底通风起什么作用？通风，不仅可以降低舍内的湿度、降温，还可以改善空气质量，提高舍内空气的含氧量，促进生猪生长。为什么到了秋天、冬天，猪场呼吸道病就来了？主要是通风换气没做好，这是猪场发生呼吸道病的重要原因之一。

集约化高密度饲养的生长育肥猪一年四季都需通风换气，通风可以排出猪舍中多余的水汽，降低舍内湿度，防止围护结构内表面结露，同时可排出空气中的尘埃、微生物、有毒有害气体（如氨气、硫化氢、二氧化碳等），改善猪舍空气的卫生状况。

在冬季通风和保温是一对矛盾，有条件的企业可用在满足温度供应的情况下，根据猪舍的湿度要求控制通风量；为了降低成本，应该在保证猪舍环境温度基本得以满足的情况下采取通风措施，但在冬季一定要防止"贼风"的出现。猪舍内气流以 0.1 ～ 0.2 米 / 秒为宜，最大不要超过 0.25 米 / 秒。

（2）防寒与防暑　温度过低会增加育肥猪的维持消耗和采食量，拖长育肥期，影响增重，浪费饲料，降低经济效益。反之，过高则育肥猪食欲下降，采食量减少，增重速度和饲料转换效率降低，使经济效益下降。育肥猪最适宜的温度为 16 ～ 21℃。为了提高育肥猪的肥育效果，要做好防寒保温和防暑降温工作。

在夏季，尤其是气温过高、湿度又大时，必须采取防暑降温措施。打开通气口和门窗，在猪舍地面喷洒凉水，给育肥猪淋浴、冲凉降温。在运动场内搭遮阳凉棚，并供给充足清凉的饮水。必要时，用机械排风降温。

在冬季必须采取防寒保温措施。入冬前要维修好猪舍，使之更加严密。采取"卧满圈、挤着睡"，到舍外排放粪尿的高密度的饲养方法是行之有效的。此外，在寒冷冬夜，于人睡觉之前，给育肥猪加喂一遍"夜食"，是增强育肥猪抗寒力，促进生长的好办法。若是简易敞圈，可罩上塑料大棚，夜间再放下草帘子，可以大大提高舍内尤其是夜间的温度。这样，可以减轻育肥猪不必要的热能消耗和损失，增强肥育效果，增加经济效益。

（3）饲养密度　尽可能保证密度不要过大，也不能过小，保证每一栏 10 ～ 16 头，这样比较合理。超过了 18 头以上，猪群大小很容易分离。密度过小，不但栏舍的利用率下降，而且会影响采食量。

另外，每栋猪舍要留有空栏，这起什么作用呢？主要为以后的第二次、第三次分群做好准备，要把病、残、弱的隔离开。比方说进 300 头猪，不要所有的栏都装满猪，每栋最起码要留 5 ～ 6 个空栏。如果计划一栏猪正常情况下养

13头，那么入栏时可以多放两三头，装上16头。过一两个星期后，就把大小差异明显的猪挑出来，重新分栏。这样保证出栏整齐度高，栏舍利用率也高。

猪群入栏，最重要的一点就要进行调教，即通常讲的"三点定位"。采食区、休息区、排泄区要定位，保证猪群养成良好的习惯；只要把猪群调教好了，饲养员的劳动量就减轻了，猪舍的环境卫生也好了。三点定位的关键是排泄区定位，猪群入栏后将猪赶到外面活动栏里去，让猪排粪排尿，经一天定位基本能成功；如果栏舍没有活动栏，我们就把猪压在靠近窗户的那一边，粪便不要及时清除。

有的栏舍有门开向走道，往往猪一下地，如果不调教，猪很容易在门这个地方排泄，为什么？因保育猪在保育床上时，习惯在金属围栏边排泄，所以我们调教时要把这个肥猪舍的栏门这个地方"守住"，不能让它在这个地方排泄。转群第一天，我们要求饲养员对栏舍要不停地清扫粪便，并将粪便扫到靠近窗边的墙角，这样可以引导猪群固定在靠窗墙角排泄。

（4）湿度　湿度对猪的影响主要是通过影响机体的体热调节来影响猪的生产力和健康，它是与温度、气流、辐射等因素共同作用的结果。在适宜的湿度下，湿度对猪的生产力和健康影响不大。空气湿度过高使空气中带菌微粒沉降率提高，从而降低了咳嗽和肺炎的发病率，但是高湿度有利于病原微生物和寄生虫的滋生。容易患疥癣、湿疹等疾患，另外高湿常使饲料发霉、垫草发霉，造成损失。猪舍内空气湿度过低，易引起皮肤和外露黏膜干裂，降低其防卫能力使呼吸道及皮肤病发病率高。因此建议猪舍的相对湿度以60%～70%为宜。

（5）光照　很多人认为，育肥猪还需要什么光照？到了冬天，有的猪场为了省钱，舍不得用透明薄膜钉窗户，窗户用五颜六色的塑料袋封着，这样很容易造成猪舍阴暗，舍内阴暗，会致猪乱拉粪便，阴暗与潮湿往往是关联在一起的。

适宜的太阳光能加强机体组织的代谢过程，提高猪的抗病能力。然而过强的光照会引起猪的兴奋，减少休息时间，增加甲状腺的分泌，提高代谢率，影响增重和饲料转化率。育肥猪舍内的光照可暗淡些，只要便于猪采食和饲养管理工作即可，使猪得到充分休息。

（6）噪声　猪舍的噪声来自外界传入，舍内机械和猪只争斗等方面。噪声会使猪的活动量增加而影响增重，还会引起猪的惊恐，降低食欲。因此，要尽量避免突发性的噪声，噪声强度以不超过85分贝为宜。而优美动听的音乐可以兴奋神经，刺激食欲，提高代谢机能，就像人听音乐心情舒畅一样。有条件的猪场可以适当地放些轻音乐，对猪的生长是有利的。

（7）适时出栏 育肥猪饲喂到一定日龄和体重，就要适时出栏。中小型猪场一般在第22周154天后出栏，体重在100千克左右。每批肥猪出栏后，完善台账，做好总结、分析。

第五章

猪常见疫病的防治

第一节　常见病毒性传染病的防控

1. 非洲猪瘟有什么危害？

2018 年 8 月 3 日，辽宁省沈阳市沈北新区发生一起非洲猪瘟疫情，这是我国首次发生非洲猪瘟疫情。

非洲猪瘟是由非洲猪瘟病毒引起的家猪、野猪的一种急性、热性、高度接触性动物传染病，所有品种和年龄的猪均可感染，发病率和死亡率最高可达 100%，且目前全世界没有有效的疫苗。该病毒具有耐酸不耐碱、耐冷不耐热的特点，健康猪与患病猪或污染物直接接触是非洲猪瘟最主要的传播途径，猪被带毒的蜱等媒介昆虫叮咬也可传播。世界动物卫生组织将其列为法定报告动物疫病，我国将其列为一类动物疫病。

非洲猪瘟不是人畜共患传染病，但对生猪生产危害重大。我国是生猪养殖和产品消费大国，猪肉是居民主要肉品蛋白质来源，猪肉消费占总肉类消费的 60% 以上；生猪的养殖量和存栏量约占全球总量的一半。我国生猪养殖规模化程度低，生猪调运频次高、范围大，若非洲猪瘟扩散蔓延，可能给我国的生猪养殖业造成极大危害，影响猪肉市场供给。

2. 非洲猪瘟有哪些流行病学特征？

（1）传染源　非洲猪瘟感染猪、发病猪、耐过猪及猪肉产品和相关病毒污染物品等都是该病的传染源，感染病毒的钝缘软蜱也是传染源之一。非洲猪瘟的潜伏期为 5 ~ 19 天，最长可达 21 天。高致病性毒株感染后，生猪的发病率多在 90% 以上，感染猪多在 2 周内死亡，病死率最高可高达 100%。

（2）传播途径　非洲猪瘟以接触传播为主，群内传播速度较快，但群间传播速度较为缓慢。目前，我国出现的病毒株包括基因Ⅱ型强毒株、基因Ⅱ型自然变异毒株及基因Ⅰ型、基因Ⅰ型和Ⅱ型自然重组病毒株。流行病学调查表明，我国非洲猪瘟的主要传播途径是：污染的车辆与人员机械性带毒进入养殖场户、使用餐厨废弃物喂猪、感染的生猪及其产品调运。

①车辆。运送生猪、饲料、兽药、生活物资等的外来车辆，或去往生猪集散地/交易市场、屠宰场、农贸市场、饲料/兽药店、其他养殖场等高风险场所的本场车辆（生产、生活和办公），未经彻底清洗消毒进入本养殖场，是当前病毒传入的主要途径。

②售猪。出售生猪特别是淘汰母猪时，出猪台和内部转运车受到外部病毒污染，或贩运/承运人员携带病毒，是非洲猪瘟病毒传入的重要途径。

③人员。外来人员（生猪贩运/承运人员、保险理赔人员、兽医、技术顾问、兽药/饲料销售人员等）进入本场，本场人员到兽药/饲料店、其他养殖场、屠宰场、农贸市场返回后未更换衣服/鞋并严格消毒，是病毒传入的重要途径。

④餐厨废弃物（泔水）。使用餐厨废弃物（泔水）喂猪，或养殖人员接触外部生肉后未经消毒接触生猪，是小型养殖场户病毒传入的主要途径。

⑤引进生猪。引进生猪、精液或配种时，病毒可通过多种方式传入。

⑥水源污染。病毒污染的河流、水源可传播病毒。

⑦生物学因素。在病毒高污染地区、养殖密集区，养殖场内的犬、猫、禽和环境中的鼠、蜱、蚊蝇等，以及养殖场周边有野猪活动，可能机械携带病毒并导致病毒传入。

⑧饲料污染。使用自配料的养殖场饲料原料被污染；使用成品料的养殖场其饲料中含有猪源成分（肉骨粉、血粉、肠黏膜蛋白粉等），可能导致病毒传入。

3. 非洲猪瘟有哪些临床症状？出现什么症状应怀疑为非洲猪瘟？

非洲猪瘟的潜伏期5～9天，病猪最初4天之内体温上升至40.5℃，呈稽留热，无其他症状，但在发烧期食欲如常，精神良好。死亡前48小时，体温下降，停止吃食。身体虚弱，伏卧一角或呆立，不愿行动，脉搏加速，强迫行走时困难，特别是后肢虚弱，甚至麻痹。有些病猪咳嗽，呼吸困难，结膜发炎，有脓性分泌物。有的下痢或呕吐、鼻镜干燥。四肢下端发绀，白细胞总数下降，淋巴细胞减少。一般病猪在发热后，约7天死亡。可见，非洲猪疫通常是先出现体温升高，后出现其他症状，而猪瘟则随体温升高，几乎同时出现其他症状，可作为二者鉴别诊断的一个指标。

血液的变化类似猪瘟，以白细胞减少为特征，约半数以上病猪比正常猪白细胞数减少 50%。这种白细胞减少，是由广泛存在于淋巴组织中的淋巴细胞坏死，导致血液中淋巴细胞显著减少。白细胞减少时，正值体温开始上升，发热 4 天后，约减少 40%。此外，还发现未成熟的中性粒细胞增多，嗜酸、嗜碱性细胞等无变化，红细胞、血红素及血沉等未见异常。

病猪一般常在发热后 7 天，出现症状后 1 ~ 2 天死亡。死亡率接近 100%。

病猪自然康复的极少。极少数病例转为慢性经过，多为幼龄病猪，呈间歇热型，并有发育不全、关节障碍、失明、角膜混浊等后遗症。

非洲猪瘟有多种表现形式，从特急性、急性、亚急性到慢性和无明显症状，最常见的是急性发病形式。接种过猪瘟疫苗的猪群突然出现无症状死亡异常增多，或不同程度地出现以下一种或几种临床症状时，可怀疑为非洲猪瘟：大量生猪出现步态僵直；食欲不振、呼吸困难；口腔或鼻腔出现血液泡沫；腹泻或便秘，粪便带血；关节肿胀；耳、腹部或后肢出现斑点状或片状淤血或出血；局部皮肤溃疡、坏死；妊娠母猪在孕期各阶段发生流产等。

4. 一旦发生可疑或疑似非洲猪瘟疫情，应如何进行应急处置？

目前，非洲猪瘟防控没有批准的疫苗。主要依靠猪场环境控制、猪群健康管理、饲料营养、饲养管理、卫生防疫、消毒、无害化处理等方面的生物安全措施，清除病原、减少传染概率。对发生可疑和疑似疫情的相关场点，所在地县级人民政府农业农村（畜牧兽医）主管部门和乡镇人民政府应立即组织采取隔离观察、采样检测、流行病学调查、限制易感动物及相关物品进出、环境消毒等措施。必要时可采取封锁、扑杀等措施。

疫情确诊后，县级以上地方人民政府农业农村（畜牧兽医）主管部门应立即划定疫点、疫区和受威胁区，向本级人民政府提出启动相应级别应急响应的建议，由本级人民政府依法作出决定。影响范围涉及两个以上行政区域的，由有关行政区域共同的上一级人民政府农业农村（畜牧兽医）主管部门划定，或者由各有关行政区域的上一级人民政府农业农村（畜牧兽医）主管部门共同划定。

疫点、疫区和受威胁区的划定及疫情处置按照《非洲猪瘟疫情应急实施方案（第五版）》的规定实施。

（1）疫点划定与处置

①疫点划定。对具备良好生物安全防护水平的规模养殖场，发病猪舍与其

他猪舍有效隔离的，可将发病猪舍划为疫点；发病猪舍与其他猪舍未能有效隔离的，以该猪场为疫点，或以发病猪舍及流行病学关联猪舍为疫点。

对其他养殖场（户），以病猪所在的养殖场（户）为疫点；如已出现或具有交叉污染风险，以病猪所在养殖场（户）和流行病学关联场（户）为疫点。

对放养猪，以病猪活动场地为疫点。

在运输过程中发现疫情的，以运载病猪的车辆、船只、飞机等运载工具为疫点。

在牲畜交易和隔离场所发生疫情的，以该场所为疫点。

在屠宰过程中发生疫情的，以该屠宰加工场所（不含未受病毒污染的肉制品生产加工车间、冷库）为疫点。

②应采取的措施。县级人民政府应依法及时组织扑杀疫点内的所有生猪，并参照《病死及病害动物无害化处理技术规范》等相关规定，对所有病死猪、被扑杀猪及其产品，以及排泄物、餐厨废弃物、被污染或可能被污染的饲料和垫料、污水等进行无害化处理；按照《非洲猪瘟消毒规范》（附件2）等相关要求，对被污染或可能被污染的人员、交通工具、用具、圈舍、场地等进行严格消毒，并强化灭蝇、灭鼠等媒介生物控制措施；禁止易感动物出入和相关产品调出。疫点为生猪屠宰场所的，还应暂停生猪屠宰等生产经营活动，并对流行病学关联车辆进行清洗消毒。运输途中发现疫情的，应对运载工具进行彻底清洗消毒，不得劝返。

（2）疫区划定与处置

①疫区划定。对生猪生产经营场所发生的疫情，应根据当地天然屏障（如河流、山脉等）、人工屏障（道路、围栏等）、行政区划、生猪存栏密度和饲养条件、野猪分布等情况，综合评估后划定。具备良好生物安全防护水平的场所发生疫情时，可将该场所划为疫区；其他场所发生疫情时，可视情将病猪所在自然村或疫点外延3千米范围内划为疫区。运输途中发生疫情，经流行病学调查和评估无扩散风险的，可以不划定疫区。

②应采取的措施。县级以上地方人民政府农业农村（畜牧兽医）主管部门报请本级人民政府对疫区实行封锁。当地人民政府依法发布封锁令，组织设立警示标志，设置临时检查消毒站，对出入的相关人员和车辆进行消毒；关闭生猪交易场所并进行彻底消毒，对场所内的生猪及其产品予以封存；禁止生猪调入、生猪及其产品调出疫区，经检测合格的出栏肥猪可经指定路线就近屠宰；监督指导养殖场户隔离观察存栏生猪，增加清洗消毒频次，并采取灭蝇、灭鼠等媒介生物控制措施。

疫区内的生猪屠宰加工场所，应暂停生猪屠宰活动，进行彻底清洗消毒，经当地县级人民政府农业农村（畜牧兽医）主管部门组织对其环境样品和生猪产品检测合格的，由疫情所在县的上一级人民政府农业农村（畜牧兽医）主管部门组织开展风险评估通过后可恢复生产；恢复生产后，经检测、检验、检疫合格的生猪产品，可在所在地县级行政区内销售。

封锁期内，疫区内发现疫情或检出核酸阳性的，应参照疫点处置措施处置。经流行病学调查和风险评估，认为无疫情扩散风险的，可不再扩大疫区范围。

（3）受威胁区划定与处置

①受威胁区划定。受威胁区应根据当地天然屏障（如河流、山脉等）、人工屏障（道路、围栏等）、行政区划、生猪存栏密度和饲养条件、野猪分布等情况，综合评估后划定。没有野猪活动的地区，一般从疫区边缘向外延伸10千米；有野猪活动的地区，一般从疫区边缘向外延伸50千米。

②应采取的措施。所在地县级以上地方人民政府应及时关闭生猪交易场所；农业农村（畜牧兽医）主管部门应及时组织对生猪养殖场（户）全面排查，必要时采样检测，掌握疫情动态，强化防控措施。禁止调出未按规定检测、检疫的生猪；经检测、检疫合格的出栏肥猪，可经指定路线就近屠宰；对取得"动物防疫条件合格证"、按规定检测合格的养殖场（户），其出栏肥猪可与本省符合条件的屠宰企业实行"点对点"调运，出售的种猪、商品仔猪（重量在30千克及以下且用于育肥的生猪）可在本省范围内调运。

受威胁区内的生猪屠宰加工场所，应彻底清洗消毒，在官方兽医监督下采样检测，检测合格且由疫情所在县的上一级人民政府农业农村（畜牧兽医）主管部门组织开展风险评估通过后，可继续生产。

封锁期内，受威胁区内发现疫情或检出核酸阳性的，应参照疫点处置措施处置。经流行病学调查和风险评估，认为无疫情扩散风险的，可不再扩大受威胁区范围。

5. 冬春季节如何做好非洲猪瘟防控工作？

冬春季节，气温降低、昼夜温差大，空气干燥，非洲猪瘟病毒在环境中更易存活，猪只健康容易受影响，非洲猪瘟进入高发期。养殖场户应从消毒灭源、控制传播、提高猪只健康水平等方面强化防控措施，降低非洲猪瘟发生风险。

（1）确保消毒效果　低温会影响消毒剂的稳定性和溶解性，使消毒效果明显减弱。冬春季，养殖场户在消毒剂配制和使用过程中要充分考虑温度影响。

①舍外消毒。若室外温度高于 -6℃时，可使用 0.5% 的戊二醛水溶液消毒。温度过低时，可选用低温消毒剂（二氯异氰尿酸钠 / 过硫酸氢钾复合物 + 乙二醇、氯化钙等，其中，二氯异氰尿酸钠有效浓度为 0.2% ～ 0.3%，过硫酸氢钾复合物有效浓度为 0.2% ～ 0.5%）。可使用高温火焰对地面进行消毒。

②舍内消毒。冬春季不建议舍内带猪消毒，舍内环境消毒时可使用 0.2% ～ 0.5% 的过硫酸氢钾复合物。

③饮水消毒。使用二氧化氯、漂白粉等对猪只饮用水进行消毒，可合理添加酸化剂。

④物资消毒。物资（疫苗和精液等温度敏感物品除外）到达养殖场后，应恢复至室温后再进行消毒处理。物资消毒宜在室内，避免露天消毒。优先选择烘干消毒，无法烘干消毒的物资可选择浸泡消毒。

烘干消毒：在 60 ～ 70℃保持 30 分钟，消毒过程中，物品之间留有空隙，避免堆叠，确保热空气流通。

浸泡消毒：宜使用 25℃左右的温水配制消毒剂，也可在室内安装供暖设备，将室温控制在 25℃左右。消毒液应完全浸没消毒物品 30 分钟以上，期间可轻微搅动，确保所有物品表面均充分接触消毒液。

⑤应急消毒。疫情风险较大时，可考虑每周进行一次全面、无死角的"白化"消毒（使用 15% ～ 20% 的石灰乳 +2% ～ 3% 的火碱溶液，配制成碱石灰混悬液），以便可视化消毒区域，并且延长消毒剂作用时间。也可使用 10% 戊二醛、苯扎溴铵溶液进行"泡沫白化"消毒。

（2）做好物资储备 为减少物资进场频次，降低非洲猪瘟传入风险，可做好物资采购计划，建议根据生产需求集中采购，适当储备 2 ～ 3 个月的物资。不同批次物资标记好入库时间，按入库先后顺序取用。冬季可增加物资的静置存放时间，25℃以上静置 10 天。

①规模化猪场。可在猪场外围和场内建物资静置库，静置库宜独立专用，室内温度控制在 20 ～ 25℃。加强静置库管理，做好采样检测，保证消毒效果。易耗物资尽量选用固定供货商，并定期采样检测。

②中小养殖场户。可在猪场门口配置物资消毒间，包括烘干房和浸泡池（桶）。消毒时应确保烘干间内物品受热均匀，物资要完全浸泡在消毒液液面以下。入冬前，可提前购置冬春季使用的兽药疫苗，消毒后放入库房备用；食物干货类可提前进场，水果蔬菜类每 2 周供应一次。不采购和食用非本场猪肉及与猪肉相关的熟食、火腿、风干肉、水饺、方便面等产品。

（3）加强引种管理 北方地区猪场在每年11月前，宜一次性引入足够量的小日龄后备猪，至翌年3—4月，不再进行引种，尽可能降低引种带来的风险。

①规模化猪场。若必须引种，须制定严格的引种生物安全方案，从种源选择、车辆洗消、路途运输到猪只卸载均须制定操作方案，各环节要有专人负责。要对种源进行背景资料调查和实地调研，包括供种猪场的选址、生物安全防护水平、途经区域环境等。要对猪场周边环境采样评估。引种严格执行3次非洲猪瘟病毒核酸和抗体的全群检测（引种前1周、引种后1周、入群前1周）。

②中小养殖场户。选择信誉好的集团猪场采购仔猪。同一猪场选择单一种源，并采取"全进全出"的原则。运猪车辆须经清洗、洗消、烘干、采样检测合格后方可使用。

（4）减少人员流动 人员携带被污染的物品流动，是非洲猪瘟病毒进入场内、在场内扩散的重要途径。冬春季节，可采取措施减少场内人员流动，降低出入次数。禁止无关人员靠近场区；鼓励员工带薪工作，减少休假频次。外来人员（如维修人员、施工人员）进场时，要保证彻底淋浴，全程监管。

①采用三段式洗浴。人员进场淋浴是防止人员机械性带入非洲猪瘟病毒的有效措施。合理采用三段式洗浴（一次更衣、淋浴、二次更衣）可消除人员携带非洲猪瘟病毒的风险。

规模化猪场：猪场外围、门卫及生产线需配置标准淋浴间（一次更衣间、淋浴间、二次更衣间）。人员经充分淋浴、全面采样检测合格后方可进场进线。也可在场外设立人员隔离点，入场人员先在此进行采样、淋浴更衣，检测结果阴性后再由专车送到猪场，到达猪场生活区后再次进行采样、淋浴更衣，经过24小时隔离后即可淋浴更衣后进入猪舍。另外，入场人员也可在场区内隔离点采样检测，结果合格的，经淋浴后可以直接进入场区生活区，缩短隔离时间。

中小养殖场户：可在猪场门口配置标准淋浴间（一次更衣间、淋浴间、二次更衣间），须有上下水和地暖。人员进场前在家或宾馆充分淋浴，住宿隔离8小时以上，换干净衣服到场。进场流程为，在一次更衣间内将衣服脱下后放入盛有消毒液的桶内浸泡，进入淋浴间充分淋浴，之后在二次更衣间内换新衣服进场。猪舍门口也应配置换衣间，人员进出猪舍要洗手、换衣服和鞋靴。

②注意个人物品消毒。对人员携带的个人物品也要经消毒后带入。对于电子产品类（手机、电脑、充电器、耳机、鼠标、键盘、U盘等），可使用75%酒精擦拭；对于防水的生产配件、工具、用品等，可用过硫氰酸钾（1:200）

浸泡消毒30分钟；对于劳保用品、办公用品等不能浸泡的物品，可60～70℃烘干30分钟。

（5）控制车辆进场　猪场使用的拉猪车、拉料车、无害化处理车等运输车辆易污染非洲猪瘟病毒。运输车辆要经彻底清洗、消毒、烘干及检测合格后使用。要尽量选择在场外作业，避免车辆入场。

①规模化猪场。要专车专用，要严格执行车辆洗消流程：粗洗—皂洗（泡沫清洗）—精洗—沥干—消毒—干燥—检测。当室外温度低于18℃时，车辆消毒可使用低温消毒剂。车辆经过的路面可使用火焰消毒。

②中小养殖场户。可对猪场门口的路面进行硬化，硬化面积应大于（15×4）米^2，便于对到场车辆进行彻底消毒。猪场内使用围挡进行分区。使用散装料的，建散装料仓，拉料车到达猪场附近，场外指定人员对车辆轮胎、底盘消毒后打料，拉料车驶离后，立即对车辆经停地消毒。使用袋装料的，建密闭的饲料静置库，到场饲料静置15天后使用。静置库内可加地仓和绞龙，在舍内加接料管，饲喂时在舍内接料。

（6）提高猪只健康水平　健康程度好的猪群，群体免疫力高，疫病抵抗力强。入冬前全面提升猪群的健康水平非常重要。

①控制常见病。冬春季支原体病、格拉瑟病（副猪嗜血杆菌病）、链球菌病等呼吸道疫病以及大肠杆菌病、产气荚膜梭菌病等消化道疫病高发。生猪患病后，呼吸道、消化道黏膜受损，非洲猪瘟病毒更易通过损伤黏膜侵入。可对生猪进行药物保健以降低病原在猪群中的循环，也可通过疫苗免疫方式提高群体抵抗力。为降低因饲料导致的胃肠道损伤，可通过调整饲料配方及生产工艺，减小饲料粒径。

②及时淘汰病猪。加大病弱猪淘汰力度，及时将猪群中的易感动物剔除，降低猪群感染非洲猪瘟病毒风险。

③加强饲养管理。饲喂：检查每批入库饲料数量、料号、保质期，确保料号和数量正确并在保质期内。查看料槽、料斗，确保不缺料，保证猪只自由采食，仔猪料槽添加最大量不超过料槽容量的1/3，少喂勤添，不饲喂霉变饲料。饮水：检查储水桶是否按要求消毒，水量是否充足，水嘴是否能正常使用，水管是否有损坏、漏水等现象，每日按压水嘴，检查水压流速是否满足猪只需求，缺水时及时补充。通风：查看猪舍门窗、风机是否正常，有无贼风情况，防止出现对流风、穿堂风。查看出粪口是否封闭。早晨进入猪舍时通过感受舍内氨气味，判断通风状况。温、湿度：查看猪舍温度、湿度是否满足当前猪群日龄的需求，关注舍内温差大小。卫生：查看地面是否干净，是否存在粪便堆

积、尿水积存的现象，猪栏墙、水管、料槽等部位是否尘土过多，舍内是否有蜘蛛网。

④做好环境控制。冬季，规模化猪场做好风机、水帘、门窗等的密封保暖工作，同时在所有进风口加装初效过滤棉，风机口加风机罩，降低春季刮风时病原随风沙进入猪场的风险。保温：冬季在进猪前一天将舍温提升到26℃以上，锅炉水温达到55～65℃。配备足够的地暖面积、散热器、煤炭等燃料，按照猪只体重、日龄保证相应的舍内温度，昼夜温差控制在2～3℃。可增加保温措施，舍外北墙封无纺布，门口外设挡风墙，粪口设挡板，封住风机和湿帘口，舍门内设门帘，舍中间设隔离帘，舍内吊顶，备足垫料，弱猪配备烤灯。冬季肥猪销售后，空栏期要把地暖、暖风机、饮水器内的水全部放掉，防止冻坏，下次运行时先加水排气再烧锅炉供暖。通风：冬季舍内应没有氨气味，空气粉尘含量低，通风的风速控制在3米/秒以内，舍内温度控制均匀。自然通风的猪舍，冬季开窗时要注意打开所有窗户，打开的大小以人站在舍内窗户前感受不到风速为标准，达到均匀通风，不能打开舍门。机械通风的猪舍，采用排风扇定时抽风，抽风时段保证对温度影响控制在2℃以内。也可开启天窗排风，每小时通风量=猪数×猪只均重×0.65，根据猪舍所需通风量选择风机大小。安装变频温控设备的，不使用定时开关。

（7）强化防鼠措施　冬季天气寒冷、食物匮乏，温暖的猪舍以及猪舍内的饲料对老鼠有很大的吸引力。虽然老鼠不是非洲猪瘟病毒的潜在宿主，但非洲猪瘟病毒可以通过机械携带的方式通过它们进入猪舍。

每周对实体围墙、猪舍围墙的密闭性进行检查，遇到缝隙应用水泥、腻子粉、发泡胶等进行填补，生产区顶棚与生产区连接处使用发泡胶或尼龙网密封，投放机械式捕鼠笼。垃圾桶使用前套垃圾袋，使用后盖上盖子。餐厨剩余物要做到每天处理。垃圾坑安装防护网，坑内定期投放鼠药，防止老鼠觅食。料车离开后，应立即清扫料塔周边残余饲料，装入密闭垃圾桶。定期查看场内有无老鼠痕迹，舍内检查有无鼠粪，各建筑物、设备等有无老鼠啃咬痕迹。

（8）降低饲料带毒风险　饲料原料的种植、收获、运输，成品料的生产加工、储存和运输等环节，均可能被病毒污染。特别是在田间地头或公路进行自然晾晒的饲料原料极易受到污染。使用袋装饲料的猪场，可设立袋装饲料静置库，在20～25℃环境中静置14天后再转运到生产区饲喂；采用散装料仓的猪场，可增加静置料塔，静置7～14天后再进入饲喂管道。

6. 猪瘟有什么流行特点？怎样做好猪瘟的防控？

猪瘟是由黄病毒科瘟病毒属的猪瘟病毒引起猪的一种急性、发热、接触性传染病。

（1）流行特点　当前，我国猪群感染猪瘟主要表现为非典型性。种猪的持续性感染和仔猪的先天性感染比较普遍，这种类型的感染通常是隐性感染。

持续性感染可以造成妊娠母猪带毒综合征，引起妊娠母猪流产、产死胎和弱仔等，导致母猪出现繁殖障碍。妊娠期间胎儿通过胎盘感染病毒导致先天感染，胎儿出生后表现体弱、死亡，或震颤等临床症状，有的呈现免疫耐受而无临床症状，对以后注射的疫苗不产生免疫应答，但当环境条件改变时发生猪瘟，不发病的仔猪也可以向外界排毒成为传染源。这也是导致免疫失败的主要原因之一。

由于猪瘟病毒的持续性感染，仔猪先天免疫耐受，对疫苗的免疫应答低下，造成与猪肺疫、猪繁殖与呼吸综合征等疫病混合感染，以及并发猪链球菌病、仔猪副伤寒等病例增多。

（2）防控措施　①做好疫苗免疫防控。选用高质量的猪瘟疫苗，制订科学合理的猪瘟免疫程序，加强免疫效果监测评估，掌握猪群的整体免疫状态，提升猪群的整体免疫水平。同时通过监测淘汰疑似先天感染和免疫耐受的仔猪，杜绝可能的传染源。

②净化种猪群。种猪（主要是繁殖母猪）的持续性感染是仔猪发生猪瘟的最主要因素，通过监测种猪群的感染和免疫状态，坚决淘汰感染种猪是有效控制仔猪感染猪瘟的关键措施。由于监测抗体比监测抗原容易，加上持续感染的母猪在疫苗免疫后抗体水平上升不明显，所以通过抗体监测，可以淘汰无抗体反应或抗体水平低的种猪，从而达到净化种猪群的目的。

③提升猪场生物安全水平。在整个养猪生产系统和生产过程中执行有效的生物安全管理措施，逐步改善生猪养殖场生态环境，提高猪场的生物安全水平，切断猪瘟病毒在养殖场内外传播的可能，逐步建立起猪瘟净化猪群。

7. 如何防控猪口蹄疫？

口蹄疫是由口蹄疫病毒所引起偶蹄动物发生急性、热性、高度接触性的传染病。病猪以蹄部水疱为主要特征。

（1）流行特征　病猪、带毒猪以及带毒的其他动物均可为传染源，易感猪可经呼吸道、消化道以及损伤的黏膜和皮肤而感染。野生动物、鸟类、啮齿类、犬、猫、吸血昆虫等也可传播口蹄疫，人员与污染的空气及车辆、用具、饲料、饮水等是传播口蹄疫的重要媒介。

口蹄疫在冬季及早春寒冷、气温多变的季节发病多见。此外猪群流动大、饲养集中、密度过大等各种应激因素，霉菌毒素及其他疾病的存在，都可降低猪只的非特异性免疫力，成为诱发口蹄疫发生和流行的因素。

（2）防控措施 做好疫苗免疫。选用高质量的口蹄疫疫苗，制订科学合理的免疫程序，加强免疫效果监测评估，掌握猪群的整体免疫状态，提升猪群的整体免疫水平。

加强生物安全管理。在整个养猪生产系统和生产过程中执行有效的生物安全管理措施，使生猪养殖场生态环境逐步改善。进行科学的饲养管理，定期灭鼠和杀虫，减少猪群的诱发因素和应激反应，切断口蹄疫病毒在养殖场内外传播。

8. 猪蓝耳病的流行特点和防控措施有哪些？

猪蓝耳病（猪繁殖与呼吸综合征）是由猪繁殖与呼吸综合征病毒引起，以母猪繁殖障碍、早产、流产、死胎、木乃伊胎及仔猪呼吸道疾病为特征的高度接触性传染病。

（1）流行特征 临床上以母猪繁殖障碍和仔猪、育肥猪与成年猪呼吸道症状为特征，常继发细菌感染。不同年龄和品种的猪均可感染，以妊娠母猪和1月龄以内的仔猪最易感。病猪和带毒猪是该病主要的传染源。易感猪可经呼吸道（口）、消化道（鼻腔）、生殖道（配种、人工授精）伤口（注射）等多种途径感染病毒。病毒可经胎盘垂直传播，造成胎儿感染。猪感染病毒后2～14周均可通过接触将病毒传播给其他易感猪。易感猪也能通过直接接触污染的运输工具、器械、物资、饲料等感染。

猪场有多个毒株流行，既有基因1型即欧洲型毒株，又有基因2型即美洲型毒株，以美洲型毒株为主。当前最主要的流行毒株为类NADC30毒株，市场使用的疫苗对类NADC30感染不能提供完全保护。有的猪场存在多种谱系毒株混合感染的情况，增加防控难度。

当前猪群中流行的猪繁殖与呼吸综合征病毒毒株的致病性均不强，属中等或低致病性毒株。感染猪场以母猪流产等繁殖障碍为主，哺乳仔猪、保育猪和生长育肥猪以呼吸道疾病为主。

（2）防控措施 ①强化引种控制。积极推进自繁自养、全进全出的饲养方式。如需引进猪只、精液，必须坚持引自阴性的猪场。引进种猪要先隔离、观察，并进行病毒检测，确定核酸检测阴性后再并群饲养。

②做好场内生物安全。做好猪舍卫生、维护猪场环境清洁、定期进行带猪消毒，杜绝饲养员串舍，场内净道与污道分开，灭蚊、蝇、鼠等。

③科学合理地进行疫苗免疫。在猪蓝耳病流行猪场或猪蓝耳病阳性不稳定场，可以根据本场流行毒株进行匹配猪蓝耳病弱毒活疫苗的使用；在蓝耳病阳性稳定场应逐渐减少猪蓝耳病弱毒活疫苗的使用，甚至停止使用弱毒活疫苗；在蓝耳病阴性场、原种猪场和种公猪站，停止使用弱毒活疫苗。

9. 如果发生了高致病性猪蓝耳病，应如何处置？

高致病性猪蓝耳病是由猪繁殖与呼吸综合征（俗称蓝耳病）病毒变异株引起的一种急性高致死性疫病。农业农村部将猪繁殖与呼吸综合征列为二类动物疫病。

（1）高致病性猪蓝耳病的临床症状　病猪体温明显升高，可达41℃以上；眼结膜炎、眼睑水肿；咳嗽、气喘等呼吸道症状；部分猪后躯无力、不能站立或共济失调等神经症状；仔猪发病率可达100%、死亡率可达50%以上，母猪流产率可达30%以上，成年猪也可发病死亡。

（2）疫情处置　任何单位和个人发现猪出现急性发病死亡情况，应及时向当地动物疫病预防控制机构报告。当地动物疫病预防控制机构在接到报告或了解临床怀疑疫情后，应立即派员到现场进行初步调查核实，并采集样品进行实验室诊断以确认疫情。

判定为疑似疫情时，应对发病场／户实施隔离、监控，禁止生猪及其产品和有关物品移动，并对其内、外环境实施严格的消毒措施。对病死猪、污染物或可疑污染物进行无害化处理。必要时，对发病猪和同群猪进行扑杀并无害化处理。

确认疫情后，由所在地县级以上兽医主管部门划定疫点、疫区、受威胁区。疫点内，扑杀所有病猪和同群猪；对病死猪、排泄物、被污染饲料、垫料、污水等进行无害化处理；对被污染的物品、交通工具、用具、猪舍、场地等进行彻底消毒。疫区内，对被污染的物品、交通工具、用具、猪舍、场地等进行彻底消毒；对所有生猪用高致病性猪蓝耳病灭活疫苗进行紧急强化免疫，并加强疫情监测。对受威胁区所有生猪用高致病性猪蓝耳病活疫苗进行紧急强化免疫，并加强疫情监测。

（3）防控措施　①加强监测力度。对种猪场、隔离场、边境、近期发生疫情及疫情频发等高风险区域的生猪进行重点监测。各级动物疫病预防控制机构对监测结果及相关信息进行风险分析，做好预警预报。农业农村部指定的实验室对分离到的毒株进行生物学和分子生物学特性分析与评价。

②提高免疫质量。对所有生猪用高致病性猪蓝耳病灭活疫苗进行免疫。发生高致病性猪蓝耳病疫情时，用高致病性猪蓝耳病活疫苗进行紧急强化免疫。各级动物疫控机构定期对免疫猪群进行免疫抗体水平监测，根据群体抗体水平消长情况及时加强免疫。

③加强饲养管理。实行封闭饲养，建立健全各项防疫制度，做好消毒、杀虫灭鼠等工作。

10. 猪伪狂犬病有什么流行特征？如何防控？

猪伪狂犬病是由伪狂犬病病毒引起猪的一种高度接触性传染病。该病不仅感染猪，犬、猫、牛、羊也可感染发病。

（1）流行特征 不同阶段的猪只在感染伪狂犬病病毒后所出现的临床症状有所不同，其中妊娠母猪和新生仔猪的症状尤为明显。感染母猪表现流产、产死胎、弱仔、木乃伊胎等繁殖障碍症状，青年母猪和空怀母猪常出现返情而屡配不孕或不发情；公猪常出现睾丸肿胀、萎缩、性功能下降、失去种用能力；新生（哺乳）仔猪发病率和死亡率可达100%，表现中枢神经系统症状，断奶仔猪发病率20%～40%，死亡率10%～20%；生长猪、育肥猪表现为呼吸道症状，增重滞缓，发病率高，无并发症时死亡率低；成年猪呈隐性感染。

该病的传染源是带毒的病猪、隐性感染猪、康复猪、野猪、带毒鼠。病猪的飞沫、唾液、粪便、尿液、血液、精液和乳分泌物等均含有病毒。种猪初次感染康复、恢复生产后将终生带毒，在应激、抵抗力下降时，猪只可发病。

近些年，由伪狂犬病病毒变异毒株引发的疫情逐渐平稳，但仍在流行。

（2）防控措施 ①做好灭鼠工作。鼠极易传播伪狂犬病病毒，其个体小，灵活性大，一旦感染伪狂犬病病毒，随着其运动可迅速将病毒向四处传播，因此猪场应采取有效的灭鼠措施，定期开展灭鼠工作。

②及时隔离发病猪。及时隔离疑似感染猪只，对圈舍进行彻底消毒，避免更多的猪只感染。有条件的养殖场可对同群猪进行检测。

③免疫接种。猪伪狂犬病疫苗有基因缺失弱毒活疫苗，基因缺失灭活疫苗。尽量选择变异毒株疫苗，毒株与流行毒株匹配度高，免疫防控更高效。

11. 怎样防控猪细小病毒病？

猪细小病毒病是由猪细小病毒引起的一种猪繁殖障碍病，该病主要表现为胚胎和胎儿的感染和死亡，特别是初产母猪发生死胎、畸形胎和木乃伊胎，但母猪本身无明显的症状。

（1）流行特征　各品系和年龄的猪均易感。母猪和带毒公猪是主要传染源。后备母猪比经产母猪易感染，病毒能通过胎盘垂直传播，而带毒猪所产的活猪能长时间带毒排毒，有的终身带毒。感染种公猪也是该病最危险的传染源，可在公猪的精液、精索、附睾、性腺中分离到病毒，种公猪通过配种传染给易感母猪，并使该病传播扩散。

当前猪群猪细小病毒病感染率高，基因型复杂多样。该病与猪圆环病毒2型混合感染在猪群中常见。

（2）防控措施　①把好引种关。引种前了解引进猪群是否有猪细小病毒感染，怀孕母猪是否有繁殖障碍临床表现，母猪群是否做过疫苗免疫接种等情况。

②做好疫苗免疫接种。疫苗免疫是预防猪细小病毒病、提高母猪抗病力和繁殖率的有效方法，选择合适的疫苗对母猪进行免疫接种。

③做好隔离和消毒。猪只饲养过程中，发现母猪产木乃伊胎或者死胎，立即进行紧急隔离，安排专门的饲养员管理带毒的母猪、仔猪等，同时使用专门的饲养用具等，并与健康猪只使用的器具彻底分开，防止发生交叉感染。另外，还要对猪舍进行全面彻底的清洗和消毒。对病死猪与产出的死胎、病猪排出的粪便、采食的饲料以及其他污物等必须采取无害化处理。

12. 如何防控猪圆环病毒病？

猪圆环病毒是一种无囊膜的单股环状DNA病毒，根据抗原性和基因型的不同，可分为猪圆环病毒1型、猪圆环病毒2型和猪圆环病毒3型。其中猪圆环病毒1型普遍认为无致病性，而猪圆环病毒2型和猪圆环病毒3型可造成断奶仔猪多系统衰竭综合征、猪皮炎与肾病综合征、断奶猪和育肥猪的呼吸道病综合征，仔猪的先天性震颤等，还能引发免疫抑制，诱发其他疫病发生。

（1）流行特征　猪圆环病毒2型在自然界广泛存在，各日龄猪都可感染，但并不都能表现出临床症状，其临床症状主要表现为猪群生产性能下降。病猪和带毒猪是主要的传染源。该病可在猪群中水平传播，也可通过胎盘垂直传播。

猪断奶后多系统衰竭综合征主要发生在哺乳期和保育期的仔猪，尤其是5～12周龄的仔猪，急性发病猪群的死亡率可达10%，因并发或继发其他细菌或病毒感染而导致死亡率上升。猪皮炎与肾病综合征主要发生于保育和生长育肥猪，呈散发，发病率和死亡率均低。繁殖障碍主要发生于妊娠母猪。

我国猪群中猪圆环病毒2型感染呈常在性，临床上单独感染猪圆环病毒2型的猪场较少见，通常与猪繁殖与呼吸综合征病毒、猪细小病毒等混合感染。

（2）防控措施　①做好猪群的基础免疫。做好猪场猪瘟、猪伪狂犬病、猪细小病毒病等疫苗的免疫接种，提高猪群整体的免疫水平，可减少呼吸道疫病的继发感染。

②采取综合性防控措施。加强饲养管理，降低饲养密度，实行严格的全进全出制和混群制度，避免不同日龄猪混群饲养；减少环境应激因素，控制并发和继发感染，保证猪群具有稳定的免疫状态；加强猪场内部和外部的生物安全措施，引入猪只应来自清洁猪场。

13. 如何搞好仔猪病毒性腹泻的防控？

猪流行性腹泻病毒、猪传染性胃肠炎病毒、轮状病毒及猪丁型冠状病毒等均可引起仔猪腹泻。临床上四种病毒之间的混合感染情况较为严重，是导致猪场腹泻难以控制的主要原因。

（1）流行特征　猪流行性腹泻是由猪流行性腹泻病毒引起的一种接触性肠道传染病，临床上以呕吐、水样腹泻、脱水为主要特征。各种年龄的猪均易感染，主要侵害2～3日龄的新生仔猪，发病率与死亡率可高达100%。病猪及隐形带毒猪是主要的传染源。因病猪的粪便中含有大量的病毒粒子，污染的饲料、饮水、环境、运输车辆等是该病的主要传染源。消化道传播是该病的主要感染途径。猪流行性腹泻病毒可单独感染，也可同猪传染性胃肠炎病毒、轮状病毒和猪丁型冠状病毒引起二重或三重混合感染。

猪传染性胃肠炎是由传染性胃肠炎病毒引起的高度接触性传染病。临床上以严重腹泻、呕吐和脱水为主要特征。10日龄内仔猪的发病率和死亡率最高，幼龄仔猪死亡率可达100%。5周龄以上仔猪死亡率较低，随着年龄的增长其症状和死亡率都逐渐降低，成年猪几乎没有死亡。病猪和带毒猪是该病重要的传染源，其排泄物、乳汁、呕吐物、呼出的气体等能够携带病毒，通过消化道和呼吸道传播给易感仔猪。猪传染性胃肠炎有明显的季节性，一般发生在12月至翌年4月。

轮状病毒感染是由轮状病毒引起仔猪多发的一种急性肠道传染病。临床上以发病猪精神委顿、厌食、呕吐、腹泻和脱水为主要特征。各种年龄的猪均可感染，但仔猪多发。8周龄以内仔猪易感，感染率可高达90%～100%。病猪排出粪便污染的饲料、饮水和各种用具是该病主要的传染源。

猪丁型冠状病毒是一种新出现的可致仔猪腹泻的病毒，我国猪场的阳性率达到 18% ～ 20%。

（2）防控措施 ①采取综合性防控措施。坚持自繁自养、全进全出的生产管理方式。加强猪群的饲养管理水平，提高猪只抵抗力。注意仔猪的防寒保暖，把好仔猪初乳关，增强母猪和仔猪的抵抗力。一旦发病，应将发病猪立即隔离到清洁、干燥和温暖的猪舍中，加强护理，及时清除粪便和污染物，防止病原传播。因病猪抵抗力下降、畏寒，要加强对病猪的保温工作。提高小猪出生一周内保温箱温度。加强场区道路和猪舍内外环境的卫生消毒。保持猪舍温暖清洁和干燥，猪舍空气清新，确保饲料质量，不使用霉变饲料。

②做好疫苗免疫。选择高质量的疫苗，制定科学合理的免疫程序，尤其是做好母猪群的免疫接种工作，提升母猪群的母源抗体水平。

第二节　常见细菌性传染病的防治

1. 猪炭疽病有哪些流行特点和临床症状？

炭疽是由炭疽芽孢杆菌引起的一种人畜共患传染病。农业农村部将其列为二类动物疫病。

（1）流行特点 该病为人畜共患传染病，各种家畜、野生动物及人对该病都有不同程度的易感性。草食动物最易感，其次是杂食动物，最后是肉食动物，家禽一般不感染；人也易感。

该病呈地方性流行。有一定的季节性，多发生在吸血昆虫多、雨水多、洪水泛滥的季节。

患病动物和因炭疽而死亡的动物尸体以及污染的土壤、草地、水、饲料都是该病的主要传染源，炭疽芽孢对环境具有很强的抵抗力，其污染的土壤、水源及场地可形成持久的疫源地。该病主要经消化道、呼吸道和皮肤感染。

（2）临床症状 该病主要呈急性经过，多以突然死亡、天然孔出血、尸僵不全为特征。猪多为局限性变化，呈慢性经过，临床症状不明显，常在宰后见病变。

2. 发生炭疽疫情后，应如何处置？

（1）疫情处置 当地畜牧兽医部门接到疑似炭疽疫情报告后，应及时派人员到现场进行流行病学调查和临床检查，采集病料送符合规定的实验室诊断，并立即隔离疑似患病动物及同群动物，限制移动。对病死动物尸体，严禁进行解剖检查，采样时必须按规定进行，防止病原污染环境，形成永久性疫源地。

该病呈零星散发时，应对患病动物作无血扑杀处理，对同群动物立即进行强制免疫接种，并隔离观察 20 天。对病死动物及排泄物、可能被污染饲料、污水等按要求进行无害化处理；对可能被污染的物品、交通工具、用具、动物舍进行严格彻底消毒。疫区、受威胁区所有易感动物进行紧急免疫接种。对病死动物尸体严禁进行开放式解剖检查，采样必须按规定进行，防止病原污染环境，形成永久性疫源地。

该病呈暴发流行时（1 个县 10 天内发现 5 头以上的患病动物），要报请同级人民政府对疫区实行封锁；疫点出入口必须设立消毒设施。限制人、易感动物、车辆进出和动物产品及可能受污染的物品运出。对疫点内动物舍、场地以及所有运载工具、饮水用具等必须进行严格彻底的消毒。患病动物和同群动物全部进行无血扑杀处理。其他易感动物紧急免疫接种。对所有病死动物、被扑杀动物，以及排泄物和可能被污染的垫料、饲料等物品产品按要求进行无害化处理。动物尸体需要运送时，应使用防漏容器，须有明显标志，并在动物疫病预防控制机构的监督下实施。停止疫区内动物及其产品的交易、移动。所有易感动物必须圈养，或在指定地点放养；对动物舍、道路等可能污染的场所进行消毒。对疫区和受威胁区内的所有易感动物进行紧急免疫接种，并进行疫源分析与流行病学调查。

（2）防控措施　①环境控制。饲养、生产、经营场所和屠宰场必须符合《动物防疫条件审查办法》规定的动物防疫条件，建立严格的卫生（消毒）管理制度。

②免疫接种。各省根据当地疫情流行情况，按农业农村部制定的免疫方案，确定免疫接种对象、范围；使用国家批准的炭疽疫苗，并按免疫程序进行适时免疫接种，做好免疫记录。

③消毒灭源。对新老疫区进行经常性消毒，洪涝灾害时要重点消毒。皮张、毛等按要求实施消毒。

（3）人员防护　动物防疫检疫、实验室诊断及饲养场、畜产品及皮张加工企业工作人员要注意个人防护，参与疫情处理的有关人员，应穿防护服、戴口罩和手套，做好自身防护。皮张用环氧乙烷高压密闭消毒。

3. 如何诊断猪链球菌病？

猪链球菌病是由溶血性链球菌引起的人畜共患病，农业农村部将其列为三类动物疫病。从流行特点、临床症状等可作出初步诊断。

（1）流行特点　不同年龄、品种和性别猪均易感，也可感染人。

链球菌常存在于正常动物和人的呼吸道、消化道、生殖道等，感染发病动物的排泄物、分泌物、血液、内脏器官及关节内均有病原体存在。

病猪和带菌猪是该病的主要传染源，对病死猪的处置不当和运输工具的污染是造成该病传播的重要因素。

该病主要经消化道、呼吸道和损伤的皮肤感染。一年四季均可发生，夏秋季多发。呈地方性流行，新疫区可呈暴发流行，发病率和死亡率较高。老疫区多呈散发，发病率和死亡率较低。

（2）临床症状　可表现为败血型、脑膜炎型和淋巴结脓肿型等类型。

①败血型。分为最急性、急性和慢性三类。最急性型发病急、病程短，常无任何症状即突然死亡。体温高达41～43℃，呼吸迫促，多在24小时内死于败血症。急性型多突然发生，体温升高40～43℃，呼吸迫促，鼻镜干燥，从鼻腔中流出浆液性或脓性分泌物。结膜潮红，流泪。颈部、耳廓、腹下及四肢下端皮肤呈紫红色，并有出血点。多在1～3天内死亡。慢性型表现为多发性关节炎，关节肿胀，跛行或瘫痪，最后因衰弱、麻痹致死。

②脑膜炎型。以脑膜炎为主，多见于仔猪。主要表现为神经症状，如磨牙、口吐白沫，转圈运动，抽搐、倒地四肢划动似游泳状，最后麻痹而死。病程短的几小时，长的1～5天，致死率极高。

③淋巴结脓肿型。以颌下、咽部、颈部等处淋巴结化脓和形成脓肿为特征。

4. 怎样处置猪链球菌病疫情？

（1）疫情处置　发现疑似猪链球菌病疫情时，当地畜牧兽医部门要及时派员到现场进行流行病学调查、临床症状检查等，并采样送检。确认为疑似猪链球菌病疫情时，应立即采取隔离、限制移动等防控措施。

该病呈零星散发时，应对病猪作无血扑杀处理，对同群猪立即进行强制免疫接种或用药物预防，并隔离观察14天。必要时对同群猪进行扑杀处理。对被扑杀的猪、病死猪及排泄物、可能被污染饲料、污水等按有关规定进行无害化处理；对可能被污染的物品、交通工具、用具、畜舍进行严格彻底消毒。周围所有易感动物进行紧急免疫接种。

该病呈暴发流行时（一个乡镇30天内发现50头以上病猪或者2个以上乡镇发生），应对疫点内病猪作无血扑杀处理，对同群猪立即进行强制免疫接种或用药物预防，并隔离观察 14 天。必要时对同群猪进行扑杀处理。对病死猪及排泄物、可能被污染饲料、污水等按附件的要求进行无害化处理；对可能被污染的物品、交通工具、用具、畜舍进行严格彻底消毒。交通要道派专人监管动物及其产品的流动，对进出人员、车辆须进行消毒。停止疫区内生猪的交易、屠宰、运输、移动。对畜舍、道路等可能污染的场所进行消毒。对疫点内的同群健康猪和疫区内的猪，可使用高敏抗菌药物进行紧急预防性给药。对疫区和受威胁区内的所有猪按使用说明进行紧急免疫接种。

对于猪的排泄物和被污染或可能被污染的垫料、饲料等物品均须进行无害化处理。猪尸体运送时，应使用防漏容器。

（2）人员防护　参与处理疫情的有关人员，应穿防护服、胶鞋、戴口罩和手套，做好自身防护。

5. 猪肺疫的诊断依据有哪些？

猪肺疫（猪巴氏杆菌病）是由多杀性巴氏杆菌引起的一种急性传染病。主要依据流行特点、临床症状进行诊断和鉴别诊断，必要时进行实验室检查。

（1）流行特点　多杀性巴氏杆菌能感染多种动物，猪是其中一种，各种年龄的猪都可感染发病，小猪和中猪的发病率较高。病猪和健康带菌猪是传染源，病原体随分泌物及排泄物排出体外，经呼吸道、消化道及损伤的皮肤而传染。带菌猪受寒、感冒、过劳、饲养管理不当，使抵抗力降低时，可发生自体内源性传染。猪肺疫常为散发，当猪处在不良的外界环境中，如寒冷、闷热、气候剧变、潮湿、拥挤、通风不良、营养缺乏、疲劳、长途运输等，致使猪的抵抗力下降，这时病原菌大量增殖并引起发病。另外病猪经分泌物、排泄物等排菌，污染饮水、饲料、用具及外界环境，经消化道而传染给健康猪，也是重要的传染途径。也可由咳嗽、喷嚏排出病原，通过飞沫经呼吸道传染。此外，吸血昆虫叮咬皮肤及黏膜伤口都可传染。该病一般无明显的季节性，但以冷热交替、气候多变、洪涝灾区高温季节多发，一般呈散发性或地方流行性。

该病常见于中、小猪发病；一年四季中，以秋末春初及气候骤变季节发生最多，南方易发生于潮湿闷热的5—9月，以流行性猪肺疫出现。

（2）临床症状　该病潜伏期1～5天，一般为2天。主要症状为体温明显升高（42.2℃），食欲废绝，呼吸极度困难，持续性咳嗽，可视黏膜发脓性结膜炎，先便秘后腹泻，耳根、腹侧、四肢内侧出现红斑，死亡率高达50%。临床症状分为最急性、急性和慢性三型。最急性型多见于流行初期，常突然死亡。病程稍长者，体温升高（40～42℃），食欲废绝，全身衰弱，卧地不起。结膜充血、发绀。耳根、颈部、腹侧及下腹部等处皮肤发生红斑，指压不全褪色。最特征症状是咽喉红、肿、热、痛，急性炎症，严重者局部肿胀可扩展到耳根及颈部。呼吸极度困难，口鼻流血样泡沫，多经 1～2 天窒息而死。急性型主要呈现纤维素性胸膜肺炎。除败血症状外，病初体温升高达 40～41℃，痉挛性干咳，有鼻漏和脓性结膜炎。初便秘，后腹泻。呼吸困难，常呈犬坐姿势，胸部触诊有痛感，听诊有啰音和摩擦音。多因窒息死亡。病程 4～6 天，不死者转为慢性。慢性型主要呈现慢性肺炎或慢性胃肠炎。病猪持续咳嗽，呼吸困难，鼻流出黏性或脓性分泌物，胸部听诊有啰音和摩擦音。关节肿胀。时发腹泻，呈进行性营养不良，极度消瘦，最后多因衰竭致死，病程 2～4 周。

（3）鉴别诊断　该病的最急性型病例常突然死亡，慢性病例的症状、病变都不典型，并常与其他疾病混合感染，单靠流行病学、临床症状、病理变化诊断难以确诊，应根据流行病学、症状、病理变化及细菌学检查的综合资料分析、判定。注意与猪瘟、猪丹毒相区别。最急性病例，咽喉部的肿胀和炎症，剖检时的胶冻样浸润都与败血型的炭疽相似，但猪急性炭疽很少发生，且不形成流行。剖检时炭疽脾脏肿大与猪肺疫不同，如取局部病料细菌学检查，两者病原形态等有明显的不同，易于区别。

6. 如何防治猪肺疫？

在部分健康猪的上呼吸道带有巴氏杆菌，由于不良因素的作用，常可诱发该病。因此，预防该病的根本办法，必须贯彻预防为主的方针，消除降低猪体抵抗力的一切不良因素，加强饲养管理，做好动物防疫工作，以增强猪体的抵抗力；每年春秋两季定期进行预防注射，以增强猪体的特异性抵抗力。

发病时，隔离病猪，及时治疗。病猪可用青霉素水剂 40 万单位肌内注射，每天 2～3 次，连用 3～5 天。链霉素 1 克，每日分 2 次肌内注射。20% 磺胺噻唑钠或磺胺嘧啶钠注射液，小猪 10～15 毫升，大猪 20～30 毫升，肌内注射或静脉注射，每日 2 次，连用 3～5 天。

洪涝灾害过后发生的猪肺疫疫情，还要对洪涝地区做好消毒和护理工作。猪舍的墙壁、地面、饲养管理用具要进行消毒，粪便废弃物堆积发酵；必要时，对发病群的假定健康猪，可用猪肺疫抗血清进行紧急预防注射，剂量为治疗量的一半；患慢性猪肺疫的小僵猪淘汰处理为好。

7. 如何防治猪丹毒？

猪丹毒是由猪丹毒杆菌引起的一种急性、热性传染病。

（1）流行特点 猪丹毒一年四季都有发生，病猪和带菌猪是该病的传染源，猪丹毒杆菌主要存在于带菌猪的扁桃体、胆囊、回盲瓣的腺体处和骨髓里。病猪及带菌猪从粪尿中排出猪丹毒杆菌，污染饲料、饮水、土壤、用具和场舍等，经消化道传染给易感猪。该病也可通过损伤皮肤及蚊、蝇等吸血昆虫传播。

（2）临床症状 分为急性和慢性两种。急性败血型猪丹毒常见体温升高达42～43℃，稽留不退，虚弱，不食，有时呕吐。粪便干硬呈粟状，附有黏液，小猪后期可能下痢。严重的呼吸增快，黏膜发绀，部分病猪耳、颈、背等部皮肤潮红、发紫。病程短促的可突然死亡，病死率80%左右。慢性猪丹毒病常见皮肤坏死常发生于背、肩、耳、蹄和尾，局部皮肤肿胀、隆起、黑色、干硬，似皮革。经2～3个月坏死皮肤脱落，遗留一片无毛的疤痕。慢性关节炎表现四肢关节肿胀，腕关节较为常见，病腿僵硬、疼痛，跛行或卧地不起。呼吸急促，通常心脏麻痹突然倒地死亡。

（3）防治措施 ①加强饲养管理，猪舍用具保持清洁，定期用消毒药消毒。

②每年按计划进行预防接种。目前用于防治该病的疫苗有弱毒苗和灭活苗两大类。乳猪的免疫因可能受到母源抗体的影响，应于断乳后进行；如在哺乳期已进行免疫，则应在断乳后再进行一次免疫，以后每隔6个月免疫一次。

常用疫苗及用法：

猪丹毒氢氧化铝甲醛菌苗。体重10千克以上的断奶仔猪，皮下注射或肌内注射5毫升，免疫1个月后再重复注射3毫升；体重10千克以下或尚未断奶的仔猪，皮下注射或肌内注射3毫升，免疫1个月后再重复注射3毫升。

猪丹毒 G4T10 或 GC42 弱毒疫苗。不论体重大小，一律皮下注射1毫升。

猪丹毒－猪肺疫二联灭活疫苗。用法同猪丹毒氢氧化铝甲醛菌苗。

猪丹毒－猪瘟－猪肺疫三联活疫苗。每头猪皮下或肌内注射1毫升。

③做好猪舍灭蚊蝇、灭蚤虱工作。

④检测出猪丹毒后，应立即将病猪隔离，及早治疗。猪圈、运动场、饲槽及用具等要认真消毒。粪便和垫草最好烧毁或堆积发酵进行生物热处理。发生猪丹毒疫情后，应立即对全群猪测温，病猪隔离治疗，死猪深埋或烧毁。与病猪同群的未发病猪，用青霉素进行药物预防，待疫情扑灭和停药后，进行1次大消毒。

将发病猪群隔离处置后，正常猪注射猪丹毒疫苗，巩固防疫效果。对慢性病猪及早淘汰，以减少经济损失，防止带菌传播。

8. 如何防治猪气喘病?

猪气喘病或猪喘气病,又称猪支原体肺炎或地方流行性肺炎,是由猪肺炎支原体引起猪的一种接触性、慢性、消耗性呼吸道传染病。该病的主要临床症状是咳嗽和气喘。感染或发病猪的生长速度缓慢,饲料利用率低,育肥饲养期延长。

(1)流行特征 不同品种、年龄、性别的猪只均能感染,其中以哺乳猪和幼龄猪最易感,发病率较高,但死亡率低。其次是妊娠后期的母猪和哺乳母猪,育肥猪发病较少。母猪和成年猪多呈慢性和隐性感染。

病猪和感染猪是该病的主要传染源。该病主要通过呼吸道途径感染。病毒存在于病猪的呼吸系统内,随着咳嗽、气喘和喷嚏排出,形成飞沫。健康猪吸入后感染发病。该病具有明显的季节性,以冬春季节多见。

(2)防治措施 加强饲养管理,严格控制猪群的数量,保持合理的猪只密度,确保猪场的清洁和卫生,禁止饲喂霉变的饲料等,防止应激因素导致疫病发生。可对猪群接种疫苗进行免疫预防。可选用具有针对性的药物进行药物预防和治疗。用药时要注意肺炎支原体对抗生素的耐药性,采取交叉用药或配合用药。

9. 怎样防治猪传染性胸膜肺炎?

猪传染性胸膜肺炎,又称为猪接触性传染性胸膜肺炎,是由胸膜肺炎放线杆菌引起的一种接触性传染病。临床上急性型出现呼吸道症状,以急性出血性纤维素性胸膜肺炎和慢性纤维素性坏死性胸膜肺炎为特征,呈现高死亡率。

(1)流行特征 猪群中该病可以是原发性细菌病,但主要为继发性细菌病,常继发于猪蓝耳病或猪圆环病毒病。病猪和带菌猪是该病的传染源。种公猪和慢性感染猪在传播该病中起着十分重要的作用。各年龄猪都易感,6周龄至6月龄的猪只多发,3月龄仔猪最易感。该病的发生多呈最急性型或急性型病程而迅速死亡,急性暴发猪群的发病率和死亡率一般为50%,最急性型的死亡率可达80%~100%。

该病主要通过空气飞沫传播。病菌在感染猪的鼻、扁桃体、支气管和肺脏等部位,随呼吸、咳嗽、喷嚏等途径排出后形成飞沫,经呼吸道传播。也可通过被病菌污染的车辆、器具以及饲养人员的衣物等间接接触传播。小啮齿类动物和鸟也可机械传播该病。

一般情况下,传染性胸膜肺炎放线杆菌在外界的存活能力较弱,对常规消毒剂较为敏感；但在气温较低、湿度较大、细菌表面有黏液性物质时，细菌的存活能力就会增强，在春、秋换季时空气湿度变化较大，该病容易流行。

（2）防治措施　①加强科学的饲养管理，减少应激因素对猪群的影响。猪舍要保持清洁卫生，及时清除粪尿污物，减少有害气体对猪只呼吸道黏膜的刺激与损害；保持干燥，防止潮湿，定期消毒，以减少病原体的繁殖；饲养密度不要过大，给以充足的清洁、安全的饮水和全价营养饲料，增强猪只的抗病能力。

②控制病毒性疫病。细菌性疫病经常继发于病毒性疫病，要做好猪场的基础免疫，提高猪群整体免疫水平，可减少呼吸道疫病的继发感染。使用敏感性药物对猪群进行药物预防和治疗。应注意合理交替用药，提高该病的治愈率和减少病原菌的耐药性。

10. 如何防治仔猪细菌性腹泻？

大肠杆菌、沙门氏菌和产气荚膜梭菌是导致仔猪腹泻的主要病原菌，临床上感染普遍，也是导致猪场腹泻难以控制的主要原因之一。

（1）流行特征　①仔猪大肠杆菌病。仔猪大肠杆菌病是由致病性大肠杆菌引起，包括仔猪黄痢（早发性大肠杆菌病）和仔猪白痢（迟发性大肠杆菌病）。

仔猪黄痢：是初生仔猪发生的急性、致死性传染病。主要发生于1周龄以内仔猪，以1～3日龄最为常见，发病率（90%）和死亡率（50%）均很高。临床症状以排黄色或黄白色水样粪便和迅速死亡为特征。病仔猪不愿意吃奶、精神委顿、粪便呈黄色糊状、腥臭，严重者肛门松弛，排粪失禁，沾污尾、会阴和后腿部，肛门和阴门呈红色，迅速衰弱，脱水、消瘦、昏迷至死亡。仔猪黄痢在春季气候多变、圈舍潮湿时多发。

仔猪白痢：主要发生于10～30日龄仔猪，多发生于断乳当天。临床上以排灰白色、糊状腥臭味稀粪为特征。发病率高，死亡率低。该病没有明显季节性，但在气候突变、阴雨潮湿时易发。母猪饲料质量较差、母乳中含脂率过高等常常是该病的重要诱发因素。

②仔猪副伤寒。由沙门氏菌感染引起，主要发生在6月龄以下猪，1～2月龄仔猪多发。急性型常呈败血症变化，皮肤上有紫红色斑点；亚急性或慢性型表现为肠炎、消瘦和顽固性下痢，粪便恶臭，有时带血。主要传染源是病猪及带毒猪，通过粪尿排出病原菌，污染外界环境。仔猪通过消化道感染发病。该病没有明显季节性，在冬春季节，气候寒冷、气温多变时容易发生。仔猪饲养管理不当、环境卫生差、仔猪抵抗力降低等是该病的诱发因素。

③仔猪红痢。由 C 型产气荚膜梭菌的外毒素引起，主要发生于 1 周龄以内的仔猪，以 1～3 日龄新生仔猪多见，偶发生于 2～4 周龄以下的仔猪。发病仔猪由于肠黏膜炎症和坏死以排出红色稀粪为特征，病程短，死亡率高。

（2）防治措施　①加强仔猪的饲养管理。改善饲养卫生条件，用具及食槽应经常清洗，圈舍保持清洁、干燥。在气候多变的春季，要保持猪舍内的温度恒定，在天气骤冷时，要注意防寒保暖。

②做好断奶仔猪的饲养管理。仔猪断奶前要提早补料，逐渐增加饲料的饲喂量；断奶后不宜突然更换饲料，要限制高蛋白、高碳水化合物饲料的饲喂，增加日粮中纤维素的含量。

③做好母猪临产管理。应对产房进行彻底清扫、冲洗、消毒。换干净垫草。母猪产仔后，对母猪乳头、乳房和腹部皮肤擦洗干净，逐个奶头挤掉几滴奶水后，再让母猪哺乳。

④进行药物防治。对于各种细菌性腹泻，选择具有针对性的敏感药物进行预防和治疗，但要考虑轮换用药，以免产生耐药性菌株。

⑤在流行情况严重的猪场，可进行疫苗免疫。

第三节　其他传染病的防控

1. 如何诊断猪附红细胞体病？

猪附红细胞体病是由附红细胞体寄生于猪的红细胞表面或游离于血浆、组织液及脑脊液中引起的一种人畜共患病，会造成病畜黄疸、贫血等症状。其诊断要点如下。

（1）流行特点　猪附红细胞体只感染家养猪，不感染野猪。各种品种、性别、年龄的猪均易感，但以仔猪和母猪多见，其中哺乳仔猪的发病率和死亡率较高，被阉割后几周的仔猪尤其容易感染发病。猪附红细胞体在猪群中的感染率很高，可达 90% 以上。

病猪和隐性感染带菌猪是主要传染源。隐性感染带菌猪在有应激因素存在时，如饲养管理不良、营养不良、温度突变、并发其他疾病等，可引起血液中附红细胞体数量增加，出现明显临床症状而发病。耐过猪可长期携带该病原，成为传染源。猪附红细胞体可通过接触、血源、交配、垂直及媒介昆虫（如蚊子）叮咬等多种途径传播。动物之间可通过舔伤口、互相斗咬或喝血液污染的尿液以及被污染的注射器、手术器械等媒介物而传播；交配或人工授精时，可经污染的精液传播；感染母猪能通过子宫、胎盘使仔猪受到感染。

猪附红细胞体病一年四季都可发生，但多发生于夏、秋和雨水较多的季节，以及气候易变的冬、春季节。气候恶劣、饲养管理不善、疾病等应激因素均能导致病情加重，疫情传播面积扩大，经济损失增加。猪附红细胞体病可继发于其他疾病，也可与一些疾病合并发生。

（2）临床症状　猪附红细胞体病因畜种和个体体况的不同，临床症状差别很大。主要引起：仔猪体质变差，贫血，肠道及呼吸道感染增加；育肥猪日增重下降，急性溶血性贫血；母猪生产性能下降等。

哺乳仔猪：5天内发病症状明显，新生仔猪出现身体皮肤潮红，精神沉郁，哺乳减少或废绝，急性死亡，一般7～10日龄多发，体温升高，眼结膜皮肤苍白或黄染，贫血症状，四肢抽搐、发抖、腹泻、粪便深黄色或黄色黏稠，有腥臭味，死亡率在20%～90%，部分很快死亡。大部仔猪临死前四肢抽搐或划地，有的角弓反张。部分治愈的仔猪会变成僵猪。

育肥猪：根据病程长短不同可分为三种类型：急性型病例较少见，病程1～3天。亚急性型病猪体温升高，达39.5～42℃。病初精神委顿，食欲减退，颤抖转圈或不愿站立，离群卧地。出现便秘或拉稀，有时便秘和拉稀交替出现。病猪耳朵、颈下、胸前、腹下、四肢内侧等部位皮肤红紫，指压不褪色，成为"红皮猪"，是该病的特征之一。有的病猪两后肢发生麻痹，不能站立，卧地不起。部分病畜可见耳廓、尾、四肢末端坏死。有的病猪流涎，心悸，呼吸加快，咳嗽，眼结膜发炎，病程3～7天，或死亡或转为慢性经过。慢性型患猪体温在39.5℃左右，主要表现贫血和黄染。患猪尿呈黄色，大便干如栗状，表面带有黑褐色或鲜红色的血液。生长缓慢，出栏延迟。

母猪：症状分为急性和慢性两种。急性感染的症状为持续高热（体温可高达42℃），厌食，偶有乳房和阴唇水肿，产仔后奶量少，缺乏母性。慢性感染猪呈现衰弱，黏膜苍白及黄染，不发情或屡配不孕，如有其他疾病或营养不良，可使症状加重，甚至死亡。

剖检病变有黄染和贫血，全身皮肤黏膜、脂肪和脏器显著黄染，常呈泛发性黄疸。全身肌肉色泽变淡，血液稀薄呈水样，凝固不良。全身淋巴结肿大、潮红、黄染、切面外翻，有液体渗出。胸腹腔及心包积液。肝脏肿大、质脆，细胞呈脂肪变性，呈土黄色或黄棕色。胆囊肿大，含有浓稠的胶冻样胆汁。脾肿大，质软而脆。肾肿大、苍白或呈土黄色，包膜下有出血斑。膀胱黏膜有少量出血点。肺肿胀，瘀血水肿。心外膜和心冠脂肪出血黄染，有少量针尖大出血点，心肌苍白松软。软脑膜充血，脑实质松软，上有针尖大的细小出血点，脑室积液。

可能是附红细胞体破坏血液中的红细胞，使红细胞变形，表面内陷溶血，使其携氧功能丧失而引起猪抵抗力下降，易并发感染其他疾病。也有人认为变形的红细胞经过脾脏时溶血，也可能导致全身免疫性溶血，使血凝系统发生改变。

2. 怎样防治猪附红细胞体病？

（1）预防　①加强猪群的日常饲养管理。饲喂高营养的全价料，保持猪群的健康；保持猪舍良好的温度、湿度和通风；消除应激因素，特别是在该病的高发季节，应扑灭蜱、虱子、蚤、螫蝇等吸血昆虫，断绝其与动物接触。

②对注射针头、注射器应严格进行消毒。无论疫苗接种，还是治疗注射，应保证每猪一个针头。母猪接产时应严格消毒。

③加强环境卫生消毒，保持猪舍的清洁卫生。粪便及时清扫，定期消毒，定期驱虫，减少猪群的感染机会和降低猪群的感染率。

④药物预防。可定期在饲料中添加预防量的土霉素、四环素、强力霉素、金霉素、阿散酸，对该病有很好的预防效果。每吨饲料中添加金霉素48克或每升水中添加50毫克，连续7天，可预防大猪群发生该病；分娩前给母猪注射土霉素（11毫克/千克体重），可防止母猪发病；对1日龄仔猪注射土霉素50毫克/头，可防止仔猪发生附红细胞体病。

（2）治疗　四环素、卡那霉素、强力霉素、土霉素、黄色素、血虫净（贝尼尔）、氯苯胍、砷制剂（阿散酸）等可用于治疗该病，一般认为四环素和砷制剂效果较好。对猪附红细胞体病进行早期及时治疗可收到很好的效果。

3. 气喘病应如何诊断？

猪气喘病又称猪支原体肺炎或地方流行性肺炎，是由猪肺炎支原体引起的接触性慢性呼吸道传染病。主要临床症状是咳嗽、气喘和呼吸困难，剖检变化为肺尖叶、心叶、膈叶和中间叶发生"肉样"实变。其诊断要点如下。

（1）病原特点　猪气喘病的病原为猪肺炎支原体。病原体主要存在于病猪和感染猪体内的呼吸道及所属淋巴结内。病原对外界环境抵抗力不强，2～3天即可失去致病力。对土霉素、四环素、卡那霉素等敏感，但对青霉素和磺胺类药物不敏感。

（2）流行情况　该病仅发生于猪，不同年龄、性别和品种的猪均能感染，但乳猪和断乳仔猪最易感，发病率和死亡率较高，其次是妊娠后期和哺乳期的母猪。育肥猪发病少，病情轻。成年猪多呈慢性或隐性感染。

病猪和带菌猪是传染源，传播途径是呼吸道。寒冷冬季发病较多。饲养管理不良、阴暗潮湿、通风不良、拥挤及环境条件的骤然改变是重要诱因。

（3）临床症状　潜伏期11～16天，最短者3～5天，最长的可达1个月以上。早期症状是咳嗽，随后出现气喘和呼吸困难，分为急性、慢性和隐性3个类型。

①急性型。主要见于新疫区和新感染的猪群，以母猪和仔猪多见。病猪突然精神不振，头下垂，站立一处或卧伏在地，呼吸次数增多，每分钟达60～120次，腹式呼吸。随病情发展，病猪呼吸困难，甚至张口呼吸，并有喘鸣声，似拉风箱，呈犬坐姿势，有时出现痉挛性阵咳。体温正常，若继发感染则体温可上升到40℃以上。死亡率很高，病程1～2周。

②慢性型。由急性转变而来，常见于老疫区的肥育猪和后备母猪。主要症状是顽固性咳嗽和气喘，病初出现短咳和干咳，随后出现连续的痉挛性咳嗽。随着病情加剧，出现呼吸困难和气喘，呼吸次数可达100次/分钟，呈典型的腹式呼吸。早期食欲无明显变化，后期少食或绝食。患病小猪消瘦虚弱，生长缓慢，病程可达2～3个月，甚至长达半年以上。

③隐性型。主要见于成年肥育猪，症状不明显，仅有轻度的气喘和咳嗽症状。

（4）病理变化　病变主要在肺和肺门淋巴结。气管和支气管内有多量黏性泡沫样分泌物。肺脏心叶、尖叶和膈叶前下部可见融合性支气管肺炎病变，病变部呈灰红色或淡红色，半透明状，切面多汁，组织致密，如鲜嫩肌肉。病程较长的病例，病变颜色变深，呈淡蓝色、深紫红色、灰白色或灰黄色，坚韧度增加，如胰脏或虾肉样。肺门淋巴结和纵隔淋巴结明显肿大，呈灰白色，切面湿润。

根据流行特点、临床症状和剖检变化可作出正确诊断。该病仅猪发生，以怀孕母猪和哺乳仔猪症状最为严重，急性者病死率较高。在老疫区多为慢性和隐性经过，症状以咳嗽、气喘为特征，体温和食欲变化不大。剖检病变肺心叶、尖叶、中间叶及膈叶前下部肝变，肺门淋巴结肿大。

4. 怎样防治猪气喘病?

（1）预防　坚持自繁自养，尽量不从外地引进猪只，如必须引进时，一定要严格隔离和检疫。平时注意加强饲养管理，供给营养充足的饲料。搞好清洁卫生，加强猪舍通风、环境消毒，注意勤换垫草、防寒保暖。免疫接种可用猪肺炎支原体灭活疫苗或猪支原体肺炎活疫苗。

（2）治疗　发现病猪，立即隔离，及时治疗，替米考星、泰妙霉素、林可霉素等均有效。严重病猪应及时予以淘汰。

5. 钩端螺旋体病有何流行特点和临床症状？

钩端螺旋体病（钩体病），是由致病性钩端螺旋体（简称钩体）引起的人兽共患病，俗称"打谷黄""稻瘟病"。农业农村部将其列为三类动物疫病，国家卫健委将其列为乙类人间传染病。

（1）流行情况　全国除新疆、青海、甘肃、宁夏外，其他省份均有过钩端螺旋体病病例报道，并以盛产水稻的中南、西南、华东等地区较为严重。在水稻收割季节和抗洪救灾中，由于接触钩端螺旋体污染水的人群较多，常常会发生大规模流行。

钩体的宿主非常广泛。家畜如猪、犬、牛、羊、马等，野生动物如鼠、狼、兔、蛇、蛙等均可成为传染源，鼠类和猪是两大主要传染源，我国南方及西南地区以带菌鼠为主，北方和沿海平原以猪为主。

钩端螺旋体在微碱并含有一定腐殖质（如稻田水）和淤泥中可长期生存，是一种经水传播的疫病。动物感染后，病原体可通过肾脏随尿排出，污染水源、土壤、饲料、牛栏、用具等。该病经皮肤、黏膜和消化道传播，也可通过交配、人工授精和在菌血症期间通过吸血昆虫传播。一般呈地方性流行或散发，夏秋季多见，幼畜较成年畜易感而且病情严重。

人在生产劳动或生活中接触受钩体污染水，病原体可通过皮肤（特别是破损皮肤）、黏膜进入到人体，引起人发病。直接接触感染是指人在饲养、屠宰、加工、运输动物等过程中直接接触到动物身上的病原体而感染。偶然情况有母婴垂直传播的报道，但人传人意义不大。

几乎所有的动物都可感染，鼠类最易感，也是最重要的贮存宿主。其次是猪、水牛、牛、鸭，最后是羊、马、骆驼、兔、猫。家禽也可感染。人对钩端螺旋体病普遍易感。非疫区居民进入疫区，尤其易感。

该病是一种自然疫源性传染病。病例相对集中于夏秋收稻时或大雨洪水后，在气温较高地区则终年可见。该病以青壮年农民多见，其他接触钩体污染水机会多的渔民、矿工、屠宰工及饲养员等，也可发病。

（2）临床症状　急性病例的临床特征主要呈现短期发热、贫血、黄染、血红蛋白尿、黏膜及皮肤的坏死等症状。但大多数动物都是隐性感染，缺乏明显的临床症状。

猪的钩端螺旋体病较普遍。我国已从猪体内分离出 14 个菌型，主要是波摩那群，其次为犬群。大多数无明显的临床症状。急性病例多见于仔猪，呈现短时间发热（39.8～41℃）及结膜炎。精神沉郁，食欲减少，可视黏膜黄染，头部浮肿。皮肤弹性降低，后期出现皮肤坏死，尿淡黄色及至褐色。妊娠后期的母猪常发生流产和死胎。

人的钩端螺旋体病潜伏期为 2～20 天，一般 7～13 天。病程可分为三个阶段：早期"重感冒样"症候群，有"三症状"，即畏寒发热、肌肉酸痛、全身乏力；三体征，即眼结膜充血、腓肠肌压痛、淋巴结肿大。中期可分为四型，流感伤寒型、肺大出血型、黄疸出血型、脑膜脑炎型。将出现不同程度的器官损害。如鼻衄、咯血、肺弥漫性出血、皮肤黏膜黄染或出血点；肾型患者出现蛋白尿、血尿、管型尿等肾功能损害；脑膜脑炎型患者出现剧烈头痛、呕吐、颈强直及脑脊液成分改变。在急性期退热后 6 个月内（个别可长达 9 个月）再次出现一些症状或器官损害表现。常见的后发症有后发热、眼后发症、变态反应性脑膜炎等。钩端螺旋体病人的病变基础是全身毛细血管中毒性损伤，钩端螺旋体大量侵入内脏如肺、肝、肾、心及中枢神经系统，致脏器损害，并出现相应脏器的并发症。病情的轻重与钩体的菌型、菌量及毒力有关。毒力强的钩端螺旋体可引起肺出血或黄染出血等严重表现。

（3）鉴别诊断　根据临床症状、流行病学调查和病理变化特征作出初步诊断，确诊需进行实验室诊断。

应与血孢子虫病、产后血红蛋白尿、细菌性血红蛋白尿、马传染性贫血以及其他病原所致的黄染、流产等相区别。

6. 如何防治钩端螺旋体病？

（1）药物防治　钩端螺旋体病患动物可用青霉素，其他如链霉素、庆大霉素等治疗。此外，新砷凡纳明也有很好疗效。

（2）开展群众性综合性预防　灭鼠和预防接种是控制钩体病暴发流行，减少发病的关键。开展灭鼠保粮、灭鼠防病群众运动。结合"两管（水、粪）、五改（水井、厕所、畜圈、炉灶、环境）"工作，尤应提倡圈猪积肥、尿粪管理，从而达到防止污染水源、稻田、池塘、河流的目的。注意饮水卫生，隔离病畜，严防病畜尿液污染饮水和饲料。疫区居民、部队及参加收割、防洪、排涝可能与疫水接触的人员，尽可能提前 1 个月接种与本地区流行菌型相同的钩体多价菌苗。常发病地区，可接种钩端螺旋体菌苗。消灭鼠类和野犬。对高危易感者（如孕妇、儿童青少年、老年人或实验室工作人员）意外接触钩端螺旋体、疑似感染该病但无明显症状时，可注射青霉素每天 80 万～ 120 万单位，连续 2 ～ 3 天。

（3）公共卫生及个人防护　该病属于自然疫源性传染病，带菌动物可长期向环境中排菌，当易感动物和人类接触到病原，即可感染，在我国产稻区，一直有病例发生，尤其是洪水自然灾害，常暴发流行。灾区群众预防钩端螺旋体病主要是灭鼠（如药物灭鼠）、防鼠（如农田改造），管理家畜减少环境污染（如圈养猪），尽量避免接触疫水，如收割稻谷前将田间的水放干、晾晒，必要时进行钩端螺旋体病疫苗预防接种，采取口服药物预防等。与接触疫水机会多的渔民、矿工、屠宰工及饲养员等高危人群和进入钩端螺旋体病疫区从事现场工作的人员，应避免接触疫水，在进行动物宿主密度、带菌率调查时注意戴防护手套，不要用手直接接触动物及其尸体。必要时，可在进入疫区工作 15 天前接种钩端螺旋体病疫苗，或口服强力霉素等应急预防钩端螺旋体病感染。

第四节　猪常见寄生虫病防治

1. 我国猪寄生虫病主要有哪些种类？

猪寄生虫病虽然大多数种类对猪的致死率不高，但对养殖效益影响巨大，而且很多病种都是人畜共患疾病，对环境和食品健康的影响也不可小视，因此应当引起充分重视。

猪的寄生虫疾病种类繁多，根据它们寄生的环境分为体内寄生虫和体表寄生虫两个大类。也可以根据生物学分类粗略地分为原虫、蠕形动物和节肢动物等几大类。由于养殖环境和方式的改变以及养殖技术的改进，部分寄生虫种类或已基本灭绝，或对生猪生产已经构不成威胁；还有一部分本来对猪的健康影响就不是很大，而且在预防和治疗其他寄生虫种类的过程中很容易合并防治。

（1）原虫病　对猪危害较大的原虫病主要有弓形虫和艾美尔球虫，其中又以人畜共患的弓形虫病危害最大。弓形虫又叫龚地弓形虫，是一种能广泛感染多种哺乳动物以及鸟类甚至人体的原虫病。尤其对猪，可引起暴发性流行和大批死亡，发病率和死亡率都很高，可达 60% 或以上。因此成为严重影响养猪生产的寄生虫疾病之一。艾美尔球虫主要影响幼年猪，会造成感染仔猪引起腹泻甚至血痢死亡。

（2）常见的蠕形动物引起的猪寄生虫病　主要有吸虫类中的姜片虫、绦虫类中的细颈囊尾蚴（水泡）、囊尾蚴（米猪肉）以及线虫类中的猪蛔虫、肺丝虫等。

吸虫中的姜片虫在生喂水生植物的猪群中最为常见，在集约化养猪条件下因基本不使用青绿饲料，目前此病的危害已大大降低。但在洪涝灾害过后，我国长江三角洲的广大平原地区、地处长江中下游沿江两岸的洲滩以及与长江相通的广大湖区以及四川、云南两省的山区和丘陵地带，还要特别重视日本血吸虫的发生和流行。

绦虫中的囊尾蚴（米猪肉）虽然不太常见，但因囊尾蚴容易感染人并对人体健康危害严重，因此也不可忽视。

线虫中的猪蛔虫不但在猪群中存在最为普遍，而且对猪的健康和养猪效益的影响也较大，因而成为养猪人防治的重要目标。

肺丝虫的中间寄主是蚯蚓，所以只在放养的猪群中感染风险较大。

虽然大多数蠕形动物引起的猪寄生虫病主要是吸食体内营养，造成养殖效益下降，但也有很多种类在寄生过程中和在猪体内转移的过程中破坏猪体脏器，引起全身症状。还可能引起猪的体质下降，对其他疾病的抵抗力降低。少数严重病例甚至直接引起猪只死亡或成为没有经济价值的僵猪。特别是猪囊尾蚴病一旦造成人体感染，对人体健康产生非常严重的威胁。

（3）节肢动物类寄生虫病　主要是疥螨病、血虱病等。

2. 怎样合理制订猪场驱虫计划？

（1）制订猪场驱虫计划的原则　既然猪寄生虫疾病种类繁多，是不是预防和治疗的措施也十分繁杂，难度也非常大呢？不可否认的是，由于猪寄生虫的种类之间生理结构不同，对药物的敏感很不一致。由于地域的差异，猪场条件的差异，养殖方式的差异，管理的差异等，各猪场之间感染危害程度是不一样的。因此在制订猪场驱虫计划的时候要根据本场的具体情况，根据综合防治原则，才能制订出相对简便、适用的防治计划。

①综合防治为主，合理用药为辅。各类寄生虫的生活史和感染传播途径不同，在不同外界环境条件下繁殖速度差别很大。致病影响力主要受两个决定因素的影响：一个是寄主的健康状况，就是说猪体健康，抵抗能力强的，感染致病的影响力相对就小。另一个是寄生体的繁殖速度和寄生的数量的影响，寄生体越多，对寄主的致病影响力越大；寄生体繁殖速度越快，寄主越容易暴发疾病。

②根据养殖模式的不同制订驱虫计划。不同的养殖模式，寄生虫疾病发生的情况有别，这是因为任何寄生虫病原都有一个传播途径的问题。从感染的方

式来讲，有的是通过母子体之间的垂直传播，有的是猪群内部接触感染传播，有的是通过中间宿主传播。就感染传播的方式来讲，有的是食源性传播，有的是通过环境传播，也有的通过感染个体横向传播。

③突出重点，因简就繁。寄生虫疾病除原虫病中的弓形体能直接引起大量死亡，球虫能引起仔猪较严重的腹泻死亡外，蠕形动物和节肢动物类寄生虫一般情况下大多数是消耗性疾病，主要的危害方式是影响猪的生长，造成饲料利用效率降低。各类寄生虫对药物的敏感度也不一致。

因此，在制订猪场驱虫计划时必须首先要摸清危害本场的主要寄生虫种类，采取"害大为先"，分清主次，突出重点的防治原则。对主要危害种类的寄生虫选用优先敏感药物，而对不是主要危害的寄生虫种类可以合并防治。

（2）怎样合理制订猪场驱虫计划　抗寄生虫的药物种类繁多，而不同的猪场寄生虫危害情况又千差万别，生产中，要根据猪场的具体情况制订驱虫计划。

抗猪寄生虫的主要药物。抗（杀）虫药物虽然种类很多，我们同样可以根据它们的作用标的分类，而且本文只介绍目前使用比较广泛且效果较好的一些常用药物。

抗原虫药：抗原虫药的种类较多，可以根据具体病症合理选用。磺胺类药物中，磺胺间甲氧嘧啶和磺胺二甲嘧啶，主要针对猪弓形虫，对猪球虫有一定效果；磺胺氯吡嗪钠，治球虫专用药，对弓形虫也有一定效果，并有部分杀菌作用。三氮脒主要针对各种锥虫、梨形虫，对弓形虫治疗效果较好。盐酸氨丙啉主要针对猪球虫病，高效低毒且不易产生耐药性。

抗蠕形寄生虫药：苯并咪唑类中的阿苯哒唑、酚苯达唑，广谱抗蠕虫类药，不仅对多种线虫有效，而且对某些吸虫及绦虫也有较强的驱除作用，内服易吸收，毒性低，安全范围大，一般无不良反应，但对怀孕期胚胎有毒性，且长期使用能产生耐药性。盐酸左旋咪唑主要驱除体内各类线虫、肺丝虫。硫酸二氯酚对各种吸虫及姜片虫效果较好。

杀体外寄生虫药：双甲胺脒对体表寄生虫如螨、虱、蜱杀灭效果都比较好，高效，安全。

广谱驱（杀）虫药：敌百虫对除原虫类以外的体内外寄生虫效果都较好，但使用过量易发生有机磷中毒，因此目前出于安全因素，已较少使用。伊维菌素和阿维菌素能驱除和杀灭体外寄生虫和体内线虫，内服、注射、外用均可，高效较安全，但对吸虫类、绦虫类寄生虫和原虫无效。应当提醒的是，据报道和有些猪场使用实践中的反映，伊维菌素和阿维菌素对种公猪精子活力影响较大，使用过量则大量杀死精子，因此在使用中要予以注意。其次，阿维菌素安全系数低于伊维菌素，所以应尽量使用安全系数高的伊维菌素。

3. *不同养殖模式的猪场，驱虫计划一样吗?*

不同的养殖模式和饲养方式的猪场，寄生虫病发生和危害情况是不一样的，因此，驱虫计划也不一样。以自繁自养和购入仔猪两种养殖模式及是否使用青绿饲料两种饲养方式为例，简单说明如何制订猪场驱虫计划。

（1）自繁自养的猪场　自繁自养猪场预防寄生虫病的关键环节是引进种猪的猪群净化，并长期保持种猪群的净化状态。

在引种前切实做好场内净化工作的前提下，对引进的种猪群用酚苯达唑和伊维素合剂混饲，以驱灭体内蠕虫和体表螨蜱类节肢动物。为可靠起见，间隔 2 周再进行一次。接着用磺胺二甲嘧啶混饲一周，杀灭可能带入的细菌和弓形体。

种母猪配种前一个月左右，再进行一次净化。种公猪及母猪怀孕后，即不宜再使用伊维菌素。

不使用青绿饲料、净化保持工作好的猪场，选择母猪空怀阶段每年驱虫一次即可。选择的药物最好是：体外驱虫选用双甲胺脒，体内以杀线虫效果好且毒性较低的盐酸左旋咪唑，如可疑有弓形体，用三氮脒。

仔猪阶段注意防范原虫病，有即治疗。育肥阶段除注意疥螨一类的皮肤寄生虫病以外，一般不必采取其他驱虫措施。

使用青饲料而且是生喂的猪场，在没有可靠把握杀灭青绿饲料中的虫卵的情况下，种猪群每年至少驱虫 2 次，药物选择和杀虫时机如上。如果使用的青绿饲料有水生植物，还应添加硫酸二氯酚以杀灭体内各种吸虫。这类猪场如果上述工作到位，仔猪育肥期和不使用青绿饲料的猪场相同。

（2）购入仔猪育肥的猪场　根据仔猪供应来源区别对待，如供应场如上述种猪饲养阶段净化的仔猪来源，在不使用青绿饲料的情况下，只要在饲养过程中注意防患弓形体和皮肤疾患即可，没有必要采取体内驱虫措施。如育肥阶段使用青绿饲料，应在中猪阶段驱虫一次，药物选择视以下情况：青绿饲料中无水生植物，可用芬苯达唑；如青绿饲料中有水生植物，用硫酸二氯酚。如果兼治皮肤病，加伊维菌素或外用双甲胺脒。

如果仔猪来源不明，或是收购散养农户的仔猪，在购入后必须驱虫，方法与自繁自养猪场购入种猪净化措施相同。

4. 如何诊治猪弓形虫病？

猪弓形虫病是由龚地弓形虫引起的一种人畜共患原虫病。

（1）诊断要点　①流行特点。常发生于夏秋季节，温暖潮湿的地区，尤以3～5月龄的仔猪发病严重。该病可以通过母猪胎盘感染，引起怀孕母猪发生早产或产出发育不全的仔猪或死胎；另外，消化道感染，呼吸道黏膜感染以及吸血昆虫机械性的传播。

②临床症状。该病临床症状与猪瘟、猪流感皆相类似。病初体温升高40～42℃，稽留7～10天，食欲减少或废绝，便秘。耳、唇及四肢下部皮肤发绀或有淤血斑。呼吸快，鼻镜干燥有鼻漏，咳嗽，呼吸困难，口流白沫，窒息死亡。

③剖检病变。主要是肺高度水肿，小叶间质增宽，小叶间质内充满半透明胶冻样渗出物，气管和支气管内有大量黏液性泡沫，有的并发肺炎。全身淋巴结肿大，上有小点坏死。肝略肿胀，呈灰红色，散在有小点坏死；脾略肿胀呈红色；肠系膜淋巴结呈囊状肿胀。

（2）防治方法　①用磺胺类药能控制该病的发展，降低死亡率，缩短病程。可选用以下有效处方：磺胺嘧啶（SD）＋乙胺嘧啶；前者按70毫克/千克体重，后者按6毫克/千克体重，内服，每天服2次，首次倍量，连用3～5天；增效磺胺-5-甲氧嘧啶（内含10%磺胺-5-甲氧嘧啶和2%三甲氧苄氨嘧啶），按10千克体重肌内注射不超过2毫升，每天1次，连用3～5天；磺胺-6-甲氧嘧啶（SMM），按60毫克/千克体重，配成10%注射溶液肌内注射，每天1次，连用3～5天，或者按内服首量0.05～0.1克/千克体重，维持量0.025～0.05克/千克体重，每天2次，连用3～5天。

②每天给猪喂大青叶100克，连喂5～7天，有预防发病和缩短病程作用。

③要防鼠灭鼠，防止饲草、饲料被鼠、猫粪污染。禁止用未经煮熟的屠宰废弃物和厨房垃圾来喂猪。

④加强环境卫生与消毒。由于卵囊能抗酸碱和普通消毒剂，可选用火焰、3%火碱液、1%来苏儿、0.5%氨水、日光下暴晒等方法进行消毒。

5. 如何诊治猪球虫病？

猪球虫病是一种由艾美耳属和等孢属球虫引起的所致的仔猪消化道疾病，腹泻，消瘦及发育受阻。成年猪多为带虫者。

（1）诊断要点　①流行病学。虫体以未孢子化卵囊传播，但必须经过孢子化的发育过程，才具有感染力。球虫病通常影响仔猪，成年猪是带虫者。以6～15日龄的仔猪多发，但成年猪常发生混合球虫感染。主要发生于8—9月。

②临床症状。腹泻，持续4～6天，粪便呈水样或糊状，显黄色至白色，偶尔由于潜血而呈棕色。有的病例腹泻是受自身限制的，其主要临床表现为消瘦及发育受阻。虽然发病率一般较高（50%～75%），但死亡率变化较大，有些病例低，有的则可高达75%，死亡率的这种差异可能是由于猪吞食孢子化卵囊的数量和猪场环境条件的差别，以及同时存在其他疾病的问题所致。

③病理变化。空肠和回肠纤维素性坏死性固膜，大肠一般无病变。

（2）防治方法　各种磺胺药治疗有效。但因球虫病发展迅速，常因治疗太晚，而不能获得稳定的治疗效果。使用百球清（5%妥曲珠利混悬液）治疗，20～30毫克/千克体重，口服，可使患病仔猪腹泻减轻，粪便中卵囊减少，发病率降低，对仔猪等孢球虫病确实也有良好的治疗作用。

预防猪球虫病，要搞好环境卫生，产房保持清洁，产仔前及时清除母猪粪便，并用漂白粉（浓度至少为50%）或氨水消毒数小时或熏蒸。限制饲养人员进入产房，以防止由鞋或衣服带入卵囊；也应严防宠物进入产房，因其爪子可携带卵囊而导致卵囊在产房中散布。灭鼠，以防鼠类机械性传播卵囊。在每次分娩后应对猪圈再次消毒，以防新生仔猪感染球虫病。

6. 怎样防治猪蛔虫病？

猪蛔虫病是由猪蛔虫寄生在猪的小肠中而引起的一种常见消化道内寄生虫病，主要危害3～5月龄的猪，患病猪生长发育停滞，成为"僵猪"，严重者导致死亡。

（1）诊断要点　①流行特点。猪蛔虫是寄生于小肠肠腔或胆管中最大的寄生虫。由于猪蛔虫的生活史简单，其发育过程不需要中间宿主；蛔虫卵对外界环境的适应能力强，在土壤中可存活数月甚至数年；猪蛔虫的繁殖力强，导致地面饲养的规模化猪场蛔虫病感染率较高，危害普遍。当前，随着规模化猪场限位栏的普遍使用，猪与地面土壤直接接触的机会几乎没有了，蛔虫病的发病率也随之得到很大改观，发病率较低。

该病四季均可发生，与饲养管理条件、环境卫生状况密切相关。猪群饲养密度大、卫生条件差、饲料营养不均衡等，均可导致该病发生，尤以3～5月龄仔猪更易大批感染，且病症严重，常有死亡。

②临床症状。大量幼虫移行至肺时可引起蛔虫性肺炎，病猪表现精神沉郁，食欲减退或不食、咳嗽、呼吸加快、体温升高。幼虫移行还可导致嗜酸性

粒细胞增多，可出现荨麻疹和兴奋、痉挛、角弓反张等神经症状。成虫寄生在小肠时，机械性地刺激肠黏膜，引起腹痛；蛔虫数量较多时常聚集成团，堵塞肠道，甚至可引起肠破裂；如果蛔虫从小肠进入胆管，还可造成胆管堵塞，引起黄疸等症状，在肝脏蠕动时可在表面见到云雾状痕迹。此外，成虫夺取宿主大量的营养，使仔猪发育不良、生长缓慢、被毛粗乱，形成僵猪，降低饲料报酬。

（2）防治方法　治疗可用阿苯达唑，内服一次量按每千克体重 5～10 毫克；芬苯达唑，内服一次量按每千克体重 5～7.5 毫克；阿维菌素，内服一次量按每千克体重 0.3 毫克，皮下注射按每千克体重 0.3 毫克；左旋咪唑，内服一次量按每千克体重 7.5 毫克，皮下注射、肌内注射一次量按每千克体重 7.5 毫克。

保持环境、饲料、饮水清洁，讲究卫生。猪舍内要清洁干燥，通风透光，定期消毒，运动场干净整洁，土质地面可于春秋铲除表土更换新土，使用垫草的要定期按时更换。大、小猪实行分群饲养。引进猪先进行隔离饲养，进行 1～2 次驱虫后再并群饲养。饲料现用现配，饮水保持清洁，避免被粪便污染。粪便处理场要远离猪舍，粪便和垫草运到处理场后要进行堆积发酵或挖坑沤肥等生物热处理，以杀死虫卵。

提高猪群健康水平。日粮全价、营养平衡，保证仔猪体质健壮，增强机体抗病能力。

规模化猪场建议种猪群每 3 个月驱虫 1 次，仔猪 60 日龄驱虫 1 次。可选用复方伊维菌素拌料饲喂，空怀、妊娠、泌乳母猪用量为 1.5～3 千克/吨，妊娠母猪分娩前 10～15 天驱虫；仔猪用量为 1 千克/吨，在转群前喂用；公猪用量为 4 千克/吨。

7. 怎样防治猪疥螨病?

猪疥螨病是疥螨虫引起的慢性皮肤寄生虫病，大小猪均能感染，5 月龄以下小猪最易发生。健康猪与病猪相互接触是主要传染途径；使用病猪舍及病猪使用过的用具也可造成感染。

（1）诊断要点　①流行特点。成虫在病猪患部皮肤表皮深层咬凿隧道，采食组织及淋巴液。秋冬季节疥螨病蔓延较广，特别是阴暗、潮湿的环境里，疥螨虫较易在猪体上繁殖。

幼猪易受疥螨侵害，发病较严重，1～3.5 月龄仔猪检查阳性率为 80%。随年龄增长，猪的抗螨力不断增强。

②临床症状。病变主要发生在皮肤细薄及体毛短小的头、颈、肩胛等部位。大多先发生在头部，特别是眼睛周围，严重时不但可蔓延至腹部或四肢，甚至可蔓延全身。

病初患部发红而表现剧烈的奇痒，病猪经常在墙角、柱栏等粗糙处摩擦。数日后，患部皮肤上出现针头大小的小结，随后形成水疱或脓疮，破溃后，渗出液干结形成较硬的痂皮。患部被毛脱落，皮肤粗糙肥厚或形成皱褶，病情严重时，可出现皮肤枯裂。病猪食欲减退，精神委顿，逐渐衰弱，发育停滞，消瘦，贫血，严重者会引起死亡。

（2）防治方法　皮下注射伊维菌素，用量0.3毫克/千克体重，连用3天。

引猪需做仔细检查，经鉴定无病后，才可合并饲养。病猪使用过的器具，若未经消毒，不得携入健康猪舍使用。猪舍应干燥清洁、通风良好、阳光充足，冬季勤换垫草。病猪舍、栅栏、饲槽、地板等要定期消毒，可用5%烧碱水或20%草木灰水喷雾。

参考文献

李长强，等，2013. 生猪标准化规模养殖技术［M］. 北京：中国农业科学技术
    出版社.
李连任，2017. 家畜常见寄生虫病防治手册［M］. 北京：化学工业出版社.
史耀东，2016. 畜禽寄生虫病防治技术［M］. 北京：中国农业出版社.
闫益波，2015. 轻松学猪病防制［M］. 北京：中国农业科学技术出版社.